深入理解
Apache Dubbo 与实战

诣极 林琳◎著

电子工业出版社
Publishing House of Electronics Industry
北京·BEIJING

内 容 简 介

本书首先介绍 Dubbo 的简史、后续的规划和整体架构大图；接着介绍 Dubbo 环境配置，并基于 Dubbo 开发第一款应用程序；然后介绍 Dubbo 内置的常用注册中心的实现原理，Dubbo 扩展点加载的原理和实现，Dubbo 的启动、服务暴露、服务消费和优雅停机的机制，Dubbo 中 RPC 协议细节、编解码和服务调用实现原理，Dubbo 集群容错、路由和负载均衡机制，Dubbo 的扩展点相关知识，Dubbo 高级特性的实现和原理，Dubbo 常用的 Filter 的实现原理，Dubbo 中新增 etcd3 注册中心的实战内容和 Dubbo 服务治理平台的相关知识；最后介绍 Dubbo 未来生态和 Dubbo Mesh 的相关知识。

本书适合对 Dubbo 有一定了解、对 Dubbo 框架感兴趣的读者，也适合想深入理解 Dubbo 原理的资深开发者阅读。

未经许可，不得以任何方式复制或抄袭本书之部分或全部内容。
版权所有，侵权必究。

图书在版编目（CIP）数据

深入理解 Apache Dubbo 与实战 / 诣极，林琳著. —北京：电子工业出版社，2019.7
ISBN 978-7-121-36634-5

Ⅰ. ①深… Ⅱ. ①诣… ②林… Ⅲ. ①分布式操作系统 Ⅳ. ①TP316.4

中国版本图书馆 CIP 数据核字（2019）第 100420 号

责任编辑：陈晓猛
印　　刷：北京天宇星印刷厂
装　　订：北京天宇星印刷厂
出版发行：电子工业出版社
　　　　　北京市海淀区万寿路 173 信箱　　　邮编：100036
开　　本：787×980　1/16　　印张：18.75　　字数：360 千字
版　　次：2019 年 7 月第 1 版
印　　次：2022 年 6 月第 8 次印刷
定　　价：79.00 元

凡所购买电子工业出版社图书有缺损问题，请向购买书店调换。若书店售缺，请与本社发行部联系，联系及邮购电话：(010) 88254888，88258888。
质量投诉请发邮件至 zlts@phei.com.cn，盗版侵权举报请发邮件至 dbqq@phei.com.cn。
本书咨询联系方式：010-51260888-819，faq@phei.com.cn。

序一

近年来，随着业务规模的发展和复杂度的增加，传统的单体应用已经很难适应业务迭代的诉求，越来越多的公司开始进行服务化的改造。很高兴看到 Apache Dubbo 被许多公司采用，作为服务化改造的基础架构进行演进。这里面就包括了许多互联网公司、国字头的大型企业，以及金融行业的巨头公司。Apache Dubbo 因为良好的设计和扩展性受到许多开发者的欢迎，然而当开发者需要深入了解 Dubbo 底层的架构设计和实现的时候，往往会有些不知所措。网上也有很多爱好者撰写的源码分析等文章，虽有所有启发和裨益，但总觉得不够成体系。令人遗憾的是，市面上始终缺乏一本完整的、体系化的对 Apache Dubbo 进行深入原理剖析的书。

本书的出现填补了这一空白，本书由浅入深，娓娓道来。既有对 Dubbo 基本概念的讲解、底层原理的分析，同时又不乏生动的实战内容。作为进阶的内容，对扩展点、过滤器，以及 Dubbo 的高级特性，都有深入浅出的介绍。非常适合想了解 Dubbo，对 Dubbo 内部实现感兴趣的读者阅读。

我和本书作者因为共同参与 Dubbo 社区而认识，彼时 Dubbo 刚刚加入 Apache 基金会进行孵化。在参与社区开发的过程中，经常有过深入的交流，在此过程中，本书作者所展现出来的对 Dubbo 内核机制透彻的理解，以及对细节的准确把握，让我受益匪浅。正式因为本书作者出色的贡献，他也成为 Dubbo 加入 Apache 孵化器之后首个 committer（提交者，对代码具有提交权限），后续更是成为首个 PMC Member（项目管理委员会成员，对项目发展具有决定性的投票权）。由他提笔来撰写本书，我认为再合适不过。在阅读本书的过程中，我收获颇丰。

工欲善其事，必先先利器。希望更多的读者因为本书而受益，也希望有更多的人阅读本书之后，了解 Dubbo，参与到社区中，一起把社区发展得越来越好。

写在 Dubbo 从 Apache 基金会毕业之际。

张乎兴，阿里云技术专家，
Apache Member，Apache Dubbo/Tomcat PMC Member

序二

过去十多年互联网产业的高速发展，在给社会带来深刻变革的同时，也催生了服务架构的演进：从传统的单体应用到面向服务的 SOA，再到现今主流的微服务架构，而 Apache Dubbo 就是微服务领域中的先行者和佼佼者。

Apache Dubbo 是阿里巴巴于于 2011 年开源的一款高性能 Java RPC 框架，开源伊始就在业界产生了很大的影响，被大量公司广泛使用，甚至在很多公司自研的 RPC 框架中也能看到不少 Dubbo 的影子，可以说 Dubbo 在国内服务化体系演进过程中扮演了一个非常重要的角色。虽然中间经历了几年时间的沉寂，不过 2017 年阿里巴巴又重启了对 Dubbo 的开源维护，受到了社区的广泛欢迎，社区活跃度也随之迅速提升，Dubbo 也正在从一个微服务领域的高性能 RPC 框架，逐步演变为一个完整的微服务生态。

之前由于工作关系，对 Dubbo 有过比较深入的研究，在阅读 Dubbo 的源码过程中，深深体会到了作者的匠心设计和深厚功底。我们知道服务往往是一家公司技术体系中最核心的部分，是整个业务的基石，所以作为一款涵盖了服务交互全过程的通用 RPC 框架，就必须能非常简单、无侵入地支持业务对服务调用过程中的各个阶段做扩展和定制，比如通信协议、序列化格式、路由策略、负载均衡、监控运维等。而 Dubbo 通过微内核设计、SPI 扩展的方式完美地解决了这一难题，不管是 Dubbo 自身的特性，还是业务方的扩展，都统一通过 SPI 来实现，在 Dubbo 内核面前都是 "一等公民"，从而保证了框架自身的可持续性和稳定性。有特殊需求的业务或公司可以在不修改一行 Dubbo 源码的情况下加载自己的扩展或接入自己的产品和运维体系，这一点非常值得我们学习。

和谐极认识也是源于 Dubbo，他是 Apache Dubbo 项目的 PMC，为 Dubbo 贡献了很多有价值的特性，如 HTTP2 协议、etcd 注册中心等，现在有幸成为同事，对他也有了更深的了解。在我看来，他是一个很纯粹的技术人，熟读众多开源框架的源码并对其原理了然于胸，对技术也充满了热情，能在工作非常饱和的情况下坚持完成本书的写作，可见一斑。受其热情感染，所以当收到邀请为本书作序时，我也是毫不犹豫地就答应了。

收到书稿后第一时间细细通读了一遍，本书作为第一本体系化讲解 Apache Dubbo 的书籍，深入浅出地解释了 Dubbo 的工作原理，配以源码级解析，向读者展现了一款优秀的分布式中间件的设计用心和实现细节，非常适合有志于成为优秀架构师的技术爱好者细细阅读和品味。同时本书在 Dubbo 的协议设计、编解码原理、线程模型等方面也做了深度剖析，使读者不仅知其然也能知其所以然，有助于理解分布式环境下的服务通信范式，对问题排查也会有很大益处。所以在此向大家推荐本书，相信不管是初学者还是有多年经验的资深工程师，通过阅读本书，都会有所收获。

宋顺，蚂蚁金服高级技术专家

开源配置中心 Apollo 作者

前言

本书的由来

在 Apache Dubbo（以下简称 Dubbo）重新开源之前，Dubbo 已经被很多公司广泛用于生产环境并获得了良好的反馈，很多公司内部也会建立私有分支自己维护，其中 Dubbox 就是基于 Dubbo 分支进行扩展并二次维护的。重新开源后，社区维护的 Dubbo 版本进行了大量"bug fix"和特性支持，收到了大量 Dubbo 用户的支持和参与。编写本书的想法是在开源后提出来的，因此本书取名《深入理解 Apache Dubbo 与实战》。

我最早接触 Dubbo 是 2015 年在参与云基础设施建设和微服务框架搭建时，那时的 Dubbo 基本是分布式系统的不二之选。我在使用过程中遇到了不少问题，不得不通过调试 Dubbo 源码来解决。在源码调试过程中，我逐渐理解 Dubbo 的设计理念，越发惊叹其架构设计的巧妙，正所谓：优秀的设计万里挑一。

后来我加入另外一家公司担任架构师，在基础架构组负责中间件与框架的研发，也是基于 Dubbo 等框架做二次开发。此时，我与本书另一位作者诣极成为同事，我们志趣相投，也为编写本书埋下了伏笔。

2017 年，Dubbo 经历了数年的停滞后，终于又重启维护。我还依稀记得阿里巴巴公司宣布的那天诣极的兴奋状，诣极是首批投入 Apache Dubbo 开源工作中去的开发者，期间为 Apache Dubbo 贡献了众多特性，如 HTTP 2、etcd 注册中心等，现在已经成为 Apache Dubbo PMC。

Dubbo 在重启维护后，短时间内有了大量的更新。此时我正就职于蚂蚁金服，每天苦于繁重的 CRUD。我发现市面上没有一本系统讲解 Dubbo 的书籍，Dubbo 相关的资料大都是一些博客文章，并且内容也相对陈旧。于是我"怂恿"诣极与我一起写这本书，作为这些年来工作的一个总结，他也欣然答应。

然后就是历时半年的写作过程，一波三折。中途有一些朋友加入，又因为各种不可抗拒的原因退出。我和诣极平时的工作都非常饱和，又要关注开源工作，常常焦头烂额。道虽迩，不行不至；事虽小，不为不成。时间是一点一点挤出来的，最终我们还是坚持完成了本书，并且没有偏离原计划太多。由于时间紧迫和能力有限，本书的内容难免有错漏，读者的勘误可以发送到以下电子邮箱：

yiji@apache.org 或 315157973@qq.com。

面向的读者

由于 Dubbo 重启维护后，官方的使用文档已经非常详细，本书如果再讲使用方法就没有太多的意义，所以一开始就按源码解析、设计原理说明的方向定位，因此需要读者有一定的基础。涉及源码的讲解，注定会有很多地方枯燥乏味，我们在编写的时候也尽量用自己的语言去提炼总结，让读者可以少看代码。

在开始动笔编写本书时，Apache Dubbo 2.7 正在开发中，考虑到代码的稳定性，我们最终决定基于公开发布的 2.6.5 版本（release）来写。当本书快完成的时候，Apache Dubbo 2.7 正式发布了。因此，本书的内容并不是基于最新的代码的，写书的速度永远比不上框架更新的速度，也希望读者能够谅解。

本书内容

第 1 章主要介绍 Dubbo 的简史、后续的规划和整体架构大图。

第 2 章主要介绍 Dubbo 的环境配置和基于 Dubbo 开发第一款应用程序。

第 3 章主要介绍 Dubbo 内置的常用注册中心的实现原理。

第 4 章主要介绍 Dubbo 扩展点加载的原理和实现。

第 5 章主要介绍 Dubbo 的配置解析、服务暴露、服务消费和优雅停机的机制。

第 6 章主要介绍 Dubbo 的 RPC 协议细节、编解码和服务调用的实现原理。

第 7 章主要介绍 Dubbo 的集群容错、路由和负载均衡机制。

第 8 章主要介绍 Dubbo 扩展点的相关知识。

第 9 章主要介绍 Dubbo 高级特性的实现和原理。

第 10 章主要介绍 Dubbo 过滤器的实现原理。

第 11 章主要介绍 Dubbo 中新增的 etcd3 注册中心的实战内容。

第 12 章主要介绍 Dubbo 服务治理平台的相关知识。

第 13 章主要介绍 Dubbo 的未来生态和 Dubbo Mesh 相关知识。

致谢

首先感谢我的领导与同事,也感谢我的团队,你们给了我很大的帮助。

然后要感谢我妻子,在我写作期间,她承担了家里的大小事务,让我可以有更多的时间投入写作。如果没有妻子的支持,那么这本书我肯定是无法完成的。

读者服务

微信扫码回复:36634

- 获取本书配套素材
- 获取更多技术专家分享视频与学习资源
- 加入读者交流群,与更多读者互动

目录

第 1 章 Dubbo——高性能 RPC 通信框架 1
1.1 应用架构演进过程 1
1.1.1 单体应用 1
1.1.2 分布式应用 3
1.2 Dubbo 简介 6
1.2.1 Dubbo 的发展历史 7
1.2.2 Dubbo 是什么 7
1.2.3 Dubbo 解决什么问题 9
1.2.4 谁在使用 Dubbo 10
1.2.5 Dubbo 后续的规划 11
1.3 Dubbo 总体大图 11
1.3.1 Dubbo 总体分层 11
1.3.2 Dubbo 核心组件 12
1.3.3 Dubbo 总体调用过程 13
1.4 小结 15

第 2 章 开发第一款 Dubbo 应用程序 16
2.1 配置开发环境 16
2.1.1 下载并安装 JDK 17
2.1.2 下载并安装 IDE 17
2.1.3 下载并配置 Maven 18
2.1.4 下载并配置 ZooKeeper 18
2.1.5 使用 IDEA 调试 Dubbo 源码 18
2.2 基于 XML 配置实现 21
2.2.1 编写 Echo 服务器 21
2.2.2 编写 Echo 客户端 24
2.3 基于注解实现 26
2.3.1 基于注解编写 Echo 服务器 26

2.3.2　基于注解编写 Echo 客户端 28
　2.4　基于 API 实现 30
　　　2.4.1　基于 API 编写 Echo 服务器 30
　　　2.4.2　基于 API 编写 Echo 客户端 31
　2.5　构建并运行 32
　2.6　小结 34

第 3 章　Dubbo 注册中心 35
　3.1　注册中心概述 35
　　　3.1.1　工作流程 36
　　　3.1.2　数据结构 37
　　　3.1.3　ZooKeeper 原理概述 37
　　　3.1.4　Redis 原理概述 39
　3.2　订阅/发布 40
　　　3.2.1　ZooKeeper 的实现 40
　　　3.2.2　Redis 的实现 44
　3.3　缓存机制 48
　　　3.3.1　缓存的加载 49
　　　3.3.2　缓存的保存与更新 50
　3.4　重试机制 50
　3.5　设计模式 51
　　　3.5.1　模板模式 51
　　　3.5.2　工厂模式 52
　3.6　小结 54

第 4 章　Dubbo 扩展点加载机制 55
　4.1　加载机制概述 55
　　　4.1.1　Java SPI 56
　　　4.1.2　扩展点加载机制的改进 57
　　　4.1.3　扩展点的配置规范 59
　　　4.1.4　扩展点的分类与缓存 60
　　　4.1.5　扩展点的特性 61
　4.2　扩展点注解 62
　　　4.2.1　扩展点注解：@SPI 62
　　　4.2.2　扩展点自适应注解：@Adaptive 63
　　　4.2.3　扩展点自动激活注解：@Activate 65
　4.3　ExtensionLoader 的工作原理 66
　　　4.3.1　工作流程 66
　　　4.3.2　getExtension 的实现原理 67

4.3.3　getAdaptiveExtension 的实现原理 70
　　　4.3.4　getActivateExtension 的实现原理 73
　　　4.3.5　ExtensionFactory 的实现原理 73
　4.4　扩展点动态编译的实现 76
　　　4.4.1　总体结构 77
　　　4.4.2　Javassist 动态代码编译 78
　　　4.4.3　JDK 动态代码编译 79
　4.5　小结 80

第 5 章　Dubbo 启停原理解析 81
　5.1　配置解析 81
　　　5.1.1　基于 schema 设计解析 82
　　　5.1.2　基于 XML 配置原理解析 85
　　　5.1.3　基于注解配置原理解析 91
　5.2　服务暴露的实现原理 97
　　　5.2.1　配置承载初始化 97
　　　5.2.2　远程服务的暴露机制 97
　　　5.2.3　本地服务的暴露机制 105
　5.3　服务消费的实现原理 106
　　　5.3.1　单注册中心消费原理 106
　　　5.3.2　多注册中心消费原理 113
　　　5.3.3　直连服务消费原理 114
　5.4　优雅停机原理解析 115
　5.5　小结 116

第 6 章　Dubbo 远程调用 117
　6.1　Dubbo 调用介绍 117
　6.2　Dubbo 协议详解 119
　6.3　编解码器原理 122
　　　6.3.1　Dubbo 协议编码器 123
　　　6.3.2　Dubbo 协议解码器 128
　6.4　Telnet 调用原理 136
　　　6.4.1　Telnet 指令解析原理 136
　　　6.4.2　Telnet 实现健康监测 140
　6.5　ChannelHandler 141
　　　6.5.1　核心 Handler 和线程模型 141
　　　6.5.2　Dubbo 请求响应 Handler 145
　　　6.5.3　Dubbo 心跳 Handler 148
　6.6　小结 150

第 7 章　Dubbo 集群容错 151

7.1　Cluster 层概述 151
7.2　容错机制的实现 153
7.2.1　容错机制概述 153
7.2.2　Cluster 接口关系 155
7.2.3　Failover 策略 157
7.2.4　Failfast 策略 158
7.2.5　Failsafe 策略 158
7.2.6　Failback 策略 159
7.2.7　Available 策略 160
7.2.8　Broadcast 策略 160
7.2.9　Forking 策略 161
7.3　Directory 的实现 162
7.3.1　总体实现 162
7.3.2　RegistryDirectory 的实现 163
7.4　路由的实现 166
7.4.1　路由的总体结构 166
7.4.2　条件路由的参数规则 167
7.4.3　条件路由的实现 168
7.4.4　文件路由的实现 169
7.4.5　脚本路由的实现 170
7.5　负载均衡的实现 171
7.5.1　包装后的负载均衡 171
7.5.2　负载均衡的总体结构 173
7.5.3　Random 负载均衡 175
7.5.4　RoundRobin 负载均衡 176
7.5.5　LeastActive 负载均衡 178
7.5.6　一致性 Hash 负载均衡 179
7.6　Merger 的实现 181
7.6.1　总体结构 181
7.6.2　MergeableClusterInvoker 机制 183
7.7　Mock 185
7.7.1　Mock 常见的使用方式 185
7.7.2　Mock 的总体结构 186
7.7.3　Mock 的实现原理 187
7.8　小结 189

目录

第 8 章　Dubbo 扩展点 190
8.1　Dubbo 核心扩展点概述 190
8.1.1　扩展点的背景 191
8.1.2　扩展点整体架构 191
8.2　RPC 层扩展点 192
8.2.1　Proxy 层扩展点 192
8.2.2　Registry 层扩展点 194
8.2.3　Cluster 层扩展点 195
8.3　Remote 层扩展点 198
8.3.1　Protocol 层扩展点 199
8.3.2　Exchange 层扩展点 202
8.3.3　Transport 层扩展点 203
8.3.4　Serialize 层扩展点 206
8.4　其他扩展点 207

第 9 章　Dubbo 高级特性 210
9.1　Dubbo 高级特性概述 210
9.2　服务分组和版本 211
9.3　参数回调 214
9.4　隐式参数 217
9.5　异步调用 218
9.6　泛化调用 219
9.7　上下文信息 220
9.8　Telnet 操作 221
9.9　Mock 调用 224
9.10　结果缓存 226
9.11　小结 226

第 10 章　Dubbo 过滤器 227
10.1　Dubbo 过滤器概述 227
10.1.1　过滤器的使用 228
10.1.2　过滤器的总体结构 228
10.2　过滤器链初始化的实现原理 231
10.3　服务提供者过滤器的实现原理 233
10.3.1　AccessLogFilter 的实现原理 233
10.3.2　ExecuteLimitFilter 的实现原理 234
10.3.3　ClassLoaderFilter 的实现原理 235
10.3.4　ContextFilter 的实现原理 237

XIV | 深入理解 Apache Dubbo 与实战

   10.3.5 ExceptionFilter 的实现原理 237
   10.3.6 TimeoutFilter 的实现原理 238
   10.3.7 TokenFilter 的实现原理 238
   10.3.8 TpsLimitFilter 的实现原理 239
  10.4 消费者过滤器的实现原理 240
   10.4.1 ActiveLimitFilter 的实现原理 240
   10.4.2 ConsumerContextFilter 的实现原理 242
   10.4.3 DeprecatedFilter 的实现原理 242
   10.4.4 FutureFilter 的实现原理 243
  10.5 小结 244

第 11 章 Dubbo 注册中心扩展实践 245
  11.1 etcd 背景介绍 245
  11.2 etcd 数据结构设计 246
  11.3 构建可运行的注册中心 248
   11.3.1 扩展 Transporter 实现 248
   11.3.2 扩展 RegistryFactory 实现 249
   11.3.3 新增 JEtcdClient 实现 250
   11.3.4 扩展 FailbackRegistry 实现 260
   11.3.5 编写单元测试 263
  11.4 搭建 etcd 集群并在 Dubbo 中运行 263
   11.4.1 单机启动 etcd 264
   11.4.2 集群启动 etcd 265
  11.5 小结 266

第 12 章 Dubbo 服务治理平台 267
  12.1 服务治理平台总体结构 267
  12.2 服务治理平台的实现原理 269
  12.3 小结 273

第 13 章 Dubbo 未来展望 274
  13.1 Dubbo 未来生态 274
   13.1.1 开源现状 274
   13.1.2 后续发展 275
  13.2 云原生 281
   13.2.1 面临的挑战 281
   13.2.2 Service Mesh 简介 283
   13.2.3 Dubbo Mesh 284
  13.3 小结 285

第 1 章
Dubbo——高性能 RPC 通信框架

本章主要内容：
- 应用架构演进过程；
- Dubbo 简介；
- Dubbo 总体大图。

本章主要是对 Dubbo 总体的介绍，让读者对 Dubbo 有一个总体的认识。首先介绍后台应用架构的演进过程，从最初的 JEE 到现在的微服务架构都会介绍；然后简单介绍一下 Dubbo，包括它的发展历史、未来方向等；最后讲解 Dubbo 的总体大图，通过分层的方式讲解 Dubbo 的总体架构，并介绍 Dubbo 的核心组件及总体流程。

1.1 应用架构演进过程

1.1.1 单体应用

1. JEE 时期

JEE 是 Java Platform Enterprise Edition 的简称，提供了企业级软件开发的运行环境与开发工具。JEE 的出现极大地推动了企业信息化进程。

JEE 把企业软件划分为展示层、业务逻辑层和数据存储层,如图 1-1 所示。

图 1-1　JEE 层次划分

最终,各层的组件会被聚合到一起运行在通用的服务器上,如 JBoss、WebSphere、Tomcat 等。注意,Tomcat 只实现了 JEE Web 部分的规范。JEE 应用会把大量通用的业务逻辑、流程封装到通用组件中,少量定制化逻辑则通过配置文件的方式来访问通用组件。

JEE 的优点和缺点都非常明显。优点:分层设计明确了不同团队的分工,职责清晰、分工明确,衍生出了前端团队、后端团队和 DBA 团队;JEE 的开发简单,所有的类都能直接本地引用及使用,事务的处理只需要依赖数据库即可。由于企业级应用通常面向内部用户,使用者较少,也不需要考虑高并发等场景,加上 JEE 的稳定性,所以基本能满足日常的需求。缺点:大多数应用都在一个 JVM 中,随着应用的增大,性能会不断下降;业务之间的耦合严重,即使企业内部有不同的规范和约束,但随着业务逻辑复杂度的增加,开发人员的不断流动,整个应用的维护会变得越来越难;EJB 使用大量的 XML 作为配置文件,后期要配置出一个服务的学习成本很高。各种各样的规范约束加大了开发者的开发成本。

2. MVC 框架时期

由于 EJB 的各种问题严重影响了软件开发效率,为了降低成本提高生产力,开源框架开始成为企业的标配,这个时期比较主流的框架有 Spring、Struts、Hibernate 等。架构也从之前的分层架构变为了 MVC 架构,如图 1-2 所示。

其中 Model 属于模型部分,主要负责具体的业务逻辑和数据存取;View 是视图,主要处理应用的展示部分;Controller 是控制器,主要处理用户的交互,它会从视图层读取数据并传递给模型。

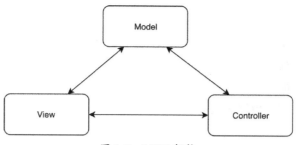

图 1-2 MVC 架构

在这个时期,常见的有 SSH 的框架组合。使用 Struts 进一步划分了 Web UI 的职责。Spring 负责 Bean 的管理及 IoC、AOP 等特性。Hibernate 则负责 ORM,实现对象与数据库的关系管理,将数据库中的数据抽象成一个个对象。

随着时间的推移,Struts 也推出了 2.0 版本,但更加轻量级的 Spring MVC 逐渐成为主流。ORM 框架也从 Hibernate 逐渐迁移到更加轻量级、灵活的 MyBatis 上。Spring 家族却一直蓬勃发展,成为现在应用的必备框架之一。

这一时期的架构与 JEE 比较相似,但 MVC 的分层更加简单,框架也更加轻量级,开发效率有了很大的提升,单元测试方面也更加完善。但这一时期的应用最终还是会被打到一个 War 包里,并且部署在 Tomcat 等 Web 服务器里。即使各个企业有自己的规范和约束,但系统的耦合度一直没有太大的改善。团队的职能依然按照层次来划分,有前端团队、后端团队和 DBA 团队等。

到了后期,有很多企业会对应用做垂直拆分,即把业务上没有关联的系统独立拆分出来,形成独立对外提供服务的系统。此时,服务之间完全独立,无法进行远程调用,很多基础代码不能复用,需要复制使用。这种方式从一定程度上缓解了单体应用造成的臃肿,但无法从本质上解决问题。因此,为了解决这些存在的问题,衍生出了后面的分布式应用。

1.1.2 分布式应用

1. 早期 SOA

正所谓合久必分,由于之前是单应用部署,导致所有业务都在一个 JVM 中运行,业务之间的耦合也是"剪不断理还乱",经常出现"牵一发而动全身"的情况。随着企业业务的不断发展,老应用会不断膨胀直到无法维护。另外,由于互联网的 to C 业务的不断兴起,传统单应用已经无法满足高并发的需求,经常出现性能瓶颈的问题。单进程的水平扩展能力也极其有限。

为了解决以上问题,面向服务的架构(SOA)出现了。SOA 将单一进程的应用做了拆分,形成独立对外提供服务的组件,每个组件通过网络协议对外提供服务。网络协议可以是 TCP,

也可以是 HTTP 等，正是通过这种协议，服务之间可以通过接口进行交互。SOA 有以下特点：
- 明确的协议。服务之间的交互都通过特定的协议进行。
- 明确的接口。根据规则划分出不同的服务，每个服务都有明确的对外接口。这让服务的复用成为可能。
- 合作方式的改变。后端团队会根据不同的服务进一步拆分，有了更加细化的分工与合作方式。
- 通信方式。初期的通信方式通常为 XML，由于 XML 有大量的冗余信息，后来被 JSON 取代。

常见的 SOA 实现方式有两种：Web Service 和 ESB。Web Service 通常使用 SOAP 协议，即用 HTTP 或 HTTPS 来传输 XML 数据。所有的 Web Service 服务都会注册到 Web Service 的目录中，每个服务都依赖于这个目录来发现存在的服务。Web Service 的工作原理如图 1-3 所示。

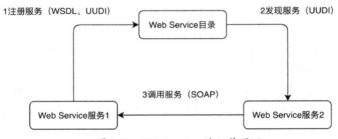

图 1-3　Web Service 的工作原理

ESB 简称企业服务总线，也是 SOA 的一种实现方式。服务之间的通信与调用都通过总线来完成，因此 ESB 没有注册中心一说。总线负责服务之间消息的解析、转换、路由，控制服务的可插拔，统一编排业务信息处理流程，等等。这种实现特别适合老企业的内部，不同语言开发或不同来源的应用系统，如外部购买、自研等，应用之间没有统一的交互协议。通过 ESB 总线可以屏蔽这些问题。ESB 的工作原理如图 1-4 所示。

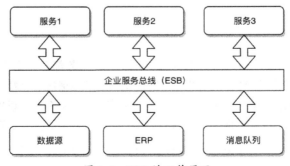

图 1-4　ESB 的工作原理

Web Service 和 ESB 的缺点都显而易见，比如 Web Service 的通信协议笨重，服务化管理设置不完善；ESB 本身就是一个很重的东西，系统的变更可能又反过来影响总线的变更。

2. 微服务化

为了解决早期 SOA 中存在的各种问题，近几年的服务化架构得到了进一步的演进，逐渐形成了更加细粒度的微服务架构。在微服务架构中，一个应用会被拆分一个个独立、可配置、可运行、可维护的子服务，极大地方便了服务的复用，通过不同的服务编排方式，快速产生新的业务逻辑。微服务和 SOA 一脉相承，SOA 的思想在微服务中依然有效并做了升华。但微服务与 SOA 还是有一定区别的。

- 目的不同。ESB 更加强调业务流程的编排，历史应用的集成。而微服务使用一系列微小的服务来实现整体流程，可以有效地拆分服务，从而实现敏捷的部署与交付。
- 服务粒度不同。微服务拆分得更加细小，从而可以方便地复用服务，编排出新的业务逻辑。SOA 通常是比较粗粒度的划分。
- 协议的不同。微服务通常都是统一的交互协议，如 HTTP、自定义的协议，兼容老系统比较困难。

3. 云原生

企业应用在演进过程中又遇到了新的挑战：

- 容量动态规划。微服务出现后，服务容量的评估、小服务资源的浪费等问题逐渐显现。为了实现资源的动态规划，容器化逐渐成为标配，容器编排技术也逐步走向成熟。
- 服务框架的臃肿。应用虽然已经微服务化，但应用中包含大量业务无关的资源库，即使开发一个小服务也要带上一个臃肿的框架。为了让应用变得更加轻量，下沉更多的通用能力，服务网格开始出现。

2015 年 CNCF（云原生计算基金会）建立，开始围绕云原生的概念打造云原生生态体系。CNCF 在其 GitHub 上对云原生有如下定义：

云原生技术有利于各组织在公有云、私有云和混合云等新型动态环境中，构建和运行可弹性扩展的应用。云原生的代表技术包括容器、服务网格、微服务、不可变基础设施和声明式 API。

这些技术能够构建容错性好、易于管理和便于观察的松耦合系统。结合可靠的自动化手段，云原生技术使工程师能够轻松地对系统进行频繁和可预测的重大变更。

云原生计算基金会（CNCF）致力于培育和维护一个厂商中立的开源生态系统来推广云原生技术。我们通过将最前沿的模式民主化，让这些创新为大众所用。

我们会在最后一章——Dubbo 未来展望中了解微服务框架在云原生中的发展。

1.2 Dubbo 简介

假设你正在参与公司一项非常重要的项目开发，在做需求沟通时，要求系统在分布式场景下实现高并发、高可扩展、自动容错和高可用，如果这个项目由你主导，你会怎么做呢？

在分布式场景下，可能最先想到的是分布式通信的问题，在 Google 或国内网站上搜索分布式 RPC 框架，就会搜索到 Dubbo。

一般熟悉一个框架，首先会查阅官网，然后下载最新代码，仔细阅读代码示例或新手指南，最后动手编写代码或打开示例代码，在开发工具中快速运行。如果已经有不错的编程经验，那么或许能顺利"跑通"，如果是编程新手则可能被一些配置或编译错误难倒。

编写分布式场景下高并发、高可扩展的系统对技能的要求很高，因为其中涉及序列化/反序列化、网络、多线程、设计模式、性能优化等众多专业知识。Dubbo 框架很好地将这些专业知识做了更高层的抽象和封装，提供了各种开箱即用的特性，让用户可以"傻瓜式"地使用。

我们编写这本书的主要目的：Dubbo 能够被更广泛地使用，让更多的开发人员真正理解里面的核心思想和实现原理。这里也包含关注点在业务领域，却没有足够的精力去研究框架，但是又有兴趣成为 RPC 领域专家的读者。从开源层面上来讲，我们也欢迎正在使用 Dubbo 的用户和对框架定制的开发者参与进来。

Dubbo 提供了非常丰富的开箱即用的特性，我们会花费大部分时间来挖掘它的能力，Dubbo 是一个分布式高性能的 RPC 服务框架，它的核心设计原则：微内核+插件体系，平等对待第三方。我们也会探讨 Dubbo 其他方面的内容，例如：

- Dubbo 核心协议；
- 扩展点 SPI；
- 线程模型；
- 注册中心；
- 关注点分离（解耦业务和框架）。

在本章中，首先从应用架构的整个演进过程开始，介绍 Dubbo 的历史和未来方向，然后讲解 Dubbo 的总体架构、核心组件及总体工作流程，在本章结束之后，就可以开始动手编写第一款基于 Dubbo 的分布式应用程序了。

前面介绍了应用服务的演进历史，那么 Dubbo 的出现是为了解决什么问题呢？本节将围绕 Dubbo 是什么、它的发展历史，以及未来的发展方向来讲解。

1.2.1 Dubbo 的发展历史

2011 年，阿里巴巴（简称阿里）宣布开源 SOA 服务化治理方案的核心框架——Dubbo 2.0.7。Dubbo 的设计思想在当时是非常超前的，因此一石激起千层浪，Dubbo 立即被众多公司所使用。很多公司也在 Dubbo 的设计思想与基础上，研发出属于自己公司的服务化框架。

2014 年，当当网基于 Dubbo 现有的版本，"fork"了一个分支并命名为 Dubbox 2.8.0，支持了 HTTP REST 协议。当年 10 月，阿里发布了 2.3.11 版本后就没有继续维护该项目了，整个 Dubbo 项目处于停滞状态。但是依然有很多公司继续自己维护并使用该框架。后来 Spring Cloud 出现，很多公司逐渐转向 Spring Cloud。

2017 年 9 月，阿里官方宣布重启 Dubbo 维护，升级了所依赖的 JDK 及对应组件的版本，并以很快的速度发布了 2.5.4 版本和 2.5.5 版本。当年 Dubbo 的 Star 数激增了 77%，瞬间达到 18K 并在不断增长，可见其受欢迎程度。从此社区生态开始不断发展。

2018 年 2 月，阿里把 Dubbo 捐献给 Apache 基金会，进入 Apache 孵化器，尝试借助社区的力量来不断完善 Dubbo 生态。

2018 年 7 月，Dubbo 官网更新为 Dubbo.apache.org，并开始使用新的 Logo。

……

对于 Dubbo 大事件感兴趣的读者，可以在 GitHub 中搜索 dubbo，并在其 wiki 页面查看详细内容。

1.2.2 Dubbo 是什么

Dubbo 是阿里 SOA 服务化治理方案的核心框架，每天为 2000 多个服务提供 30 多亿次访问量支持，并被广泛应用于阿里集团的各成员站点。阿里重启开源计划主要有以下几个原因：

- 战略，云栖大会宣布拥抱开源的发展策略；
- 社区，社区反馈的问题得不到及时解决，聆听社区的声音能够激发灵感；
- 生态，**繁荣的生态普惠所有人**；
- 回馈，分享阿里在服务治理、大流量、超大规模集群方面的经验。

自从 2017 年 7 月重启 Dubbo 开源，Star 数增长 7428+，Fork 数增长 3072+，Watch 数增加 745+，同时社区生态也在不断壮大发展。Dubbo 在 GitHub Java 类项目中 Star 数排名前 10 位（Star 数为 21.5K+），荣获开源中国 2017 年最受欢迎中国开源软件 TOP3（Java 类项目第一）。

在分布式 RPC 框架中，Dubbo 是 Java 类项目中卓越的框架之一，它提供了注册中心机制，解耦了消费方和服务方动态发现的问题，并提供高可靠能力，大量采用微内核+富插件设计思想，包括框架自身核心特性都作为扩展点实现，提供灵活的可扩展能力。

在我们深入了解 Dubbo 框架之前，请仔细阅读框架的架构和关键特性，如图 1-5 所示。其中有一些是技术性的，更多的是关于架构和设计哲学，在探索 Dubbo 的过程中，我们会多次探讨它们。

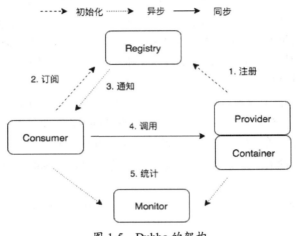

图 1-5　Dubbo 的架构

图 1-5 中 Provider 启动时会向注册中心把自己的元数据注册上去（比如服务 IP 和端口等），Consumer 在启动时从注册中心订阅（第一次订阅会拉取全量数据）服务提供方的元数据，注册中心中发生数据变更会推送给订阅的 Consumer。在获取服务元数据后，Consumer 可以发起 RPC 调用，在 RPC 调用前后会向监控中心上报统计信息（比如并发数和调用的接口）。

在了解 Dubbo 架构的工作原理前，我们先看一下 Dubbo 所包含的关键特性（包含设计理念），如表 1-1 所示。

表 1-1　Dubbo 的特性总结

分　类	Dubbo 的特性
面向接口代理的高性能 RPC 调用	提供高性能的基于代理的远程调用能力，服务以接口为粒度，为开发者屏蔽远程调用底层细节
服务自动注册与发现	支持多种注册中心服务，服务实例上下线实时感知
运行期流量调度	内置条件、脚本等路由策略，通过配置不同的路由规则，轻松实现灰度发布、同机房优先等功能
智能负载均衡	内置多种负载均衡策略，智能感知下游节点健康状况，显著减少调用延迟，提高系统吞吐量

续表

分 类	Dubbo 的特性
高度可扩展能力	遵循微内核+插件的设计思想，所有核心能力如 Protocol、Transport、Serialization 被设计为扩展点，平等对待内置实现和第三方实现
可视化的服务治理与运维	提供丰富服务治理、运维工具：随时查询服务元数据、服务健康状态及调用统计，实时下发路由策略、调整配置参数

1.2.3 Dubbo 解决什么问题

随着互联网应用规模不断发展，单体和垂直应用架构已经无法满足需求，分布式服务架构及流动计算架构势在必行，需要一个治理系统确保架构不断演进，架构演进请参考图 1-6。

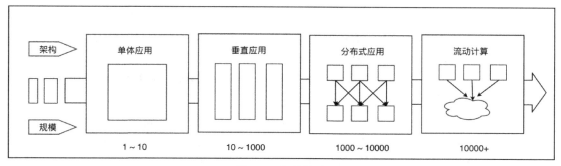

图 1-6 架构演进

我们先来回顾一下不同应用架构之间的区别。

- 单一应用架构：当网站流量很小时，只需一个应用，将所有功能都部署在一起，以减少部署节点和成本。此时，用于简化增删改查工作量的数据访问框架（ORM）是关键。
- 垂直应用架构：当访问量逐渐增大时，单一应用增加机器带来的加速度越来越小，将应用拆成互不相干的几个应用，以提升效率。此时，用于加速前端页面开发的 Web 框架（MVC）是关键。
  - 分布式服务架构：当垂直应用越来越多时，应用之间的交互是不可避免的，将核心业务抽取出来，作为独立的服务，逐渐形成稳定的服务中心，使应用能更快速地响应多变的市场需求。此时，用于提高业务复用及整合的分布式服务（RPC）框架是关键。
  - 流动计算架构：当服务越来越多时，容量的评估、小服务资源的浪费等问题逐渐显现，此时需增加一个调度中心基于访问压力实时管理集群容量，提高集群利用率。此时，用于提高机器利用率的资源调度和治理中心是关键。

随着服务规模和架构的不断演进，在大规模服务化之前，应用可能只是通过 RMI 或 Hessian 等工具简单地暴露和引用远程服务，通过配置服务的 URL 地址进行调用，通过 F5 等硬件进行负载均衡。当服务规模不断膨胀后，使用 Dubbo 能为用户解决什么问题呢？Dubbo 着眼于解决如下几个最基本的问题：

- 高性能、透明的 RPC 调用。只要涉及服务之间的通信，RPC 就必不可少。Dubbo 可以让开发者像调用本地的方法一样调用远程服务，而不需要显式在代码中指定是远程调用。整个过程对上层开发者透明，Dubbo 会自动完成后续的所有操作，例如：负载均衡、路由、协议转换、序列化等。开发者只需要接收对应的调用结果即可。
- 服务的自动注册与发现。当服务越来越多时，服务 URL 配置管理变得非常困难，服务的注册和发现已经不可能由人工管理。此时需要一个服务注册中心，动态地注册和发现服务，使服务的位置透明。Dubbo 适配了多种注册中心，服务消费方（消费者）可以通过订阅注册中心，及时地知道其他服务提供者的信息，全程无须人工干预。
  - 自动负载与容错。当服务越来越多时，F5 硬件负载均衡器的单点压力也越来越大。Dubbo 提供了完整的集群容错机制，可以实现软件层面的负载均衡，以此降低硬件的压力。Dubbo 还提供了调用失败的各种容错机制，如 Failover、Failfast、结果集合并等。
  - 动态流量调度。在应用运行时，某些服务节点可能因为硬件原因需要减少负载；或者某些节点需要人工手动下线；又或者需要实现单元化的调用、灰度功能。Dubbo 提供了管理控制台，用户可以在界面上动态地调整每个服务的权重、路由规则、禁用/启用，实现运行时的流量调度。
  - 依赖分析与调用统计。当应用规模进一步提升，服务间的依赖关系变得错综复杂，甚至分不清哪个应用要在哪个应用之前启动，架构师都不能完整地描述应用的架构关系。服务的调用量越来越大，服务的容量问题就暴露出来，这个服务需要多少机器支撑？什么时候该加机器？Dubbo 可以接入三方 APM 做分布式链路追踪与性能分析，或者使用已有的独立监控中心来监控接口的调用次数及耗时，用户可以根据这些数据反推出系统容量。

1.2.4 谁在使用 Dubbo

Dubbo 从 2017 年 7 月重启开源并捐献给 Apache，Dubbo 拥有不断壮大的用户社区，并且保持相当高的活跃度，其中要包含很多大公司，比如阿里巴巴、网易、中国电信、金蝶和滴滴等，已知使用 Dubbo 的用户请参考：https://github.com/apache/incubator-dubbo/issues/1012。

除了使用 Dubbo 框架，还有很多公司针对 Dubbo 开发了跨语言的库并捐献给 Dubbo 生态，比如 dubbo2.js（Node.js）、dubbo-go、dubbo-client-py（Python）和 dubbo-php-framework 等，同时助力了 Dubbo 社区的发展。

1.2.5　Dubbo 后续的规划

我们在 Dubbo 官方的规划中，清楚地知道后续 Dubbo 的发展趋势。Dubbo 的核心发展规划如下：

- 模块化。解决通信层与服务治理层耦合严重的问题，为 Dubbo Mesh 做好准备。
- 大流量。通过熔断、隔离、限流等手段来提升集群整体稳定性，定位故障节点。
- 元数据。服务治理数据和服务注册数据的分离，解决元数据冗长的问题，为对接注册中心、配置中心做好准备。
- 大规模。超大规模集群应对服务注册发现、内存占用、CPU 消耗带来的挑战。
- 路由策略。引入在阿里内部广泛实践的路由策略：多机房、灰度、参数路由等智能化策略。
- 异步化。CompletableFuture 支持，跨进程的 Reactive 支持，提升分布式系统整体的吞吐率和 CPU 利用率。
- 生态扩展。在 API、注册、集群容错等各个层次，兼容并适配现有主流的开源组件，如 Spring Boot、Hystrix 等。
- 生态互通。Dubbo 在未来还会发布各种其他语言的 client，如 PHP、Python、Node.js 等。
- 云原生。Dubbo 后续会向 Dubbo Mesh 方向发展，让服务治理能力下沉，成为平台的基础能力，应用无须与特定的语言技术栈绑定，让 Dubbo Mesh 成为数据面板。
- 多语言支持。通过将服务治理能力 sidecar 化，支持多种语言的 RPC 已经成为可能，这也是 Spring Cloud 方案的最大短板。

1.3　Dubbo 总体大图

本节首先介绍整个 Dubbo 的总体大图，讲解 Dubbo 的分层结构，每一层所做的事情，让读者对整个 Dubbo 的框架有个初步了解。然后介绍 Dubbo 现有的一些核心组件及总体流程。

1.3.1　Dubbo 总体分层

Dubbo 的总体分为业务层（Biz）、RPC 层、Remote 三层。如果把每一层继续做细分，那么一共可以分为十层。其中，Monitor 层在最新的官方 PPT 中并不再作为单独的一层。如图 1-7 所示，图中左边是具体的分层，右边是该层中比较重要的接口。

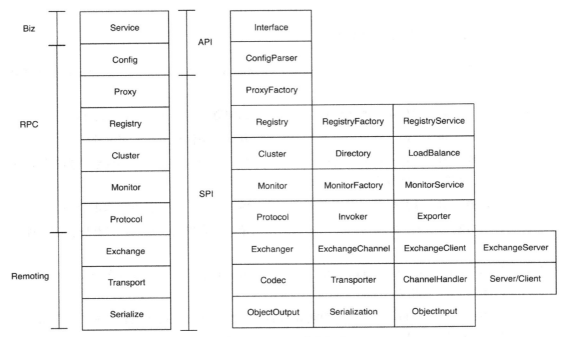

图 1-7　Dubbo 总体分层

Service 和 Config 两层可以认为是 API 层，主要提供给 API 使用者，使用者无须关心底层的实现，只需要配置和完成业务代码即可；后面所有的层级合在一起，可以认为是 SPI 层，主要提供给扩展者使用，即用户可以基于 Dubbo 框架做定制性的二次开发，扩展其功能。Dubbo 的扩展能力非常强，这也是 Dubbo 一直广受欢迎的原因之一。后续会有专门的章节介绍 Dubbo 的扩展机制。

每一层都会有比较核心的接口来支撑整个层次的逻辑，后续如果读者需要阅读源码，则可以从这些核心接口开始，梳理整个逻辑过程。在后面的章节中，我们会围绕不同的层次对其原理进行讲解。

1.3.2　Dubbo 核心组件

Dubbo 框架中的分层代表了不同的逻辑实现，它们是一个个组件，这些组件构成了整个 Dubbo 体系，在使用方角度更多接触到的可能是配置，更多底层构件被抽象和隐藏了，同时提供了非常高的扩展性。Dubbo 框架之所以能够做到高扩展性，受益于各个组件职责分明的设计，每个组件提供灵活的扩展点，如表 1-2 所示。

表 1-2 Dubbo 核心组件

层次名	作用
Service	业务层。包括业务代码的接口与实现，即开发者实现的业务代码
config	配置层。主要围绕 ServiceConfig（暴露的服务配置）和 ReferenceConfig（引用的服务配置）两个实现类展开，初始化配置信息。可以理解为该层管理了整个 Dubbo 的配置
proxy	服务代理层。在 Dubbo 中，无论生产者还是消费者，框架都会生成一个代理类，整个过程对上层是透明的。当调用一个远程接口时，看起来就像是调用了一个本地的接口一样，代理层会自动做远程调用并返回结果，即让业务层对远程调用完全无感
registry	注册层。负责 Dubbo 框架的服务注册与发现。当有新的服务加入或旧服务下线时，注册中心都会感知并通知给所有订阅方。整个过程不需要人工参与
cluster	集群容错层。该层主要负责：远程调用失败时的容错策略（如失败重试、快速失败）；选择具体调用节点时的负载均衡策略（如随机、一致性 Hash 等）；特殊调用路径的路由策略（如某个消费者只会调用某个 IP 的生产者）
monitor	监控层。这一层主要负责监控统计调用次数和调用时间等
protocol	远程调用层。封装 RPC 调用具体过程，Protocol 是 Invoker 暴露（发布一个服务让别人可以调用）和引用（引用一个远程服务到本地）的主功能入口，它负责管理 Invoker 的整个生命周期。Invoker 是 Dubbo 的核心模型，框架中所有其他模型都向它靠拢，或者转换成它，它代表一个可执行体。允许向它发起 invoke 调用，它可能是执行一个本地的接口实现，也可能是一个远程的实现，还可能一个集群实现
exchange	信息交换层。建立 Request-Response 模型，封装请求响应模式，如把同步请求转化为异步请求
transport	网络传输层。把网络传输抽象为统一的接口，如 Mina 和 Netty 虽然接口不一样，但是 Dubbo 在它们上面又封装了统一的接口。用户也可以根据其扩展接口添加更多的网络传输方式
Serialize	序列化层。如果数据要通过网络进行发送，则需要先做序列化，变成二进制流。序列化层负责管理整个框架网络传输时的序列化/反序列化工作

1.3.3 Dubbo 总体调用过程

或许有读者目前还不能理解整个组件串起来的工作过程，因此我们先介绍一下服务的暴露过程。首先，服务器端（服务提供者）在框架启动时，会初始化服务实例，通过 Proxy 组件调用具体协议（Protocol），把服务端要暴露的接口封装成 Invoker（真实类型是 AbstractProxyInvoker），然后转换成 Exporter，这个时候框架会打开服务端口等并记录服务实例到内存中，最后通过 Registry 把服务元数据注册到注册中心。这就是服务端（服务提供者）整个接口暴露的过程。读者可能对里面的各种组件还不清楚，下面就讲解组件的含义：

- **Proxy 组件**：我们知道，Dubbo 中只需要引用一个接口就可以调用远程的服务，并且只需要像调用本地方法一样调用即可。其实是 Dubbo 框架为我们生成了代理类，调用的方法其实是 Proxy 组件生成的代理方法，会自动发起远程/本地调用，并返回结果，整个过程对用户完全透明。
- **Protocol**：顾名思义，协议就是对数据格式的一种约定。它可以把我们对接口的配置，根据不同的协议转换成不同的 Invoker 对象。例如：用 DubboProtocol 可以把 XML 文件中一个远程接口的配置转换成一个 DubboInvoker。
- **Exporter**：用于暴露到注册中心的对象，它的内部属性持有了 Invoker 对象，我们可以认为它在 Invoker 上包了一层。
- **Registry**：把 Exporter 注册到注册中心。

以上就是整个服务暴露的过程，消费方在启动时会通过 Registry 在注册中心订阅服务端的元数据（包括 IP 和端口）。这样就可以得到刚才暴露的服务了。

下面我们来看一下消费者调用服务提供者的总体流程，我们此处只介绍远程调用，本地调用是远程调用的子集，因此不在此展开。Dubbo 组件调用总体流程如图 1-8 所示。

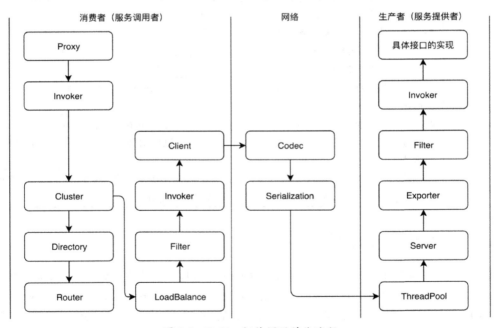

图 1-8　Dubbo 组件调用总体流程

首先，调用过程也是从一个 Proxy 开始的，Proxy 持有了一个 Invoker 对象。然后触发 invoke 调用。在 invoke 调用过程中，需要使用 Cluster，Cluster 负责容错，如调用失败的重试。Cluster

在调用之前会通过 Directory 获取所有可以调用的远程服务 Invoker 列表（一个接口可能有多个节点提供服务）。由于可以调用的远程服务有很多，此时如果用户配置了路由规则（如指定某些方法只能调用某个节点），那么还会根据路由规则将 Invoker 列表过滤一遍。

然后，存活下来的 Invoker 可能还会有很多，此时要调用哪一个呢？于是会继续通过 LoadBalance 方法做负载均衡，最终选出一个可以调用的 Invoker。这个 Invoker 在调用之前又会经过一个过滤器链，这个过滤器链通常是处理上下文、限流、计数等。

接着，会使用 Client 做数据传输，如我们常见的 Netty Client 等。传输之前肯定要做一些私有协议的构造，此时就会用到 Codec 接口。构造完成后，就对数据包做序列化（Serialization），然后传输到服务提供者端。服务提供者收到数据包，也会使用 Codec 处理协议头及一些半包、粘包等。处理完成后再对完整的数据报文做反序列化处理。

随后，这个 Request 会被分配到线程池（ThreadPool）中进行处理。Server 会处理这些 Request，根据请求查找对应的 Exporter（它内部持有了 Invoker）。Invoker 是被用装饰器模式一层一层套了非常多 Filter 的，因此在调用最终的实现类之前，又会经过一个服务提供者端的过滤器链。

最终，我们得到了具体接口的真实实现并调用，再原路把结果返回。

至此，一个完整的远程调用过程就结束了。详细的远程调用的原理机制会在第 6 章中讲解。

1.4 小结

本章我们介绍了整个应用框架的演进历史，以及 Dubbo 框架的历史背景和未来发展方向，同时介绍了 Dubbo 提供的特性。我们了解了国内有很多大公司都在使用 Dubbo，目前 Dubbo 又重启维护，社区不断在成长与壮大。

然后，我们概述了 Dubbo 的总体架构图和核心组件，并把所有核心组件合在一起，讲解 Dubbo 的一次总体调用的过程。

下一章我们会探讨 Dubbo 的 API 和编程模型的知识，会编写第一款分布式应用程序。

第 2 章
开发第一款 Dubbo 应用程序

本章主要内容：
- 设置开发环境；
- 编写 Dubbo 服务器和客户端；
- 构建并运行应用程序。

在本章中，我们会动手实践如何基于 Dubbo 快速构建一个完整的服务器和客户端程序。如果对 Dubbo 的使用比较熟悉，则可以跳过本章。

首先，我们学习如何获取 Dubbo 的源码，搭建 Dubbo 的开发环境，介绍整体项目的结构。然后分别基于 XML、注解和 API 的方式实现一个 Dubbo 的 Demo。

2.1 配置开发环境

要编译和运行本书的代码，会使用 JDK 和 Maven 这两个工具，其他工具都是辅助性（非必需）的，这两个工具都可以免费下载。

在开始编写代码前，建议使用 Java 的集成环境 IDE，因为在中大规模应用程序开发过程中，IDE 能极大提升生产效率。

2.1.1 下载并安装 JDK

首先检查系统是否已经安装好了 JDK，在终端输入命令：

java -version

如果终端打印 `1.7.x_xx` 或 `1.8.x_xx`，则可以忽略这个步骤。例如：

```
java version "1.8.0_151"
Java(TM) SE Runtime Environment (build 1.8.0_151-b12)
Java HotSpot(TM) 64-Bit Server VM (build 25.151-b12, mixed mode)
```

否则，可以在 https://www.oracle.com/technetwork/java/javase/downloads/jdk8-downloads-2133151.html 中下载最新的 JDK8。注意，在下载前要同意许可协议，这个网站提供了所有主流平台的 JDK，读者可以根据自己的操作系统进行选择。

Mac 平台提供了安装包，直接安装不需要手动额外配置，安装后的路径为 /Library/Java/JavaVirtualMachines/xxx.jdk/Contents/Home。

Windows 平台下需要做一些手动配置，可以参考以下操作：

- 将环境变量 `JAVA_HOME` 设置到 JDK 安装位置（类似于 `C:\Program Files\Java\jdk1.8.0_121`）。
- 将 `%JAVA_HOME%\bin` 添加到可执行路径中。
- 将环境变量 `CLASSPATH` 设置到 `.;%JAVA_HOME%/lib;%JAVA_HOME%/jre/lib`，注意保留前面的 "." 符号，代表优先从当前目录查找。

2.1.2 下载并安装 IDE

下面是当前比较流行的 IDE 工具下载地址，可以免费获取这些工具。

- Intellij IDEA：www.jetbrains.com。
- Eclipse：www.eclipse.org。
- NetBeans：www.netbeans.org。
- Visual Studio Code：www.visualstudio.microsoft.com。

`IntelliJ IDEA` 的功能非常全，如果是开源项目贡献者，则可以通过 Apache 邮箱免费获取账号，读者可以通过上面的链接选择合适自己的工具进行下载。

2.1.3 下载并配置 Maven

本书在编译 Dubbo 代码时，使用的是 Maven 3.5.4，可以在 `http://maven.apache.org/` 中下载。和配置 JDK 一样简单，首先将下载的 Maven 解压缩到任意目录，我们称为[安装目录]，在[安装目录]中包含类似 `apache-maven-3.5.4` 的文件夹。

然后我们可以参考以下操作进行环境变量的配置。

Mac 系统：

- 将环境变量 `M2_HOME` 指向[安装目录]/apache-maven-3.5.4。
- 将`$M2_HOME/bin` 添加到可执行路径，方便在终端执行 Maven 命令。

Windows 系统：

- 将环境变量 `M2_HOME` 指向[安装目录]/apache-maven-3.5.4。
- 将`%M2_HOME%\bin` 添加到可执行路径，方便在终端执行 Maven 命令。

2.1.4 下载并配置 ZooKeeper

尽管 ZooKeeper 不是必需的，但是在生产环境中已经大量使用 ZooKeeper 作为注册中心。为了深入理解 Dubbo，这里我们给出配置单机 ZooKeeper 的步骤，方便本地启动 Dubbo。在 `http://mirrors.shu.edu.cn/apache/zookeeper/` 中下载最新的版本。

以 3.4.13 版本为例：

- 解压缩 `zookeeper-3.4.13.tar.gz` 文件到任意目录，成为安装目录，类似[安装目录]/zookeeper-3.4.13。
- 将环境变量 `ZK_HOME` 指向[安装目录]/zookeeper-3.4.13。
- 将`${ZK_HOME}/bin` 添加到可执行路径，方便在终端执行 ZooKeeper 命令。

在[安装目录]\zookeeper-3.4.13\conf 中复制一份配置文件 `zoo_sample.cfg` 并重命名为 `zoo.cfg`，然后在终端执行 `zkServer.sh start` 即可，默认会监听 2181 端口。

2.1.5 使用 IDEA 调试 Dubbo 源码

1. 下载源码

本书将基于 Dubbo 2.6.x 进行源码的讲解，因此我们首先下载 Dubbo 2.6.x 的源码，打开 Dubbo 在 GitHub 上的页面 https://github.com/apache/incubator-dubbo，点击"Clone or download"

按钮，我们可以复制 Dubbo 的 Git 地址或直接下载压缩文件，如图 2-1 所示。

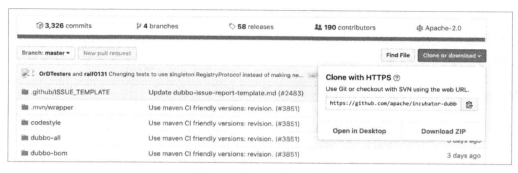

图 2-1　GitHub 项目示例

如果使用 git 复制项目，则打开系统的 bash 窗口，进入合适的目录，然后输入 git clone https://github.com/apache/incubator-dubbo.git，接着等待工程下载完毕即可。

2.导入工程

由于笔者平时使用的是 IntelliJ IDEA，Eclipse 的调试也是类似的，因此我们基于 IDEA 讲解调试 Dubbo 源码的示例。首先，我们学习如何导入代码到 IDE，如果是在 IDEA 的启动界面中，我们可以直接点击"Open"按钮；如果是在工程界面中，则通过"File→Open"打开。然后，选择下载好的源码并点击确定按钮。然后等待 IDEA 帮我们把 Maven 工程的各种依赖下载下来即可。如果存在依赖找不到的情况，则检查网络，或者设置 Maven 镜像的国内仓库地址。导入成功后，我们可以看到类似图 2-2 的模块结构。

图 2-2　Dubbo 模块结构

下面介绍几个比较重要的模块，可以参考第 1 章的 Dubbo 分层一起理解，如表 2-1 所示。

表 2-1 Dubbo 模块的作用

模块名称	作用
dubbo-common	通用逻辑模块，提供工具类和通用模型
dubbo-remoting	远程通信模块，为消费者和服务提供者提供通信能力
dubbo-rpc	容易和 remote 模块混淆，本模块抽象各种通信协议，以及动态代理
dubbo-cluster	集群容错模块，RPC 只关心单个调用，本模块则包括负载均衡、集群容错、路由、分组聚合等
dubbo-registry	注册中心模块
dubbo-monitor	监控模块，监控 Dubbo 接口的调用次数、时间等
dubbo-config	配置模块，实现了 API 配置、属性配置、XML 配置、注解配置等功能
dubbo-container	容器模块，如果项目比较轻量，没用到 Web 特性，因此不想使用 Tomcat 等 Web 容器，则可以使用这个 Main 方法加载 Spring 的容器
dubbo-filter	过滤器模块，包含 Dubbo 内置的过滤器
dubbo-plugin	插件模块，提供内置的插件，如 QoS
dubbo-demo	一个简单的远程调用示例模块
dubbo-test	测试模块，包含性能测试、兼容性测试等

3.代码调试

如果只是做一个简单的 Dubbo 调用演示，那么我们可以使用 dubbo-demo 模块。该模块可以演示一个完整的消费者调用服务提供者的过程。首先启动 dubbo-demo-provider，然后启动 dubbo-demo-consumer，直接运行对应模块的 main 方法即可。由于 Demo 使用的是广播，因此需要先启动服务提供者。此时消费者会不断调用服务提供者的 com.alibaba.dubbo.demo.DemoService#sayHello，返回的结果如图 2-3 所示。

```
Hello world, response from provider: 30.55.209.152:20880
Hello world, response from provider: 30.55.209.152:20880
Hello world, response from provider: 30.55.209.152:20880
Hello world, response from provider: 30.55.209.152:20880
Hello world, response from provider: 30.55.209.152:20880
Hello world, response from provider: 30.55.209.152:20880
Hello world, response from provider: 30.55.209.152:20880
```

图 2-3 返回的结果

以上是使用 Demo 模块的示例，如果我们想直接调试某个模块的代码，那么需要怎么做呢？Dubbo 的每个模块中，除了 main 目录下的源码，还有一个 test 目录，里面有完整的单元测试代码。当需要调试某个功能的源码时，建议首先阅读对应的单元测试代码，然后在对应的源码中打断点、运行单元测试。例如，我们想调试负载均衡的源码，使用 LoadBalanceTest 单元测试类即可，如图 2-4 所示。

图 2-4　单元测试示例

2.2 基于 XML 配置实现

在本节中,我们会动手实践快速构建一个完整的服务器和客户端程序。应用程序很简单:服务器会接收客户端发来的消息,然后将消息不做任何处理返回给客户端。通过本示例程序来帮助读者熟悉 Dubbo 框架。应用程序可以通过 XML、注解和 API 这 3 种方式来编写,本节主要介绍基于 XML 的实现。

所有的 Dubbo 服务接口都可以直接通过配置对外暴露,但用户不需要额外编写服务暴露的代码,因为这些都被 Dubbo 框架隐藏了,用于降低框架使用门槛,用户只需要专注以下内容:

- 关注业务场景,编写面向接口的业务代码;
- 少量的启动配置,比如配置中心和暴露的协议等。

本章的代码可以通过 GitHub 获取:https://github.com/zonghaishang/dubbo-samples,详细代码可以参考模块 dubbo-samples-echo。

2.2.1 编写 Echo 服务器

Dubbo 框架是面向接口的 RPC 调用框架,需要提供一个新的接口 EchoService 来作为服务暴露使用,该接口会响应传入的消息。

下面我们来定义及实现这个接口,首先是接口的定义,如代码清单 2-1 所示。

代码清单 2-1　EchoService

```
package com.alibaba.dubbo.samples.echo.api;

public interface EchoService {
```

```
    String echo(String message);

}
```

然后是接口的实现,如代码清单 2-2 所示。

代码清单 2-2　EchoServiceImpl

```java
package com.alibaba.dubbo.samples.echo.impl;

import com.alibaba.dubbo.rpc.RpcContext;
import com.alibaba.dubbo.samples.echo.api.EchoService;

import java.text.SimpleDateFormat;
import java.util.Date;

public class EchoServiceImpl implements EchoService {

    public String echo(String message) {
        String now = new SimpleDateFormat("HH:mm:ss").format(new Date());
        System.out.println("[" + now + "] Hello " + message
                + ", request from consumer: " +
RpcContext.getContext().getRemoteAddress());
        return message;
    }
}
```

以上就是我们需要关注的接口定义及接口实现。其中 EchoService 接口在后面章节中会用到。如果要让这个接口能正常提供服务,那么还需要做一些额外配置:把配置文件 echo-provider.xml 放到项目目录 src/main/resources/spring/ 下:

```xml
<?xml version="1.0" encoding="UTF-8"?>
<beans xmlns:xsi="http://www.w3.org/2001/XMLSchema-instance"
    xmlns:dubbo="http://dubbo.apache.org/schema/dubbo"
    xmlns="http://www.springframework.org/schema/beans"
    xsi:schemaLocation="http://www.springframework.org/schema/beans
http://www.springframework.org/schema/beans/spring-beans.xsd
    http://dubbo.apache.org/schema/dubbo
```

```xml
    http://dubbo.apache.org/schema/dubbo/dubbo.xsd">

    <!-- 服务提供方应用名称，方便用于依赖跟踪 -->
    <dubbo:application name="echo-provider"/>

    <!-- 使用本地 ZooKeeper 作为注册中心 -->
    <dubbo:registry address="zookeeper://127.0.0.1:2181"/>

    <!-- 只用 Dubbo 协议并且指定监听 20880 端口 -->
    <dubbo:protocol name="dubbo" port="20880"/>

    <!-- 通过 XML 方式把实现配置为 Bean，让 Spring 托管和实例化 -->
    <bean id="echoService"
class="com.alibaba.dubbo.samples.echo.impl.EchoServiceImpl"/>

    <!-- 声明要暴露的接口 -->
    <dubbo:service interface="com.alibaba.dubbo.samples.echo.api.EchoService"
ref="echoService"/>

</beans>
```

配置完成后，我们还要动手编写一些代码来启动服务，如代码清单 2-3 所示。

代码清单 2-3　启动 Dubbo 服务

```java
package com.alibaba.dubbo.samples.echo;

import org.springframework.context.support.ClassPathXmlApplicationContext;

public class EchoProvider {

    public static void main(String[] args) throws Exception {
        ClassPathXmlApplicationContext context = new          ① 指定服务暴露配置文件
ClassPathXmlApplicationContext(new String[]{"spring/echo-provider.xml"});
        context.start();    ← ② 启动 Spring 容器并暴露服务

        System.in.read();
    }
}
```

在开始执行前请确保已经正确启动 ZooKeeper 服务器（参考 2.1.4 节）。后面会介绍通过 Maven 命令行启动服务，本节我们直接在 IDE 中 "Debug" 这个 EchoProvider 服务并运行，然后在终端中用 Telnet 模拟客户端调用：

```
telnet localhost 20890        ◁── 使用 Telnet 连接本地 20890 端口        执行方法调用
invoke com.alibaba.dubbo.samples.echo.api.EchoService.echo("hello world!")  ◁
"hello world!"     ◁── 得到返回结果，共耗时 3ms
elapsed: 3 ms.
```

其中，`invoke` 指令会发起 Dubbo 服务调用，该指令采用[接口.方法]格式调用，采用 JSON 格式传递参数，后面章节会详细介绍 Telnet 协议调用的实现原理。

注意：
通过手写启动代码，可以帮助我们了解 Dubbo 框架在启动时做的事情。Dubbo 框架启动时默认会通过 Spring 的容器来启动(本质上也是通过 ClassPathXmlApplicationContext 来启动服务的)。一般生产环境中用 shell 脚本启动 Dubbo。对应的启动类是 `com.alibaba.dubbo.container.Main`，它的原理是利用扩展点加载 Spring 容器，然后激活 Spring 框架加载配置。具体实现参考 SpringContainer，本质上和我们手写启动器是一致的。针对扩展点实现原理，我们会在第 4 章详细分析。

2.2.2　编写 Echo 客户端

在客户端只依赖服务暴露的接口的情况下，使用 Dubbo 框架能够让我们把关注点放在编写服务消费逻辑上，而不必去关心网络连接和序列化等底层技术，但我们还是要提供一些框架依赖的配置，这个配置 echo-consumer.xml 放到项目目录 src/main/resources/spring 中：

```xml
<?xml version="1.0" encoding="UTF-8"?>
<beans xmlns:xsi="http://www.w3.org/2001/XMLSchema-instance"
    xmlns:dubbo="http://dubbo.apache.org/schema/dubbo"
    xmlns="http://www.springframework.org/schema/beans"
    xsi:schemaLocation="http://www.springframework.org/schema/beans
http://www.springframework.org/schema/beans/spring-beans.xsd
    http://dubbo.apache.org/schema/dubbo
http://dubbo.apache.org/schema/dubbo/dubbo.xsd">

    <!-- 服务消费方应用名称，方便用于依赖跟踪 -->
    <dubbo:application name="echo-consumer"/>
```

```xml
<!-- 使用本地 ZooKeeper 作为注册中心 -->
<dubbo:registry address="zookeeper://127.0.0.1:2181"/>

<!-- 指定要消费的服务 -->
<dubbo:reference id="echoService" check="false"
    interface="com.alibaba.dubbo.samples.echo.api.EchoService"/>

</beans>
```

这些依赖配置主要告诉框架使用 ZooKeeper 作为注册中心，并且基于 XML 配置要消费的服务，消费的服务定义会被 Spring 托管。和服务提供方类似，我们需要动手编写服务消费启动代码，如代码清单 2-4 所示。

代码清单 2-4　基于 XML 方式消费服务

```java
package com.alibaba.dubbo.samples.echo;

import com.alibaba.dubbo.samples.echo.api.EchoService;

import org.springframework.context.support.ClassPathXmlApplicationContext;

public class EchoConsumer {

    public static void main(String[] args) {
        ClassPathXmlApplicationContext context = new           ① 加载配置
ClassPathXmlApplicationContext(new String[]{"spring/echo-consumer.xml"});
        context.start();
        EchoService echoService = (EchoService) context.getBean("echoService");   ② 获取消费代理
        
        String status = echoService.echo("Hello world!");   ③ 调用远程方法
        System.out.println("echo result: " + status);
    }
}
```

通过简单的几行代码，就可以完成分布式环境下的 RPC 调用。上述代码成功运行后会输出 echo result: Hello world!。

2.3 基于注解实现

通过 XML 配置启动 Dubbo 服务是比较常见的方式，但 Dubbo 可以消除 XML 配置，直接使用注解来暴露服务，这种方式更友好一些，虽然业务代码会耦合一些 Dubbo 框架注解，但是未来代码重构比较便利。

2.3.1 基于注解编写 Echo 服务器

通过注解暴露服务，只需要在要服务接口上标注@Service 注解即可，如代码清单 2-5 所示。

代码清单 2-5　基于注解标记服务

```java
package com.alibaba.dubbo.samples.echo.impl;

import com.alibaba.dubbo.config.annotation.Service;
import com.alibaba.dubbo.rpc.RpcContext;
import com.alibaba.dubbo.samples.echo.api.EchoService;

import java.text.SimpleDateFormat;
import java.util.Date;

@Service
public class EchoServiceImpl implements EchoService {

    public String echo(String message) {
        String now = new SimpleDateFormat("HH:mm:ss").format(new Date());
        System.out.println("[" + now + "] Hello " + message
                + ", request from consumer: " +
RpcContext.getContext().getRemoteAddress());
        return message;
    }
}
```

使用@Service 注解后，由 Dubbo 服务将这个实现类提升为 Spring 容器的 Bean，并且负责配置初始化和服务暴露。接下来，基于注解来生成 Dubbo 的配置信息，如代码清单 2-6 所示。

代码清单 2-6　使用注解标记 Dubbo 配置

```java
package com.alibaba.dubbo.samples.echo;
```

```java
import com.alibaba.dubbo.config.ApplicationConfig;
import com.alibaba.dubbo.config.ProtocolConfig;
import com.alibaba.dubbo.config.ProviderConfig;
import com.alibaba.dubbo.config.RegistryConfig;
import com.alibaba.dubbo.config.spring.context.annotation.EnableDubbo;

import org.springframework.context.annotation.AnnotationConfigApplicationContext;
import org.springframework.context.annotation.Bean;
import org.springframework.context.annotation.Configuration;

public class AnnotationProvider {
    public static void main(String[] args) throws Exception {
        AnnotationConfigApplicationContext context = new AnnotationConfigApplicationContext(ProviderConfiguration.class);
        context.start();
        System.in.read();
    }

    @Configuration                                                      ① 指定扫描服务所在的包
    @EnableDubbo(scanBasePackages = "com.alibaba.dubbo.samples.echo")
    static class ProviderConfiguration {
        @Bean
        public ProviderConfig providerConfig() {
            return new ProviderConfig();
        }

        @Bean
        public ApplicationConfig applicationConfig() {
            ApplicationConfig applicationConfig = new ApplicationConfig();
            applicationConfig.setName("echo-annotation-provider");
            return applicationConfig;
        }

        @Bean                                                           ② 使用 ZooKeeper 作
        public RegistryConfig registryConfig() {                          为注册中心，同时给出
            RegistryConfig registryConfig = new RegistryConfig();         注册中心的 IP 和端口
            registryConfig.setProtocol("zookeeper");
```

```java
        registryConfig.setAddress("localhost");
        registryConfig.setPort(2181);
        return registryConfig;
    }

    @Bean
    public ProtocolConfig protocolConfig() {
        ProtocolConfig protocolConfig = new ProtocolConfig();
        protocolConfig.setName("dubbo");         ← ③ 默认服务使用 Dubbo 协议，
        protocolConfig.setPort(20880);              在 20880 端口监听服务
        return protocolConfig;
    }
}
```

相比 XML 配置，使用注解的方式更简洁一些，接下来我们看一下基于注解如何消费服务。

2.3.2 基于注解编写 Echo 客户端

通过注解消费服务时，只需要@Reference 注解标注，该注解适用于对象字段和方法中。因此需要做一下特殊的包装。接下来，我们在 EchoConsumer 类中定义 echoService 字段，该字段用@Reference 注解标注，如代码清单 2-7 所示。

代码清单 2-7　基于注解包装消费

```java
package com.alibaba.dubbo.samples.echo.refer;

import com.alibaba.dubbo.config.annotation.Reference;
import com.alibaba.dubbo.samples.echo.api.EchoService;

import org.springframework.stereotype.Component;

@Component
public class EchoConsumer {

    @Reference
    private EchoService echoService;

    public String echo(String name) {
```

```
        return echoService.echo(name);
    }
}
```

在完成消费定义之后,我们还需要完成基于注解的启动代码,如代码清单 2-8 所示。

代码清单 2-8　基于注解消费服务

```
package com.alibaba.dubbo.samples.echo;

import com.alibaba.dubbo.config.ApplicationConfig;
import com.alibaba.dubbo.config.ConsumerConfig;
import com.alibaba.dubbo.config.RegistryConfig;
import com.alibaba.dubbo.config.spring.context.annotation.EnableDubbo;
import com.alibaba.dubbo.samples.echo.refer.EchoConsumer;

import org.springframework.context.annotation.AnnotationConfigApplicationContext;
import org.springframework.context.annotation.Bean;
import org.springframework.context.annotation.ComponentScan;
import org.springframework.context.annotation.Configuration;

public class AnnotationConsumer {

    public static void main(String[] args) {
        AnnotationConfigApplicationContext context = new
AnnotationConfigApplicationContext(ConsumerConfiguration.class);   ◁─── ① 基于注解配置初始化 Spring 上下文
        context.start();
        EchoConsumer echoService = context.getBean(EchoConsumer.class);   ◁───
        String hello = echoService.echo("Hello world!");
        System.out.println("result: " + hello);                           ② 发起服务调用
    }

    @Configuration
    @EnableDubbo(scanBasePackages = "com.alibaba.dubbo.samples.echo")   ◁─── ③ 指定要扫描的消费注解,会触发注入
    @ComponentScan(value = {"com.alibaba.dubbo.samples.echo"})
    static class ConsumerConfiguration {
        @Bean
        public ApplicationConfig applicationConfig() {
            ApplicationConfig applicationConfig = new ApplicationConfig();
```

```
            applicationConfig.setName("echo-annotation-consumer");
            return applicationConfig;
        }

        @Bean
        public ConsumerConfig consumerConfig() {
            return new ConsumerConfig();
        }

        @Bean
        public RegistryConfig registryConfig() {
            RegistryConfig registryConfig = new RegistryConfig();
            registryConfig.setProtocol("zookeeper");    ← ④ 使用 ZooKeeper 作为注册中心，
            registryConfig.setAddress("localhost");        同时给出注册中心的 IP 和端口
            registryConfig.setPort(2181);
            return registryConfig;
        }
    }
}
```

在消费服务启动后会输出以下信息：result: Hello world!。

2.4 基于 API 实现

Dubbo 框架大部分场景都会在 Spring 中使用，但是不局限于这种场景。除了基于 XML 和注解的方式，Dubbo 框架还支持 API 的方式。虽然大部分场景不会直接使用 API 的方式暴露和消费服务，但是在某些场景下 API 非常有用。比如开发网关类的应用，需要动态消费不同版本的服务，通过 API 方式，可以根据前端请求参数动态构造不同版本的服务实例等。

2.4.1 基于 API 编写 Echo 服务器

基于配置方式启动 Dubbo，框架内部必须做很多转换，比如把标签`<dubbo:protocol .../>`转换成等价的配置对象，但这些转换对业务方都是透明的，不管是 XML 配置还是注解方式，最终都会转换成 Java API 对应的配置对象，如代码清单 2-9 所示。

代码清单 2-9　基于 Java API 服务暴露

```
package com.alibaba.dubbo.samples.echo;
```

```
import com.alibaba.dubbo.config.ApplicationConfig;
import com.alibaba.dubbo.config.RegistryConfig;
import com.alibaba.dubbo.config.ServiceConfig;
import com.alibaba.dubbo.samples.echo.api.EchoService;
import com.alibaba.dubbo.samples.echo.impl.EchoServiceImpl;

import java.io.IOException;

public class EchoProvider {
    public static void main(String[] args) throws IOException {
        ServiceConfig<EchoService> service = new ServiceConfig<>();
        service.setApplication(new ApplicationConfig("java-echo-provider"));
        service.setRegistry(new RegistryConfig("zookeeper://127.0.0.1:2181"));   ← ① 创建注册中心，并指定 ZooKeeper 协议、IP 和端口
        service.setInterface(EchoService.class);   ← ② 指定服务暴露的接口
        service.setRef(new EchoServiceImpl());   ← ③ 指定真实服务对象
        service.export();   ← ④ 暴露服务
        System.out.println("java-echo-provider is running.");
        System.in.read();
    }
}
```

注意：当服务提供者退出并正常停机（排除强制"杀掉"进程）时，Dubbo 框架会进行优雅停机处理，在规定超时时间内，服务端会等待线程池队列执行完毕并断开远程客户端连接。

2.4.2 基于 API 编写 Echo 客户端

采用 Java API 是最灵活的方式，可以与第三方框架集成，特别适合动态消费场景。在 Dubbo 框架中典型的使用场景就是泛化调用，可以指定一个本地不存在的接口发起 RPC 调用。通过 API 的方式是最简洁的，如代码清单 2-10 所示。

代码清单 2-10　基于 API 的服务消费

```
package com.alibaba.dubbo.samples.echo;

import com.alibaba.dubbo.config.ApplicationConfig;
import com.alibaba.dubbo.config.ReferenceConfig;
import com.alibaba.dubbo.config.RegistryConfig;
```

```java
import com.alibaba.dubbo.samples.echo.api.EchoService;

public class EchoConsumer {
    public static void main(String[] args) {
        ReferenceConfig<EchoService> reference = new ReferenceConfig<>();
        reference.setApplication(new ApplicationConfig("java-echo-consumer"));
        reference.setRegistry(new RegistryConfig("zookeeper://127.0.0.1:2181"));
        reference.setInterface(EchoService.class);
        EchoService greetingsService = reference.get();
        String message = greetingsService.echo("Hello world!");
        System.out.println(message);
    }
}
```

① 设置消费方应用名称
② 设置注册中心地址和协议
③ 指定要消费的服务接口
④ 创建远程连接并做动态代理转换

在上述代码中，消费方需要指定应用名、注册中心和要调用的接口。

2.5 构建并运行

要运行这些程序，可以在 Java 的集成开发环境中直接运行，也可以采用 Java 命令，但是在这个项目中，我们借助 `exec-maven-plugin` 插件生成可运行的程序。这个演示程序包含多个子模块，在具体构建和运行之前，需要在根目录中执行 `mvn clean install`。

然后在具体 Echo 服务器子模块根目录中（比如 dubbo-samples-echo-server）执行下面的命令：

```
mvn exec:java
```

会看到类似下面的内容：

```
[INFO] Scanning for projects...
[INFO]
[INFO] ---------------< com.alibaba:dubbo-samples-echo-server >----------------
[INFO] Building dubbo-samples-echo-server 1.0-SNAPSHOT
[INFO] --------------------------------[ jar ]---------------------------------
Downloading from alimaven:
http://maven.aliyun.com/nexus/content/repositories/central/com/alibaba/dubbo-samples-echo-api/1.0-SNAPSHOT/maven-metadata.xml
[INFO] --- exec-maven-plugin:1.6.0:java (default-cli) @ dubbo-samples-echo-server ---
```

```
INFO support.ClassPathXmlApplicationContext: Refreshing
org.springframework.context.support.ClassPathXmlApplicationContext@6b7fbf20:
startup date [Sat Oct 06 16:34:33 CST 2018]; root of context hierarchy
INFO xml.XmlBeanDefinitionReader: Loading XML bean definitions from class path resource
[spring/echo-provider.xml]
INFO config.AbstractConfig:  [DUBBO] The service ready on spring started. service:
com.alibaba.dubbo.samples.echo.api.EchoService, dubbo version: 2.6.3, current host:
169.254.178.173
INFO config.AbstractConfig:  [DUBBO] Export dubbo service
com.alibaba.dubbo.samples.echo.api.EchoService to local registry, dubbo version: 2.6.3,
current host: 169.254.178.173
INFO config.AbstractConfig:  [DUBBO] Export dubbo service
com.alibaba.dubbo.samples.echo.api.EchoService to url
dubbo://169.254.178.173:20880/com.alibaba.dubbo.samples.echo.api.EchoService?anyhos
t=true&application=echo-provider&bind.ip=169.254.178.173&bind.port=20880&dubbo=2.0.
2&generic=false&interface=com.alibaba.dubbo.samples.echo.api.EchoService&methods=ec
ho&pid=17255&revision=1.0-SNAPSHOT&side=provider&timestamp=1538814874338, dubbo
version: 2.6.3, current host: 169.254.178.173
INFO config.AbstractConfig:  [DUBBO] Register dubbo service
com.alibaba.dubbo.samples.echo.api.EchoService url
dubbo://169.254.178.173:20880/com.alibaba.dubbo.samples.echo.api.EchoService?anyhos
t=true&application=echo-provider&bind.ip=169.254.178.173&bind.port=20880&dubbo=2.0.
2&generic=false&interface=com.alibaba.dubbo.samples.echo.api.EchoService&methods=ec
ho&pid=17255&revision=1.0-SNAPSHOT&side=provider&timestamp=1538814874338 to registry
registry://127.0.0.1:2181/com.alibaba.dubbo.registry.RegistryService?application=ec
ho-provider&dubbo=2.0.2&pid=17255&registry=zookeeper&timestamp=1538814874327, dubbo
version: 2.6.3, current host: 169.254.178.173
```

如果发现输出信息中包含 Export dubbo service com.alibaba.dubbo.samples.echo.api.EchoService to url，则说明服务已经正确启动，并且暴露一个 JVM 内部的服务（injvm 协议），同时暴露了另外一个远程的服务（Dubbo）协议，其中，injvm 协议用于同一个虚拟机中，相同接口同时存在服务提供者和消费者的场景。如果存在 injvm 协议服务提供者，则直接消费本地服务，避免远程调用。

然后在具体 Echo 客户端模块根目录（比如 dubbo-samples-echo-client）中执行下面的命令：

```
mvn exec:java
```

应该看到类似下面的内容：

```
[INFO] Scanning for projects...
[INFO]
[INFO] --------------< com.alibaba:dubbo-samples-echo-client >----------------
[INFO] Building dubbo-samples-echo-client 1.0-SNAPSHOT
[INFO] -----------------------------[ jar ]---------------------------------
Downloading from alimaven:
http://maven.aliyun.com/nexus/content/repositories/central/com/alibaba/dubbo-sample
s-echo-api/1.0-SNAPSHOT/maven-metadata.xml
[INFO] --- exec-maven-plugin:1.6.0:java (default-cli) @ dubbo-samples-echo-client ---
log4j:WARN No appenders could be found for logger
(org.springframework.core.env.StandardEnvironment).
log4j:WARN Please initialize the log4j system properly.
log4j:WARN See http://logging.apache.org/log4j/1.2/faq.html#noconfig for more info.
SLF4J: Failed to load class "org.slf4j.impl.StaticLoggerBinder".
SLF4J: Defaulting to no-operation (NOP) logger implementation
SLF4J: See http://www.slf4j.org/codes.html#StaticLoggerBinder for further details.
echo result: Hello world!
```

每次客户端执行时，客户端的控制台都会打印 echo result: Hello world!，所有关于底层的网络、并发和序列化等都被 Dubbo 框架屏蔽了，以下是客户端启动时主要发生的事情：

- 客户端启动时，会创建和本地 ZooKeeper 注册中心的连接，并拉取服务列表。
- 服务列表拉取完成，会与远程服务建立 TCP 长连接。
- 客户端发起服务调用，传递 Hello world! 给服务方，服务方不做任何处理返回给客户端。
- 客户端收到回显消息，打印并退出。

2.6 小结

在本章中，读者应该设置好了 Dubbo 开发环境和熟悉了代码的目录结构，并且了解了 Dubbo 丰富的使用方式，其中包含 XML、注解和 API 的方式。其中最灵活的是基于 Java API 的方式，很多网关的应用程序正是基于 API 的方式构建的。虽然本章讲解的是简单的应用程序，但是可以支持数千个并发连接，这得益于 Dubbo 底层的优雅封装。

接下来，我们会更加深入地理解 Dubbo，我们会深入讲解 Dubbo 采用的设计模式和内部设计等关键细节。下一章会对 Dubbo 关键组成部分注册中心进行深入讲解，对理解后续的章节有至关重要的影响。

第 3 章
Dubbo 注册中心

本章主要内容：
- 注册中心的工作流程；
- 注册中心的数据结构；
- 订阅发布的实现；
- 缓存机制；
- 重试机制；
- 设计模式。

本章首先介绍整个注册中心的总体工作流程；其次讲解不同类型注册中心的数据结构和实现原理；接着讲解注册中心支持的通用特性，如缓存机制、重试机制；最后会对整个注册中心的设计模式做深入解析。通过本章的学习，读者可以深入理解 Dubbo 各种注册中心的实现原理，方便后续快速理解并扩展注册中心。

3.1 注册中心概述

在 Dubbo 微服务体系中，注册中心是其核心组件之一。Dubbo 通过注册中心实现了分布式环境中各服务之间的注册与发现，是各个分布式节点之间的纽带。其主要作用如下：

- 动态加入。一个服务提供者通过注册中心可以动态地把自己暴露给其他消费者，无须消费者逐个去更新配置文件。

- 动态发现。一个消费者可以动态地感知新的配置、路由规则和新的服务提供者，无须重启服务使之生效。
- 动态调整。注册中心支持参数的动态调整，新参数自动更新到所有相关服务节点。
- 统一配置。避免了本地配置导致每个服务的配置不一致问题。

Dubbo 的注册中心源码在模块 dubbo-registry 中，里面包含了五个子模块，如表 3-1 所示。

表 3-1 模块介绍

模 块 名 称	模 块 介 绍
dubbo-registry-api	包含了注册中心的所有 API 和抽象实现类
dubbo-registry-zookeeper	使用 ZooKeeper 作为注册中心的实现
dubbo-registry-redis	使用 Redis 作为注册中心的实现
dubbo-registry-default	Dubbo 基于内存的默认实现
dubbo-registry-multicast	multicast 模式的服务注册与发现

从 `dubbo-registry` 的模块中可以看到，Dubbo 主要包含四种注册中心的实现，分别是 ZooKeeper、Redis、Simple、Multicast。

其中 ZooKeeper 是官方推荐的注册中心，在生产环境中有过实际使用，具体的实现在 Dubbo 源码的 `dubbo-registry-zookeeper` 模块中。阿里内部并没有使用 Redis 作为注册中心，Redis 注册中心并没有经过长时间运行的可靠性验证，其稳定性依赖于 Redis 本身。Simple 注册中心是一个简单的基于内存的注册中心实现，它本身就是一个标准的 RPC 服务，不支持集群，也可能出现单点故障。Multicast 模式则不需要启动任何注册中心，只要通过广播地址，就可以互相发现。服务提供者启动时，会广播自己的地址。消费者启动时，会广播订阅请求，服务提供者收到订阅请求，会根据配置广播或单播给订阅者。不建议在生产环境使用。

Dubbo 拥有良好的扩展性，如果以上注册中心都不能满足需求，那么用户可以基于 `RegistryFactory` 和 `Registry` 自行扩展。后面章节会专门介绍注册中心的扩展。

3.1.1 工作流程

注册中心的总体流程比较简单，Dubbo 官方也有比较详细的说明，总体流程如图 3-1 所示。

- 服务提供者启动时，会向注册中心写入自己的元数据信息，同时会订阅配置元数据信息。
- 消费者启动时，也会向注册中心写入自己的元数据信息，并订阅服务提供者、路由和配置元数据信息。
- 服务治理中心（dubbo-admin）启动时，会同时订阅所有消费者、服务提供者、路由和配置元数据信息。

- 当有服务提供者离开或有新的服务提供者加入时，注册中心服务提供者目录会发生变化，变化信息会动态通知给消费者、服务治理中心。
- 当消费方发起服务调用时，会异步将调用、统计信息等上报给监控中心（dubbo-monitor-simple）。

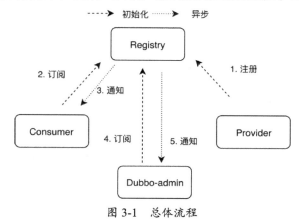

图 3-1　总体流程

3.1.2　数据结构

注册中心的总体流程相同，但是不同的注册中心有不同的实现方式，其数据结构也不相同。ZooKeeper、Redis 等注册中心都实现了这个流程。由于有些注册中心并不常用，因此本章只分析 ZooKeeper 和 Redis 两种实现的数据结构。

3.1.3　ZooKeeper 原理概述

ZooKeeper 是树形结构的注册中心，每个节点的类型分为持久节点、持久顺序节点、临时节点和临时顺序节点。

- 持久节点：服务注册后保证节点不会丢失，注册中心重启也会存在。
- 持久顺序节点：在持久节点特性的基础上增加了节点先后顺序的能力。
- 临时节点：服务注册后连接丢失或 session 超时，注册的节点会自动被移除。
- 临时顺序节点：在临时节点特性的基础上增加了节点先后顺序的能力。

Dubbo 使用 ZooKeeper 作为注册中心时，只会创建持久节点和临时节点两种，对创建的顺序并没有要求。

/dubbo/com.foo.BarService/providers 是服务提供者在 ZooKeeper 注册中心的路径示例，是一种树形结构，该结构分为四层：root（根节点，对应示例中的 dubbo）、service（接口名称，对应示例中的 com.foo.BarService)、四种服务目录（对应示例中的 providers，其他目录还有 consumers、routers、configurators)。在服务分类节点下是具体的 Dubbo 服务 URL。树形结构示例如下：

```
+ /dubbo
+-- service
        +-- providers
        +-- consumers
        +-- routers
        +-- configurators
```

树形结构的关系：

（1）树的根节点是注册中心分组，下面有多个服务接口，分组值来自用户配置 <dubbo:registry> 中的 group 属性，默认是/dubbo。

（2）服务接口下包含 4 类子目录，分别是 providers、consumers、routers、configurators，这个路径是持久节点。

（3）服务提供者目录（/dubbo/service/providers）下面包含的接口有多个服务者 URL 元数据信息。

（4）服务消费者目录（/dubbo/service/consumers）下面包含的接口有多个消费者 URL 元数据信息。

（5）路由配置目录（/dubbo/service/routers）下面包含多个用于消费者路由策略 URL 元数据信息。路由配置会在第 7 章详细介绍。

（6）动态配置目录（/dubbo/service/configurators）下面包含多个用于服务者动态配置 URL 元数据信息。动态配置也会在第 7 章详细介绍。

下面通过树形结构做一个简单的演示，如图 3-2 所示。

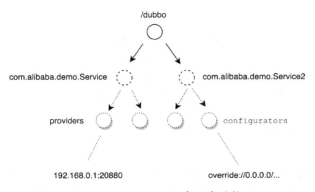

图 3-2 ZooKeeper 服务信息结构

在 Dubbo 框架启动时，会根据用户配置的服务，在注册中心中创建 4 个目录，在 providers 和 consumers 目录中分别存储服务提供方、消费方元数据信息，主要包括 IP、端口、权重和应用名等数据。

在 Dubbo 框架进行服务调用时，用户可以通过服务治理平台（dubbo-admin）下发路由配置。如果要在运行时改变服务参数，则用户可以通过服务治理平台（dubbo-admin）下发动态配置。服务器端会通过订阅机制收到属性变更，并重新更新已经暴露的服务。

在深入讲解 Dubbo 内部原理之前，可以先参考表 3-2 中目录包含的信息。

表 3-2 目录包含的信息

目 录 名 称	存储值样例
/dubbo/service/providers	dubbo://192.168.0.1.20880/com.alibaba.demo.Service?key=value&...
/dubbo/service/consumers	consumer://192.168.0.1.5002/com.alibaba.demo.Service?key=value&...
/dubbo/service/routers	condition://0.0.0.0/com.alibaba.demo.Service?category=routers&key=value&...
/dubbo/service/configurators	override://0.0.0.0/com.alibaba.demo.Service?category=configurators&key=value&...

服务元数据中的所有参数都是以键值对形式存储的。以服务元数据为例：dubbo://192.168.0.1.20880/com.alibaba.demo.Service?category=provider&name=demo-provider&...，服务元数据中包含 2 个键值对，第 1 个 key 为 category，key 关联的值为 provider。

在 Dubbo 中启用注册中心可以参考如下方式：

```
<beans>
    <!-- 适用于 ZooKeeper 一个集群有多个节点，多个 IP 和端口用逗号分隔 -->
    <dubbo:registry protocol="zookeeper" address="ip:port,ip:port" />
    <!-- 适用于 ZooKeeper 多个集群有多个节点，多个 IP 和端口用竖线分隔 -->
    <dubbo:registry protocol="zookeeper" address="ip:port|ip:port" />
</beans>
```

3.1.4　Redis 原理概述

Redis 注册中心也沿用了 Dubbo 抽象的 Root、Service、Type、URL 四层结构。但是由于 Redis 属于 NoSQL 数据库，数据都是以键值对的形式保存的，并不能像 ZooKeeper 一样直接实现树形目录结构。因此，Redis 使用了 key/Map 结构实现了这个需求，Root、Service、Type 组合成 Redis 的 key。Redis 的 value 是一个 Map 结构，URL 作为 Map 的 key，超时时间作为 Map 的 value，如图 3-3 所示。

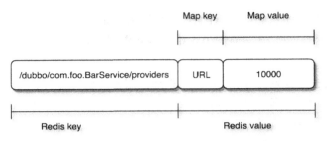

图 3-3　Redis 注册中心数据结构

数据结构的组装逻辑在 `org.apache.dubbo.registry.redis.RedisRegistry#doRegister`
(URL url) 方法中，如代码清单 3-1 所示，无关代码已经省略。

代码清单 3-1　doRegister 源码

```
String key = toCategoryPath(url);    ← 生成 Redis key
String value = url.toFullString();   ← 生成 URL
...
jedis.hset(key, value, expire);      ← 注册到 Redis 注册中心，expire 为超
                                       时时间
...
```

3.2　订阅/发布

订阅/发布是整个注册中心的核心功能之一。在传统应用系统中，我们通常会把配置信息写入一个配置文件，当配置需要变更时会修改配置文件，再通过手动触发内存中的配置重新加载，如重启服务等。在集群规模较小的场景下，这种方式也能方便地进行运维。当服务节点数量不断上升的时候，这种管理方式的弊端就会凸显出来。

如果我们使用了注册中心，那么上述的问题就会迎刃而解。当一个已有服务提供者节点下线，或者一个新的服务提供者节点加入微服务环境时，订阅对应接口的消费者和服务治理中心都能及时收到注册中心的通知，并更新本地的配置信息。如此一来，后续的服务调用就能避免调用已经下线的节点，或者能调用到新的节点。整个过程都是自动完成的，不需要人工参与。

Dubbo 在上层抽象了这样一个工作流程，但可以有不同的实现。本章主要讲解 ZooKeeper 和 Redis 的实现方式。

3.2.1　ZooKeeper 的实现

1. 发布的实现

服务提供者和消费者都需要把自己注册到注册中心。服务提供者的注册是为了让消费者

感知服务的存在，从而发起远程调用；也让服务治理中心感知有新的服务提供者上线。消费者的发布是为了让服务治理中心可以发现自己。ZooKeeper 发布代码非常简单，只是调用了 ZooKeeper 的客户端库在注册中心上创建一个目录，如代码清单 3-2 所示。

代码清单 3-2　zkClient 创建目录源码

```
zkClient.create(toUrlPath(url),
url.getParameter(Constants.DYNAMIC_KEY, true));
```

取消发布也很简单，只是把 ZooKeeper 注册中心上对应的路径删除，如代码清单 3-3 所示。

代码清单 3-3　zkClient 删除路径源码

```
zkClient.delete(toUrlPath(url));
```

2. 订阅的实现

订阅通常有 pull 和 push 两种方式，一种是客户端定时轮询注册中心拉取配置，另一种是注册中心主动推送数据给客户端。这两种方式各有利弊，目前 Dubbo 采用的是第一次启动拉取方式，后续接收事件重新拉取数据。

在服务暴露时，服务端会订阅 configurators 用于监听动态配置，在消费端启动时，消费端会订阅 providers、routers 和 configurators 这三个目录，分别对应服务提供者、路由和动态配置变更通知。

Dubbo 中有哪些 ZooKeeper 客户端实现？

无论服务提供者还是消费者，或者是服务治理中心，任何一个节点连接到 ZooKeeper 注册中心都需要使用一个客户端，Dubbo 在 dubbo-remoting-zookeeper 模块中实现了 ZooKeeper 客户端的统一封装，定义了统一的 Client API，并用两种不同的 ZooKeeper 开源客户端库实现了这个接口：

- Apache Curator；
- zkClient。

用户可以在 `<dubbo:registry>` 的 client 属性中设置 curator、zkclient 来使用不同的客户端实现库，如果不设置则默认使用 Curator 作为实现。

ZooKeeper 注册中心采用的是"事件通知"+"客户端拉取"的方式，客户端在第一次连接上注册中心时，会获取对应目录下全量的数据。并在订阅的节点上注册一个 watcher，客户端与注册中心之间保持 TCP 长连接，后续每个节点有任何数据变化的时候，注册中心会根据 watcher

的回调主动通知客户端（事件通知），客户端接到通知后，会把对应节点下的全量数据都拉取过来（客户端拉取），这一点在 NotifyListener#notify(List<URL> urls)接口上就有约束的注释说明。全量拉取有一个局限，当微服务节点较多时会对网络造成很大的压力。

ZooKeeper 的每个节点都有一个版本号，当某个节点的数据发生变化（即事务操作）时，该节点对应的版本号就会发生变化，并触发 watcher 事件，推送数据给订阅方。版本号强调的是变更次数，即使该节点的值没有变化，只要有更新操作，依然会使版本号变化。

什么操作会被认为是事务操作？

客户端任何新增、删除、修改、会话创建和失效操作，都会被认为是事物操作，会由 ZooKeeper 集群中的 leader 执行。即使客户端连接的是非 leader 节点，请求也会被转发给 leader 执行，以此来保证所有事物操作的全局时序性。由于每个节点都有一个版本号，因此可以通过 CAS 操作比较版本号来保证该节点数据操作的原子性。

客户端第一次连上注册中心，订阅时会获取全量的数据，后续则通过监听器事件进行更新。服务治理中心会处理所有 service 层的订阅，service 被设置成特殊值*。此外，服务治理中心除了订阅当前节点，还会订阅这个节点下的所有子节点，核心代码来自 ZookeeperRegistry，如代码清单 3-4 所示。

代码清单 3-4　ZooKeeper 全量订阅服务

```
if (Constants.ANY_VALUE.equals(url.getServiceInterface())) {  ◁── 订阅所有数据
    String root = toRootPath();
    ConcurrentMap<NotifyListener, ChildListener> listeners = zkListeners.get(url);
    if (listeners == null) {
        ...   ◁── listeners 为空说明缓存中没有，这里把 listeners 放入缓存
    }
    ChildListener zkListener = listeners.get(listener);
    if (zkListener == null) {                                    ◁── zkListener 为空，说
        listeners.putIfAbsent(listener, new ChildListener() {◁─┘   明是第一次，新建一个
            @Override   ◁── 这是内部类的方法，不会立即执行，只会在触发变更通知时执行  listener
            public void childChanged(String parentPath, List<String> currentChilds) {
                for (String child : currentChilds) {   ◁── 如果子节点有变化则会接到
                    child = URL.decode(child);              通知，遍历所有的子节点
                    if (!anyServices.contains(child)) {  ◁── 如果存在子节点还未被订阅，
                        anyServices.add(child);              说明是新的节点，则订阅
                        subscribe(url.setPath(child).addParameters(Constants.
                            INTERFACE_KEY, child, Constants.CHECK_KEY,
                            String.valueOf(false)), listener);
```

```
                    }
                }
            }
        });
        zkListener = listeners.get(listener);
    }
    zkClient.create(root, false);   ◁── 创建持久节点，接下来订阅持久节点的直接子节点
    List<String> services = zkClient.addChildListener(root, zkListener);
    if (services != null && !services.isEmpty()) {   ◁──┐ 增加当前节点的
        for (String service : services) {   ┌── 然后遍历所有子 │ 订阅，并且会返回
            service = URL.decode(service);  └── 节点进行订阅     │ 该节点下所有子
            anyServices.add(service);                          │ 节点列表
            subscribe(url.setPath(service).addParameters(Constants.INTERFACE_KEY,
service,
                Constants.CHECK_KEY, String.valueOf(false)), listener);
        }
    }
}
```

从代码清单 3-4 可以得知，此处主要支持 Dubbo 服务治理平台（dubbo-admin），平台在启动时会订阅全量接口，它会感知每个服务的状态。

接下来，我们看一下普通消费者的订阅逻辑。首先根据 URL 的类别得到一组需要订阅的路径。如果类别是*，则会订阅四种类型的路径（providers、routers、consumers、configurators），否则只订阅 providers 路径，如代码清单 3-5 所示。

代码清单 3-5　ZooKeeper 订阅类别服务

```
List<URL> urls = new ArrayList<URL>();
for (String path : toCategoriesPath(url)) {   ◁──┐ 根据 URL 的类别，获取一组
    ConcurrentMap<NotifyListener, ChildListener> listeners = zkListeners.get(url);
    if (listeners == null) {   ◁── 如果 listeners 缓存为空则创建缓存
        zkListeners.putIfAbsent(url, new ConcurrentHashMap<NotifyListener,
ChildListener>());
        listeners = zkListeners.get(url);
    }
    ChildListener zkListener = listeners.get(listener);
    if (zkListener == null) {   ◁── 如果 zkListener 缓存为空则创建缓存
        listeners.putIfAbsent(listener, new ChildListener() {
```

```
        @Override
        public void childChanged(String parentPath, List<String> currentChilds) {
            ZookeeperRegistry.this.notify(url, listener, toUrlsWithEmpty(url,
parentPath, currentChilds));
        }
    });
    zkListener = listeners.get(listener);
}
zkClient.create(path, false);
List<String> children = zkClient.addChildListener(path, zkListener);   ← 订阅，返回该节点下的子路径并缓存
if (children != null) {
    urls.addAll(toUrlsWithEmpty(url, path, children));
}
            }
        }                                          回调 NotifyListener，更新本地缓存信息
notify(url, listener, urls);   ←
```

注意，此处会根据 URL 中的 category 属性值获取具体的类别：providers、routers、consumers、configurators，然后拉取直接子节点的数据进行通知（notify）。如果是 providers 类别的数据，则订阅方会更新本地 Directory 管理的 Invoker 服务列表；如果是 routers 分类，则订阅方会更新本地路由规则列表；如果是 configuators 类别，则订阅方会更新或覆盖本地动态参数列表。

3.2.2 Redis 的实现

1. 总体流程

使用 Redis 作为注册中心，其订阅发布实现方式与 ZooKeeper 不同。我们在 Redis 注册中心的数据结构中已经了解到，Redis 订阅发布使用的是过期机制和 publish/subscribe 通道。服务提供者发布服务，首先会在 Redis 中创建一个 key，然后在通道中发布一条 register 事件消息。但服务的 key 写入 Redis 后，发布者需要周期性地刷新 key 过期时间，在 RedisRegistry 构造方法中会启动一个 expireExecutor 定时调度线程池，不断调用 deferExpired()方法去延续 key 的超时时间。如果服务提供者服务宕机，没有续期，则 key 会因为超时而被 Redis 删除，服务也就会被认定为下线，如代码清单 3-6 所示。

代码清单 3-6　Redis 续期 key

```
for (URL url : new HashSet<URL>(getRegistered())) {     获取本地缓存的所有已
    if (url.getParameter(Constants.DYNAMIC_KEY, true)) {  ← 注册的 key，并做遍历
```

```
        String key = toCategoryPath(url);
        if (jedis.hset(key, url.toFullString(),
String.valueOf(System.currentTimeMillis() + expirePeriod)) == 1) {       ← 对 key 进行续期
            jedis.publish(key, Constants.REGISTER);   ← 如果续期返回 1,则说明 key
        }                                                已经被删除了,这次算重新
    }                                                    发布,因此在通道中广播
}
```

订阅方首次连接上注册中心,会获取全量数据并缓存在本地内存中。后续的服务列表变化则通过 publish/subscribe 通道广播,当有服务提供者主动下线的时候,会在通道中广播一条 unregister 事件消息,订阅方收到后则从注册中心拉取数据,更新本地缓存的服务列表。新服务提供者上线也是通过通道事件触发更新的。

但是,Redis 的 key 超时是不会有动态消息推送的,如果服务提供者宕机而不是主动下线,则造成没有广播 unregister 事件消息,订阅方是如何知道服务的发布方已经下线了呢?另外,Redis 的 publish/subscribe 通道并不是消息可靠的,如果 Dubbo 注册中心使用了 failover 的集群容错模式,并且消费者订阅了从节点,但是主节点并没有完成数据同步给从节点就宕机,后续订阅方要如何知道服务发布方已经下线呢?

如果使用 Redis 作为服务注册中心,会依赖于服务治理中心。如果服务治理中心定时调度,则还会触发清理逻辑:获取 Redis 上所有的 key 并进行遍历,如果发现 key 已经超时,则删除 Redis 上对应的 key。清除完后,还会在通道中发起对应 key 的 unregister 事件,其他消费者监听到取消注册事件后会删除本地对应服务的数据,从而保证数据的最终一致,如代码清单 3-7 所示。

代码清单 3-7　过期 key 清理

```
for (URL url : new HashSet<URL>(getRegistered())) {
    if (url.getParameter(Constants.DYNAMIC_KEY, true)) {
        String key = toCategoryPath(url);
        if (jedis.hset(key, url.toFullString(),
String.valueOf(System.currentTimeMillis() + expirePeriod)) == 1) {
            jedis.publish(key, Constants.REGISTER);
        }
    }
}
if (admin) {            ← 如果是服务治理中心,则还要清理过期的 key
    clean(jedis);
}
```

由上面的机制可以得出整个 Redis 注册中心的工作流程，如图 3-4 所示。

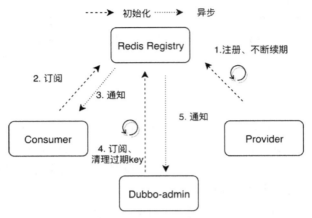

图 3-4 Redis 注册中心工作流程

Redis 客户端初始化的时候，需要先初始化 Redis 的连接池 jedisPools，此时如果配置注册中心的集群模式为 `<dubbo:registry cluster="replicate"/>`，则服务提供者在发布服务的时候，需要同时向 Redis 集群中所有的节点都写入，是多写的方式。但读取还是从一个节点中读取。在这种模式下，Redis 集群可以不配置数据同步，一致性由客户端的多写来保证。

如果设置为 failover 或不设置，则只会读取和写入任意一个 Redis 节点，失败的话再尝试下一个 Redis 节点。这种模式需要 Redis 自行配置数据同步。

另外，在初始化阶段，还会初始化一个定时调度线程池 expireExecutor，它主要的任务是延长 key 的过期时间和删除过期的 key。线程池调度的时间间隔是超时时间的一半。

2. 发布的实现

服务提供者和消费者都会使用注册功能，Redis 注册部分的关键源码如代码清单 3-8 所示。

代码清单 3-8　Redis 注册代码

```java
public void doRegister(URL url) {
    ...
    String expire = String.valueOf(System.currentTimeMillis() + expirePeriod);  // 计算过期时间
    ...
    for (Map.Entry<String, JedisPool> entry : jedisPools.entrySet()) {  // 遍历连接池中所有的节点
        JedisPool jedisPool = entry.getValue();
        try {
            Jedis jedis = jedisPool.getResource();
```

```java
            try {
                jedis.hset(key, value, expire);        // 向 Redis 中注册，并在
                jedis.publish(key, Constants.REGISTER); // 通道中发布注册事件
                success = true;
                if (!replicate) {        // 如果 Redis 使用非 replicate
                    break;                // 模式，只需要写一个节点，因此
                }                         // 可以直接"break"；
            } finally {                   // 否则遍历所有节点,依次写入注
                jedis.close();            // 册信息
            }
        } catch (Throwable t) {
            ...
        }
    }
    ...
}
```

3. 订阅的实现

服务消费者、服务提供者和服务治理中心都会使用注册中心的订阅功能。在订阅时，如果是首次订阅，则会先创建一个 Notifier 内部类，这是一个线程类，在启动时会异步进行通道的订阅。在启动 Notifier 线程的同时，主线程会继续往下执行，全量拉一次注册中心上所有的服务信息。后续注册中心上的信息变更则通过 Notifier 线程订阅的通道推送事件来实现。下面是 Notifier 线程中通道订阅的逻辑，如代码清单 3-9 所示。

代码清单 3-9　Redis 订阅代码

```java
if (service.endsWith(Constants.ANY_VALUE)) {    // 以*结尾的进这里，如服务治理中
                                                 // 心，订阅所有服务
    if (!first) {           // 如果不是第一次，则获取所有的服务 key，并更新本地缓存
        first = false;
        Set<String> keys = jedis.keys(service);
        if (keys != null && !keys.isEmpty()) {
            for (String s : keys) {
                doNotify(jedis, s);
            }
        }
        resetSkip();        // 由于连接过程允许一定量的失败，会做重置，
    }                        // 此处则重置了计数器
```

```
        jedis.psubscribe(new NotifySub(jedisPool), service); // blocking
} else {                            如果不以*结尾，如服务提供者或消费者，则进来这里
    if (!first) {       ◁          如果不是第一次，则代表已经订阅过
        first = false;
        doNotify(jedis, service);   ◁──  触发通知，更新本地缓存，
        resetSkip();                     并重置失败计数器
    }
    jedis.psubscribe(new NotifySub(jedisPool), service + Constants.PATH_SEPARATOR +
Constants.ANY_VALUE);   ◁──  订阅一个或多个符合给定模式的频道
}
```

3.3 缓存机制

缓存的存在就是用空间换取时间，如果每次远程调用都要先从注册中心获取一次可调用的服务列表，则会让注册中心承受巨大的流量压力。另外，每次额外的网络请求也会让整个系统的性能下降。因此 Dubbo 的注册中心实现了通用的缓存机制，在抽象类 AbstractRegistry 中实现。AbstractRegistry 类结构关系如图 3-5 所示。

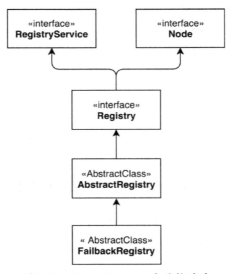

图 3-5　AbstractRegistry 类结构关系

消费者或服务治理中心获取注册信息后会做本地缓存。内存中会有一份，保存在 Properties 对象里，磁盘上也会持久化一份文件，通过 file 对象引用。在 AbstractRegistry 抽象类中有如下定义，如代码清单 3-10 所示。

代码清单 3-10　AbstractRegistry 定义

```
private final Properties properties = new Properties();
private File file;        <—— 磁盘文件服务缓存对象
private final ConcurrentMap<URL, Map<String, List<URL>>> notified =   <—— 内存中的服务缓存对象
new ConcurrentHashMap<URL, Map<String, List<URL>>>();
```

　　内存中的缓存 notified 是 ConcurrentHashMap 里面又嵌套了一个 Map，外层 Map 的 key 是消费者的 URL，内层 Map 的 key 是分类，包含 providers、consumers、routes、configurators 四种。value 则是对应的服务列表，对于没有服务提供者提供服务的 URL，它会以特殊的 empty:// 前缀开头。

3.3.1　缓存的加载

　　在服务初始化的时候，AbstractRegistry 构造函数里会从本地磁盘文件中把持久化的注册数据读到 Properties 对象里，并加载到内存缓存中，如代码清单 3-11 所示。

代码清单 3-11　Properties 缓存初始化

```
private void loadProperties() {
    if (file != null && file.exists()) {
        InputStream in = null;
        try {
            in = new FileInputStream(file);      <—— 读取磁盘上的文件
            properties.load(in);
            ...
        }
        } catch (Throwable e) {
            ...
        } finally {
            ...
        }
    }
}
```

　　Properties 保存了所有服务提供者的 URL，使用 URL#serviceKey() 作为 key，提供者列表、路由规则列表、配置规则列表等作为 value。由于 value 是列表，当存在多个的时候使用空格隔开。还有一个特殊的 key.registies，保存所有的注册中心的地址。如果应用在启动过程中，

注册中心无法连接或宕机，则 Dubbo 框架会自动通过本地缓存加载 Invokers。

3.3.2 缓存的保存与更新

缓存的保存有同步和异步两种方式。异步会使用线程池异步保存，如果线程在执行过程中出现异常，则会再次调用线程池不断重试，如代码清单 3-12 所示。

代码清单 3-12　同步与异步更新缓存

```
if (syncSaveFile) {                                          ← 同步保存
    doSaveProperties(version);
} else {
    registryCacheExecutor.execute(new SaveProperties(version));   ← 异步保存，放入线程池。会传入一个 AtomicLong 的版本号，保证数据是最新的
}
```

AbstractRegistry#notify 方法中封装了更新内存缓存和更新文件缓存的逻辑。当客户端第一次订阅获取全量数据，或者后续由于订阅得到新数据时，都会调用该方法进行保存。

3.4 重试机制

由图 3-5 我们可以得知 com.alibaba.dubbo.registry.support.FailbackRegistry 继承了 AbstractRegistry，并在此基础上增加了失败重试机制作为抽象能力。ZookeeperRegistry 和 RedisRegistry 继承该抽象方法后，直接使用即可。

FailbackRegistry 抽象类中定义了一个 ScheduledExecutorService，每经过固定间隔（默认为 5 秒）调用 FailbackRegistry#retry()方法。另外，该抽象类中还有五个比较重要的集合，如表 3-3 所示。

表 3-3　集合名称与介绍

集 合 名 称	集 合 介 绍
Set failedRegistered	发起注册失败的 URL 集合
Set failedUnregistered	取消注册失败的 URL 集合
ConcurrentMap> failedSubscribed	发起订阅失败的监听器集合
ConcurrentMap> failedUnsubscribed	取消订阅失败的监听器集合
ConcurrentMap>> failedNotified	通知失败的 URL 集合

在定时器中调用 retry 方法的时候，会把这五个集合分别遍历和重试，重试成功则从集合中移除。FailbackRegistry 实现了 subscribe、unsubscribe 等通用方法，里面调用了未实现的模板

方法，会由子类实现。通用方法会调用这些模板方法，如果捕获到异常，则会把 URL 添加到对应的重试集合中，以供定时器去重试。

3.5 设计模式

Dubbo 注册中心拥有良好的扩展性，用户可以在其基础上，快速开发出符合自己业务需求的注册中心。这种扩展性和 Dubbo 中使用的设计模式密不可分，本节将介绍注册中心模块使用的设计模式。学习完本节后，能降低读者对注册中心源码阅读的门槛。

3.5.1 模板模式

整个注册中心的逻辑部分使用了模板模式，其类的关系如图 3-6 所示。

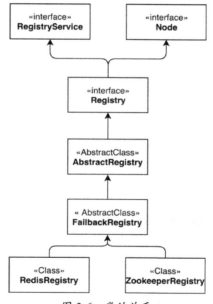

图 3-6 类的关系

AbstractRegistry 实现了 Registry 接口中的注册、订阅、查询、通知等方法，还实现了磁盘文件持久化注册信息这一通用方法。但是注册、订阅、查询、通知等方法只是简单地把 URL 加入对应的集合，没有具体的注册或订阅逻辑。

FailbackRegistry 又继承了 AbstractRegistry，重写了父类的注册、订阅、查询和通知等方法，并且添加了重试机制。此外，还添加了四个未实现的抽象模板方法，如代码清单 3-13 所示。

代码清单 3-13　未实现的抽象模板方法

```
protected abstract void doRegister(URL url);
protected abstract void doUnregister(URL url);
protected abstract void doSubscribe(URL url, NotifyListener listener);
protected abstract void doUnsubscribe(URL url, NotifyListener listener);
```

以订阅为例，FailbackRegistry 重写了 subscribe 方法，但只实现了订阅的大体逻辑及异常处理等通用性的东西。具体如何订阅，交给继承的子类实现。这就是模板模式的具体实现，如代码清单 3-14 所示。

代码清单 3-14　模板模式调用

```
public void subscribe(URL url, NotifyListener listener) {
    super.subscribe(url, listener);
    removeFailedSubscribed(url, listener);
    try {
        doSubscribe(url, listener);    ←── 此处调用了模板方法，由子类自行实现
    } catch (Exception e) {
        ...
    }
}
```

3.5.2　工厂模式

所有的注册中心实现，都是通过对应的工厂创建的。工厂类之间的关系如图 3-7 所示。

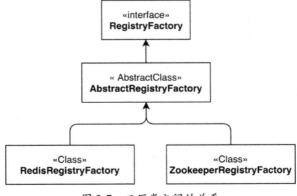

图 3-7　工厂类之间的关系

AbstractRegistryFactory 实现了 RegistryFactory 接口的 getRegistry(URL url)方法，是一个通用实现，主要完成了加锁，以及调用抽象模板方法 createRegistry(URL url)创建具体实现等操作，并缓存在内存中。抽象模板方法会由具体子类继承并实现，如代码清单 3-15 所示。

代码清单 3-15　getRegistry 抽象实现

```
    LOCK.lock();
try {
    Registry registry = REGISTRIES.get(key);
    if (registry != null) {          ← 缓存中有，则直接返回
        return registry;
    }
    registry = createRegistry(url);  ← 如果注册中心还没创建过，则调用抽象方法
    ...                                 createRegistry(url)重新创建一个
    REGISTRIES.put(key, registry);   ← createRegistry 方法由具体的子类实现
    return registry;                    创建成功，缓存起来
} finally {
    LOCK.unlock();
}
```

虽然每种注册中心都有自己具体的工厂类，但是在什么地方判断，应该调用哪个工厂类实现呢？代码中并没有看到显式的判断。答案就在 RegistryFactory 接口中，该接口里有一个 Registry getRegistry(URL url)方法，该方法上有@Adaptive({"protocol"})注解，如代码清单 3-16 所示。

代码清单 3-16　RegistryFactory 源码

```
@SPI("dubbo")
public interface RegistryFactory {
    @Adaptive({"protocol"})
    Registry getRegistry(URL url);
}
```

了解 AOP 的读者就会很容易理解，这个注解会自动生成代码实现一些逻辑，它的 value 参数会从 URL 中获取 protocol 键的值，并根据获取的值来调用不同的工厂类。例如，当 url.protocol = redis 时，获得 RedisRegistryFactory 实现类。具体 Adaptive 注解的实现原理会在第 4 章 Dubbo 加载机制中讲解。

3.6 小结

本章介绍了 Dubbo 中已经支持的注册中心。重点介绍了 ZooKeeper 和 Redis 两种注册中心。讲解了两种注册中心的数据结构，以及订阅发布机制的具体实现。

然后介绍了注册中心中一些通用的关键特性，如数据缓存、重试等机制。最后，在对各种机制已经了解的前提下，讲解了整个注册中心源码的设计模式。

下一章，我们会详细探讨 Dubbo SPI 扩展点加载的原理。

第 4 章
Dubbo 扩展点加载机制

本章主要内容：

- 加载机制概述；
- 扩展点注解；
- ExtensionLoader 的工作原理；
- 扩展点动态编译的实现原理。

本章首先介绍现有 Dubbo 加载机制的概况，包括 Dubbo 所做的改进及部分特性。其次介绍加载机制中已经存在的一些关键注解，如@SPI、@Adaptive、@Activate。然后介绍整个加载机制中最核心的 ExtensionLoader 的工作流程及实现原理。最后介绍扩展中使用的类动态编译的实现原理。通过本章的阅读，读者会对 Dubbo SPI 加载机制有深入的了解，也会对这部分源码有一定的了解，后续读者自行阅读源码也会很容易上手。

4.1 加载机制概述

Dubbo 良好的扩展性与两个方面是密不可分的，一是整个框架中针对不同的场景，恰到好处地使用了各种设计模式，二就是本章要介绍的加载机制。基于 Dubbo SPI 加载机制，让整个框架的接口和具体实现完全解耦，从而奠定了整个框架良好可扩展性的基础。

Dubbo 定义了良好框架结构，它默认提供了很多可以直接使用的扩展点。Dubbo 几乎所有的功能组件都是基于扩展机制（SPI）实现的，这些扩展点将在第 8 章核心扩展点中进行介绍。

Dubbo SPI 没有直接使用 Java SPI，而是在它的思想上又做了一定的改进，形成了一套自己的配置规范和特性。同时，Dubbo SPI 又兼容 Java SPI。服务在启动的时候，Dubbo 就会查找这些扩展点的所有实现，Dubbo 具体的启动流程和实现原理会在第 5 章 Dubbo 启停原理解析中讲解。本章聚焦扩展机制的实现原理。

本章列出的所有源码会用 "..." 省略无关的部分。如果标注了①、②等，则说明这两段代码不在同一个方法中，或者不在同一个文件中。

4.1.1 Java SPI

在讲解Dubbo SPI之前，我们先了解一下Java SPI是怎么使用的。SPI的全称是Service Provider Interface，起初是提供给厂商做插件开发的。关于Java SPI的详细定义和解释，可以参见此处[1]。

Java SPI 使用了策略模式，一个接口多种实现。我们只声明接口，具体的实现并不在程序中直接确定，而是由程序之外的配置掌控，用于具体实现的装配。具体步骤如下：

（1）定义一个接口及对应的方法。

（2）编写该接口的一个实现类。

（3）在 META-INF/services/ 目录下，创建一个以接口全路径命名的文件，如 `com.test.spi.PrintService`。

（4）文件内容为具体实现类的全路径名，如果有多个，则用分行符分隔。

（5）在代码中通过 `java.util.ServiceLoader` 来加载具体的实现类。

如此一来，PrintService 的具体实现就可以由文件 `com.test.spi.PrintService` 中配置的实现类来确定了。

项目结构如下：

```
+--src
|    +--com
|         +--test
|              +--spi
|                   --PrintService        <—— 接口
|                   --PrintServiceImpl    <—— 接口的实现类
```

---

[1] https://resources.sei.cmu.edu/asset_files/TechnicalNote/2002_004_001_13958.pdf。

```
|
+--resources          <--- 需要设置为 Sources root
   +--META-INF
      +--services
         --com.test.spi.PrintService    <--- 接口全路径命名的文件
```

Java SPI 示例代码如代码清单 4-1 所示。

代码清单 4-1　Java SPI 示例代码

```java
public interface PrintService {      <--- ① SPI 接口定义
    void printInfo();
}
                                                      ② SPI 接口实现类
public class PrintServiceImpl implements PrintService {   <---
    @Override
    public void printInfo() {
        System.out.println("hello world");
    }
}
                                        ③ 调用 SPI 具体的实现
public static void main(String[] args) {   <---
    ServiceLoader<PrintService> serviceServiceLoader =
            ServiceLoader.load(PrintService.class);
    for (PrintService printService : serviceServiceLoader) {
    // 此处会输出：hello world                获取所有的 SPI 实现，循环调用
        printService.printInfo();           printInfo()方法，会打印出 hello world
    }                                       此处只有一个实现：PrintServiceImpl
}
```

从上面的代码清单中可以看到，main 方法里通过 `java.util.ServiceLoader` 可以获取所有的接口实现，具体调用哪个实现，可以通过用户定制的规则来决定。

4.1.2　扩展点加载机制的改进

与 Java SPI 相比，Dubbo SPI 做了一定的改进和优化，官方文档中有这么一段：

1. JDK 标准的 SPI 会一次性实例化扩展点所有实现，如果有扩展实现则初始化很耗时，如果没用上也加载，则浪费资源。

2. 如果扩展加载失败,则连扩展的名称都获取不到了。比如 JDK 标准的 ScriptEngine,通过 getName() 获取脚本类型的名称,如果 RubyScriptEngine 因为所依赖的 jruby.jar 不存在,导致 RubyScriptEngine 类加载失败,这个失败原因被"吃掉"了,和 Ruby 对应不起来,当用户执行 Ruby 脚本时,会报不支持 Ruby,而不是真正失败的原因。
3. 增加了对扩展 IoC 和 AOP 的支持,一个扩展可以直接 setter 注入其他扩展。在 Java SPI 的使用示例章节(代码清单 4-1)中已经看到,java.util.ServiceLoader 会一次把 PrintService 接口下的所有实现类全部初始化,用户直接调用即可。Dubbo SPI 只是加载配置文件中的类,并分成不同的种类缓存在内存中,而不会立即全部初始化,在性能上有更好的表现。具体的实现原理会在后面讲解,此处演示一个使用示例。我们把代码清单 4-1 中的 PrintService 改造成 Dubbo SPI 的形式,如代码清单 4-2 所示。

代码清单 4-2　PrintService 接口的 Dubbo SPI 改造

```
                                        ① 在目录 META-INF/dubbo/internal 下建立配置文
impl=com.test.spi.PrintServiceImpl      件 com.test.spi.PrintService,文件内容如下

                ② 为接口类添加 SPI 注解,设置默认实现为 impl
@SPI("impl")
public interface PrintService {
    void printInfo();
}
                                            ③ 实现类不变
public class PrintServiceImpl implements PrintService {
    @Override
    public void printInfo() {
        System.out.println("hello world");
    }
}
                                        ④ 调用 Dubbo SPI
public static void main(String[] args) {
 PrintService printService = ExtensionLoader   通过 ExtensionLoader 获取接口
  .getExtensionLoader(PrintService.class)       PrintService.class 的默认实现
  .getDefaultExtension();

    printService.printInfo();    ← 此处会输出 PrintServiceImpl 打印的 hello world

}
```

Java SPI 加载失败，可能会因为各种原因导致异常信息被"吞掉"，导致开发人员问题追踪比较困难。Dubbo SPI 在扩展加载失败的时候会先抛出真实异常并打印日志。扩展点在被动加载的时候，即使有部分扩展加载失败也不会影响其他扩展点和整个框架的使用。

Dubbo SPI 自己实现了 IoC 和 AOP 机制。一个扩展点可以通过 setter 方法直接注入其他扩展的方法，T injectExtension(T instance)方法实现了这个功能，后面会专门讲解。另外，Dubbo 支持包装扩展类，推荐把通用的抽象逻辑放到包装类中，用于实现扩展点的 AOP 特性。举个例子，我们可以看到 ProtocolFilterWrapper 包装扩展了 DubboProtocol 类，一些通用的判断逻辑全部放在了 ProtocolFilterWrapper 类的 export 方法中，但最终会调用 DubboProtocol#export 方法。这和 Spring 的动态代理思想一样，在被代理类的前后插入自己的逻辑进行增强，最终调用被代理类。下面是 ProtocolFilterWrapper#export 方法，如代码清单 4-3 所示。

代码清单 4-3　包装类代码示例

```
public <T> Exporter<T> export(Invoker<T> invoker) throws RpcException {
    if (Constants.REGISTRY_PROTOCOL.equals(invoker.getUrl().getProtocol()))
    {                                        ← 抽象判断都放在 ProtocolFilterWrapper 中
        return protocol.export(invoker);     ← 最终调用了真实的 protocol 实现
    }
    ...
}
```

4.1.3　扩展点的配置规范

Dubbo SPI 和 Java SPI 类似，需要在 META-INF/dubbo/下放置对应的 SPI 配置文件，文件名称需要命名为接口的全路径名。配置文件的内容为 key=扩展点实现类全路径名，如果有多个实现类则使用换行符分隔。其中，key 会作为 Dubbo SPI 注解中的传入参数。另外，Dubbo SPI 还兼容了 Java SPI 的配置路径和内容配置方式。在 Dubbo 启动的时候，会默认扫这三个目录下的配置文件：META-INF/services/、META-INF/dubbo/、META-INF/dubbo/internal/，如表 4-1 所示。

表 4-1　Dubbo SPI 配置规范

规　范　名	规　范　说　明
SPI 配置文件路径	META-INF/services/、META-INF/dubbo/、META-INF/dubbo/internal/
SPI 配置文件名称	全路径类名
文件内容格式	key=value 方式，多个用换行符分隔

4.1.4 扩展点的分类与缓存

Dubbo SPI 可以分为 Class 缓存、实例缓存。这两种缓存又能根据扩展类的种类分为普通扩展类、包装扩展类（Wrapper 类）、自适应扩展类（Adaptive 类）等。

- Class 缓存：Dubbo SPI 获取扩展类时，会先从缓存中读取。如果缓存中不存在，则加载配置文件，根据配置把 Class 缓存到内存中，并不会直接全部初始化。
- 实例缓存：基于性能考虑，Dubbo 框架中不仅缓存 Class，也会缓存 Class 实例化后的对象。每次获取的时候，会先从缓存中读取，如果缓存中读不到，则重新加载并缓存起来。这也是为什么 Dubbo SPI 相对 Java SPI 性能上有优势的原因，因为 Dubbo SPI 缓存的 Class 并不会全部实例化，而是按需实例化并缓存，因此性能更好。

被缓存的 Class 和对象实例可以根据不同的特性分为不同的类别：

（1）普通扩展类。最基础的，配置在 SPI 配置文件中的扩展类实现。

（2）包装扩展类。这种 Wrapper 类没有具体的实现，只是做了通用逻辑的抽象，并且需要在构造方法中传入一个具体的扩展接口的实现。属于 Dubbo 的自动包装特性，该特性会在 4.1.5 节中详细介绍。

（3）自适应扩展类。一个扩展接口会有多种实现类，具体使用哪个实现类可以不写死在配置或代码中，在运行时，通过传入 URL 中的某些参数动态来确定。这属于扩展点的自适应特性，使用的@Adaptive 注解也会在 4.1.5 节中详细介绍。

（4）其他缓存，如扩展类加载器缓存、扩展名缓存等。

扩展类缓存如表 4-2 所示。

表 4-2 扩展类缓存

集　合　名	缓存类型
Holder\<Map\<String, Class\<?\>\>> cachedClasses	普通扩展类缓存，不包括自适应拓展类和 Wrapper 类
Set\<Class\<?\>> cachedWrapperClasses	Wrapper 类缓存
Class\<?\> cachedAdaptiveClass	自适应扩展类缓存
ConcurrentMap\<String, Holder\<Object\>> cachedInstances	扩展名与扩展对象缓存
Holder\<Object\> cachedAdaptiveInstance	实例化后的自适应（Adaptive）扩展对象，只能同时存在一个
ConcurrentMap\<Class\<?\>, String\> cachedNames	扩展类与扩展名缓存
ConcurrentMap\<Class\<?\>, ExtensionLoader\<?\>\> EXTENSION_LOADERS	扩展类与对应的扩展类加载器缓存

续表

集 合 名	缓 存 类 型
ConcurrentMap<Class<?>, Object> EXTENSION_INSTANCES	扩展类与类初始化后的实例
Map<String, Activate> cachedActivates	扩展名与@Activate 的缓存

4.1.5 扩展点的特性

从 Dubbo 官方文档中可以知道，扩展类一共包含四种特性：自动包装、自动加载、自适应和自动激活。

1. 自动包装

自动包装是在 4.1.4 节中提到的一种被缓存的扩展类，ExtensionLoader 在加载扩展时，如果发现这个扩展类包含其他扩展点作为构造函数的参数，则这个扩展类就会被认为是 Wrapper 类，如代码清代 4-4 所示。

代码清单 4-4　Wrapper 类示例代码

```
public class ProtocolFilterWrapper implements Protocol {

    private final Protocol protocol;
    public ProtocolFilterWrapper(Protocol protocol) {
        if (protocol == null) {
            throw new IllegalArgumentException("protocol == null");
        }
        this.protocol = protocol;
    }
    ...
}
```

实现了 Protocol，但构造函数中又传入了一个 Protocol 类型的参数，框架会自动注入

ProtocolFilterWrapper 虽然继承了 Protocol 接口，但是其构造函数中又注入了一个 Protocol 类型的参数。因此 ProtocolFilterWrapper 会被认定为 Wrapper 类。这是一种装饰器模式，把通用的抽象逻辑进行封装或对子类进行增强，让子类可以更加专注具体的实现。

2. 自动加载

除了在构造函数中传入其他扩展实例，我们还经常使用 setter 方法设置属性值。如果某个扩展类是另外一个扩展点类的成员属性，并且拥有 setter 方法，那么框架也会自动注入对应的扩展点实例。ExtensionLoader 在执行扩展点初始化的时候，会自动通过 setter 方法注入对应的

实现类。这里存在一个问题，如果扩展类属性是一个接口，它有多种实现，那么具体注入哪一个呢？这就涉及第三个特性——自适应。

3. 自适应

在 Dubbo SPI 中，我们使用@Adaptive 注解，可以动态地通过 URL 中的参数来确定要使用哪个具体的实现类。从而解决自动加载中的实例注入问题。@Adaptive 注解使用示例如代码清单 4-5 所示。

代码清单 4-5　@Adaptive 注解使用示例

```
@SPI("netty")
public interface Transporter {
    @Adaptive({Constants.SERVER_KEY, Constants.TRANSPORTER_KEY})
    Server bind(URL url, ChannelHandler handler) throws RemotingException;

    @Adaptive({Constants.CLIENT_KEY, Constants.TRANSPORTER_KEY})
    Client connect(URL url, ChannelHandler handler) throws RemotingException;
}
```

@Adaptive 传入了两个 Constants 中的参数，它们的值分别是"server"和"transporter"。当外部调用 Transporter#bind 方法时，会动态从传入的参数"URL"中提取 key 参数"server"的 value 值，如果能匹配上某个扩展实现类则直接使用对应的实现类；如果未匹配上，则继续通过第二个 key 参数"transporter"提取 value 值。如果都没匹配上，则抛出异常。也就是说，如果@Adaptive 中传入了多个参数，则依次进行实现类的匹配，直到最后抛出异常。

这种动态寻找实现类的方式比较灵活，但只能激活一个具体的实现类，如果需要多个实现类同时被激活，如 Filter 可以同时有多个过滤器；或者根据不同的条件，同时激活多个实现类，如何实现？这就涉及最后一个特性——自动激活。

4. 自动激活

使用@Activate 注解，可以标记对应的扩展点默认被激活启用。该注解还可以通过传入不同的参数，设置扩展点在不同的条件下被自动激活。主要的使用场景是某个扩展点的多个实现类需要同时启用（比如 Filter 扩展点）。在 4.2 节中会详细介绍以上几种注解。

4.2　扩展点注解

4.2.1　扩展点注解：@SPI

@SPI 注解可以使用在类、接口和枚举类上，Dubbo 框架中都是使用在接口上。它的主要作用就是标记这个接口是一个 Dubbo SPI 接口，即是一个扩展点，可以有多个不同的内置或用户定义的实现。运行时需要通过配置找到具体的实现类。@SPI 注解的源码如代码清单 4-6 所示。

代码清单 4-6　@SPI 注解的源码

```
@Documented
@Retention(RetentionPolicy.RUNTIME)
@Target({ElementType.TYPE})
public @interface SPI {
    String value() default "";    ← 默认实现的 key 名称
}
```

我们可以看到 SPI 注解有一个 value 属性，通过这个属性，我们可以传入不同的参数来设置这个接口的默认实现类。例如，我们可以看到 Transporter 接口使用 Netty 作为默认实现，如代码清单 4-7 所示。

代码清单 4-7　SPI 默认实现示例代码

```
@SPI("netty")
public interface Transporter{
 ...
}
```

Dubbo 中很多地方通过 getExtension(Class<T> type, String name) 来获取扩展点接口的具体实现，此时会对传入的 Class 做校验，判断是否是接口，以及是否有@SPI 注解，两者缺一不可。

4.2.2　扩展点自适应注解：@Adaptive

@Adaptive 注解可以标记在类、接口、枚举类和方法上，但是在整个 Dubbo 框架中，只有几个地方使用在类级别上，如 AdaptiveExtensionFactory 和 AdaptiveCompiler，其余都标注在方法上。如果标注在接口的方法上，即方法级别注解，则可以通过参数动态获得实现类，这一点已经在 4.1.5 节的自适应特性上说明。方法级别注解在第一次 getExtension 时，会自动生成和编译一个动态的 Adaptive 类，从而达到动态实现类的效果。

例如：Transporter 接口在 bind 和 connect 两个方法上添加了@Adaptive 注解，如代码清单 4-5 所示。Dubbo 在初始化扩展点时，会生成一个 Transporter$Adaptive 类，里面会实现这两个方法，方法里会有一些抽象的通用逻辑，通过@Adaptive 中传入的参数，找到并调用真正的实现类。熟悉装饰器模式的读者会很容易理解这部分的逻辑。具体实现原理会在 4.4 节讲解。

下面是自动生成的 Transporter$Adaptive#bind 实现代码，如代码清单 4-8 所示，已经省略了无关代码。

代码清单 4-8 实现代码

```
public org.apache.dubbo.remoting.Server
 bind(org.apache.dubbo.common.URL arg0
 ,org.apache.dubbo.remoting.ChannelHandler arg1)
 throws org.apache.dubbo.remoting.RemotingException {
    ...
    org.apache.dubbo.common.URL url = arg0;   ← 通过@Adaptive 注解中的两个 key
    String extName = url.getParameter("server", url.getParameter("transporter",     去寻找实现类的名称
"netty"));
    ...
    try {              根据 URL 中的参数，尝试获取真正的扩展点实现类
        extension = (org.apache.dubbo.remoting.Transporter)  ←
        ExtensionLoader.getExtensionLoader
        (org.apache.dubbo.remoting.Transporter.class).getExtension(extName);
    } catch (Exception e) {
        ...                         如果获取失败，则使用默认的 Netty 实现
        extension = (org.apache.dubbo.remoting.Transporter)   ←
        ExtensionLoader.getExtensionLoader
        (org.apache.dubbo.remoting.Transporter.class).getExtension("netty");
    }             最终会调用具体扩展点实现类的 bind 方法
    return extension.bind(arg0, arg1);   ←
}
```

我们可以从生成的源码中看到，自动生成的代码中实现了很多通用功能，最终会调用真正的接口实现。

当该注解放在实现类上，则整个实现类会直接作为默认实现，不再自动生成代码清单 4-8 中的代码。在扩展点接口的多个实现里，只能有一个实现上可以加@Adaptive 注解。如果多个实现类都有该注解，则会抛出异常：More than 1 adaptive class found。@Adaptive 注解的源代码如代码清单 4-9 所示。

代码清单 4-9 Adaptive 注解的源代码

```
@Documented
@Retention(RetentionPolicy.RUNTIME)
@Target({ElementType.TYPE, ElementType.METHOD})
```

```
public @interface Adaptive {
    String[] value() default {};    ← 数组，可以设置多个 key，会按顺序依次匹配
}
```

该注解也可以传入 value 参数，是一个数组。我们在代码清单 4-9 中可以看到，Adaptive 可以传入多个 key 值，在初始化 Adaptive 注解的接口时，会先对传入的 URL 进行 key 值匹配，第一个 key 没匹配上则匹配第二个，以此类推。直到所有的 key 匹配完毕，如果还没有匹配到，则会使用"驼峰规则"匹配，如果也没匹配到，则会抛出 `IllegalStateException` 异常。

什么是"驼峰规则"呢？如果包装类（Wrapper）没有用 Adaptive 指定 key 值，则 Dubbo 会自动把接口名称根据驼峰大小写分开，并用"."符号连接起来，以此来作为默认实现类的名称，如 `org.apache.dubbo.xxx.YyyInvokerWrapper` 中的 `YyyInvokerWrapper` 会被转换为 `yyy.invoker.wrapper`。

最后，为什么有些实现类上会标注@Adaptive 呢？放在实现类上，主要是为了直接固定对应的实现而不需要动态生成代码实现，就像策略模式直接确定实现类。在代码中的实现方式是：ExtensionLoader 中会缓存两个与@Adaptive 有关的对象，一个缓存在 `cachedAdaptiveClass` 中，即 Adaptive 具体实现类的 Class 类型；另外一个缓存在 `cachedAdaptiveInstance` 中，即 Class 的具体实例化对象。在扩展点初始化时，如果发现实现类有@Adaptive 注解，则直接赋值给 `cachedAdaptiveClass`，后续实例化类的时候，就不会再动态生成代码，直接实例化 `cachedAdaptiveClass`，并把实例缓存到 `cachedAdaptiveInstance` 中。如果注解在接口方法上，则会根据参数，动态获得扩展点的实现，会生成 Adaptive 类（如代码清单 4-8 所示），再缓存到 `cachedAdaptiveInstance` 中。

4.2.3　扩展点自动激活注解：@Activate

@Activate 可以标记在类、接口、枚举类和方法上。主要使用在有多个扩展点实现、需要根据不同条件被激活的场景中，如 Filter 需要多个同时激活,因为每个 Filter 实现的是不同的功能。@Activate 可传入的参数很多，如表 4-3 所示。

表 4-3　Activate 参数

参　数　名	效　　果
String[] group()	URL 中的分组如果匹配则激活，则可以设置多个
String[] value()	查找 URL 中如果含有该 key 值，则会激活
String[] before()	填写扩展点列表，表示哪些扩展点要在本扩展点之前
String[] after()	同上，表示哪些需要在本扩展点之后
int order()	整型，直接的排序信息

具体 Activate 自动激活扩展类的实现原理会在 4.3 节中讲解。

4.3　ExtensionLoader 的工作原理

ExtensionLoader 是整个扩展机制的主要逻辑类，在这个类里面实现了配置的加载、扩展类缓存、自适应对象生成等所有工作。本节将结合核心源码讲解整个 ExtensionLoader 的工作流程。

4.3.1　工作流程

ExtensionLoader 的逻辑入口可以分为 `getExtension`、`getAdaptiveExtension`、`getActivateExtension` 三个，分别是获取普通扩展类、获取自适应扩展类、获取自动激活的扩展类。总体逻辑都是从调用这三个方法开始的，每个方法可能会有不同的重载的方法，根据不同的传入参数进行调整，如图 4-1 所示。

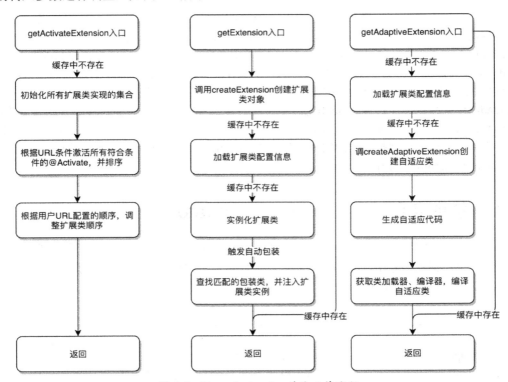

图 4-1　ExtensionLoader 总体工作流程

三个入口中，getActivateExtension 对 getExtension 的依赖比较重，getAdaptiveExtension 则相对独立。

由 4.2.3 节可以知道，getActivateExtension 方法只是根据不同的条件同时激活多个普通扩展类。因此，该方法中只会做一些通用的判断逻辑，如接口是否包含@Activate 注解、匹配条件是否符合等。最终还是通过调用 getExtension 方法获得具体扩展点实现类。

getExtension(String name)是整个扩展加载器中最核心的方法，实现了一个完整的普通扩展类加载过程。加载过程中的每一步，都会先检查缓存中是否已经存在所需的数据，如果存在则直接从缓存中读取，没有则重新加载。这个方法每次只会根据名称返回一个扩展点实现类。初始化的过程可以分为 4 步：

（1）框架读取 SPI 对应路径下的配置文件，并根据配置加载所有扩展类并缓存（不初始化）。

（2）根据传入的名称初始化对应的扩展类。

（3）尝试查找符合条件的包装类：包含扩展点的 setter 方法，例如 setProtocol(Protocol protocol)方法会自动注入 protocol 扩展点实现；包含与扩展点类型相同的构造函数，为其注入扩展类实例，例如本次初始化了一个 Class A，初始化完成后，会寻找构造参数中需要 Class A 的包装类（Wrapper），然后注入 Class A 实例，并初始化这个包装类。

（4）返回对应的扩展类实例。

getAdaptiveExtension 也相对独立，只有加载配置信息部分与 getExtension 共用了同一个方法。和获取普通扩展类一样，框架会先检查缓存中是否有已经初始化化好的 Adaptive 实例，没有则调用 createAdaptiveExtension 重新初始化。初始化过程分为 4 步：

（1）和 getExtension 一样先加载配置文件。

（2）生成自适应类的代码字符串。

（3）获取类加载器和编译器，并用编译器编译刚才生成的代码字符串。Dubbo 一共有三种类型的编译器实现，这些内容会在 4.4 节讲解。

（4）返回对应的自适应类实例。

接下来，我们就详细讲解 getExtension、getAdaptiveExtension、getActivateExtension 这三个流程的实现。

4.3.2　getExtension 的实现原理

getExtension 的主要流程前面已经讲过了，本节主要会讲解每一步的实现原理。

当调用 getExtension(String name)方法时，会先检查缓存中是否有现成的数据，没有则调用 createExtension 开始创建。这里有个特殊点，如果 getExtension 传入的 name 是 true，则加载并返回默认扩展类。

在调用 createExtension 开始创建的过程中，也会先检查缓存中是否有配置信息，如果不存在扩展类，则会从 META-INF/services/、META-INF/dubbo/、META-INF/dubbo/internal/这几

个路径中读取所有的配置文件,通过 I/O 读取字符流,然后通过解析字符串,得到配置文件中对应的扩展点实现类的全称(如 com.alibaba.dubbo.common.extensionloader.activate.impl.GroupActivateExtImpl)。扩展点配置信息加载过程的源码如代码清单 4-10 所示。

代码清单 4-10　扩展点配置信息加载过程的源码

```
//
Map<String, Class<?>> classes = cachedClasses.get();   ← ① 先尝试从缓存中获取
...                                                      classes,没有则调用
if (classes == null) {
    classes = loadExtensionClasses();
    cachedClasses.set(classes);
}
                                                       ② 开始加载 Class
private Map<String, Class<?>> loadExtensionClasses() {  ←
    final SPI defaultAnnotation = type.getAnnotation(SPI.class);
    if (defaultAnnotation != null) {
    //
    //
       ...   ←  检查是否有 SPI 注解。如果有,则获取注解中填写的名称,并缓存为默认实现名。
    }          如@SPI("impl")会保存 impl 为默认实现
    ...
    loadDirectory(extensionClasses, DUBBO_INTERNAL_DIRECTORY, type.getName());  ←
    ...                                                  加载路径下面的 SPI 配置文件
}

private void loadDirectory(Map<String, Class<?>> extensionClasses, String dir, String
type) {    ←  ③ loadDirectory 方法加载配置
    ...
                                         通过 getResources 或 getSystemResources
    if (classLoader != null) {   ←        得到配置文件
        urls = classLoader.getResources(fileName);
    } else {
        urls = ClassLoader.getSystemResources(fileName);
    }                                                循环遍历 urls,解析
    loadResource(extensionClasses, classLoader, resourceURL);  ← 字符串,得到扩展实
}                                                   现类,并加入缓存
```

　　加载完扩展点配置后,再通过反射获得所有扩展实现类并缓存起来。注意,此处仅仅是把 Class 加载到 JVM 中,但并没有做 Class 初始化。在加载 Class 文件时,会根据 Class 上的注解

来判断扩展点类型，再根据类型分类做缓存。缓存的分类已经在 4.1.4 节讲过。扩展类的缓存分类如代码清单 4-11 所示。

代码清单 4-11　扩展类的缓存分类

```
                            ExtensionLoader#loadClass 方法
if (clazz.isAnnotationPresent(Adaptive.class)) {
    if (cachedAdaptiveClass == null) {       如果是自适应类（Adaptive）则缓存，
        cachedAdaptiveClass = clazz;         缓存的自适应类只能有一个
    }
    ...      如果发现有多个自适应类，则抛出异常
} else if (isWrapperClass(clazz)) {
    ...                            如果是包装扩展类（Wrapper），则直接
    wrappers.add(clazz);           加入包装扩展类的 Set 集合
                                                        如果有自动激活注
} else {                                                解（Activate），
    ...                                                 则缓存到自动激活
    Activate activate = clazz.getAnnotation(Activate.class);  的缓存中
    if (activate != null) {
        cachedActivates.put(names[0], activate);
    }
    for (String n : names) {
        ...                       不是自适应类型，也不是包装类型，剩下的就是普通扩
        cachedNames.put(clazz, n);展类了，也会缓存起来
        ...                       注意：自动激活也是普通扩展类的一种，只是会根据不
        extensionClasses.put(n, clazz);同条件同时激活罢了
        ...
    }
}
```

最后，根据传入的 name 找到对应的类并通过 Class.forName 方法进行初始化，并为其注入依赖的其他扩展类（自动加载特性）。当扩展类初始化后，会检查一次包装扩展类 Set<Class<?>> wrapperClasses，查找包含与扩展点类型相同的构造函数，为其注入刚初始化的扩展类，如代码清单 4-12 所示。

代码清单 4-12　依赖注入

```
injectExtension(instance);      向扩展类注入其依赖的属性，如扩展类 A 又依赖了扩展类 B
Set<Class<?>> wrapperClasses = cachedWrapperClasses;
if (wrapperClasses != null && !wrapperClasses.isEmpty()) {
```

```
for (Class<?> wrapperClass : wrapperClasses) {    ← 遍历扩展点包装类，用于初始化包
    instance = injectExtension((T) wrapperClass.getConstructor(type).       装类实例
newInstance(instance));    ← 找到构造方法参数类型为 type（扩展类的类型）的包装类，为
    }                           其注入扩展类实例
}
```

在 `injectExtension` 方法中可以为类注入依赖属性，它使用了 `ExtensionFactory#getExtension(Class<T> type, String name)` 来获取对应的 bean 实例，这个工厂接口会在 4.3.5 节详细说明。我们先来了解一下注入的实现原理。

`injectExtension` 方法总体实现了类似 Spring 的 IoC 机制，其实现原理比较简单：首先通过反射获取类的所有方法，然后遍历以字符串 set 开头的方法，得到 set 方法的参数类型，再通过 `ExtensionFactory` 寻找参数类型相同的扩展类实例，如果找到，就设值进去，如代码清单 4-13 所示。

代码清单 4-13　注入依赖扩展类实现代码

```
for (Method method : instance.getClass().getMethods()) {
    if (method.getName().startsWith("set")       ← 找到以 set 开头的方法。
        && method.getParameterTypes().length == 1   要求只有一个参数，并且
        && Modifier.isPublic(method.getModifiers())) {   是 public 方法
        Class<?> pt = method.getParameterTypes()[0];  ← 得到参数的类型
        ...                                通过字符串截取，获得小写开头的类名。如
        String property = ...;          ← setTestService，截取 testService
        Object object = objectFactory.getExtension(pt, property);  ←
        if (object != null) {                通过 ExtensionFactory 获取实例
            method.invoke(instance, object);  ←
        }                                如果获取了这个扩展类实现，则调用
        ...                              set 方法，把实例注入进去
    }
}
```

从源码中可以知道，包装类的构造参数注入也是通过 `injectExtension` 方法实现的。

4.3.3　getAdaptiveExtension 的实现原理

由之前的流程我们可以知道，在 `getAdaptiveExtension()` 方法中，会为扩展点接口自动生成实现类字符串，实现类主要包含以下逻辑：为接口中每个有 @Adaptive 注解的方法生成默认

实现（没有注解的方法则生成空实现），每个默认实现都会从 URL 中提取 Adaptive 参数值，并以此为依据动态加载扩展点。然后，框架会使用不同的编译器，把实现类字符串编译为自适应类并返回。本节主要讲解字符串代码生成的实现原理。

生成代码的逻辑主要分为 7 步，具体步骤如下：

（1）生成 package、import、类名称等头部信息。此处只会引入一个类 ExtensionLoader。为了不写其他类的 import 方法，其他方法调用时全部使用全路径。类名称会变为"接口名称 + $Adaptive"的格式。例如：Transporter 接口会生成 Transporter$Adpative。

（2）遍历接口所有方法，获取方法的返回类型、参数类型、异常类型等。为第（3）步判断是否为空值做准备。

（3）生成参数为空校验代码，如参数是否为空的校验。如果有远程调用，还会添加 Invocation 参数为空的校验。

（4）生成默认实现类名称。如果@Adaptive 注解中没有设定默认值，则根据类名称生成，如 YyyInvokerWrapper 会被转换为 yyy.invoker.wrapper。生成的规则是不断找大写字母，并把它们用"."连接起来。得到默认实现类名称后，还需要知道这个实现是哪个扩展点的。

（5）生成获取扩展点名称的代码。根据@Adaptive 注解中配置的 key 值生成不同的获取代码，例如：如果是@Adaptive("protocol")，则会生成 url.getProtocol()。

（6）生成获取具体扩展实现类代码。最终还是通过 getExtension(extName)方法获取自适应扩展类的真正实现。如果根据 URL 中配置的 key 没有找到对应的实现类，则会使用第（4）步中生成的默认实现类名称去找。

（7）生成调用结果代码。

下面我们用 Dubbo 源码中自带的一个单元测试来演示代码生成过程，如代码清单 4-14 所示。

代码清单 4-14　自适应类生成的代码

```
① SPI 配置文件中的配置
impl1=org.apache.dubbo.common.extensionloader.ext1.impl.SimpleExtImpl

@SPI("impl1")
public interface SimpleExt {      ② 自适应接口，echo 方法上有@Adaptive 注解
    @Adaptive
    String echo(URL url, String s);
    ...
}
                                  ③ 在测试方法中调用这个自适应类
SimpleExt ext = ExtensionLoader.getExtensionLoader(SimpleExt.class).getAdaptiveExtension();
```

```
// URL 为：dubbo://192.1.1.4:1010/path1
                                            ④ 会生成以下自适应代码
package org.apache.dubbo.common.extensionloader.adaptive;
import org.apache.dubbo.common.extension.ExtensionLoader;
                                                             只会"import"一个类，
                                                             其他都是以全路径的方
public class SimpleExt$Adaptive implements                    式调用的
org.apache.dubbo.common.extensionloader.ext1.SimpleExt {
    public String echo(org.apache.dubbo.common.URL arg0, java.lang.String arg1) {
        if (arg0 == null) throw new IllegalArgumentException("url == null");
        org.apache.dubbo.common.URL url = arg0;
        /**
         * 注意：如果@Adaptive 注解没有传入 key 参数，则默认会把类名转化为 key
         * 如：SimpleExt 会转化为 simple.ext
         * 根据 key 获取对应的扩展点实现名称，第一个参数是 key，第二个是获取不到时的默认值
         * URL 中没有"simple.ext"这个 key，因此 extName 取值 impl1
         *
         * 如果@Adaptive 注解中有 key 参数，如@Adaptive("key1")，则会变为
         * url.getParameter("key1", "impl1");
         */
        String extName = url.getParameter("simple.ext", "impl1");

        if (extName == null)
            throw new IllegalStateException(...);
        org.apache.dubbo.common.extensionloader.ext1.SimpleExt extension =
        (org.apache.dubbo.common.extensionloader.ext1.SimpleExt)ExtensionLoader
        .getExtensionLoader(org.apache.dubbo.common.extensionloader.ext1.SimpleExt.class)
        .getExtension(extName);    ←── 实现类变为配置文件中的 SimpleExtImpl1
        return extension.echo(arg0, arg1);  ←── 最终调用真实的扩展点方法，并
    }                                            返回调用结果
}
```

生成完代码之后就要对代码进行编译，生成一个新的 Class。Dubbo 中的编译器也是一个自适应接口，但@Adaptive 注解是加在实现类 AdaptiveCompiler 上的。这样一来 AdaptiveCompiler 就会作为该自适应类的默认实现，不需要再做代码生成和编译就可以使用了。具体的编译器实现原理会在 4.4 节讲解。

如果一个接口上既有@SPI("impl")注解，方法上又有@Adaptive("impl2")注解，那么会以哪

个 key 作为默认实现呢？由上面动态生成的$Adaptive 类可以得知，最终动态生成的实现方法会是 url.getParameter("impl2", "impl")，即优先通过@Adaptive 注解传入的 key 去查找扩展实现类；如果没找到，则通过@SPI 注解中的 key 去查找；如果@SPI 注解中没有默认值，则把类名转化为 key，再去查找。

4.3.4　getActivateExtension 的实现原理

接下来，我们讲解图 4-1 中的 `@Activate` 的实现原理，先从它的入口方法说起。`getActivateExtension(URL url, String key, String group)`方法可以获取所有自动激活扩展点。参数分别是 URL、URL 中指定的 key（多个则用逗号隔开）和 URL 中指定的组信息（group）。其实现逻辑非常简单，当调用该方法时，主线流程分为 4 步：

（1）检查缓存，如果缓存中没有，则初始化所有扩展类实现的集合。

（2）遍历整个@Activate 注解集合，根据传入 URL 匹配条件（匹配 group、name 等），得到所有符合激活条件的扩展类实现。然后根据@Activate 中配置的 before、after、order 等参数进行排序，这些参数在 4.2.3 节中已经介绍过。

（3）遍历所有用户自定义扩展类名称，根据用户 URL 配置的顺序，调整扩展点激活顺序（遵循用户在 URL 中配置的顺序，例如 URL 为 `test://localhost/test?ext=order1,default`，则扩展点 ext 的激活顺序会遵循先 order1 再 default，其中 default 代表所有有@Activate 注解的扩展点）。

（4）返回所有自动激活类集合。

获取 Activate 扩展类实现，也是通过 `getExtension` 得到的。因此，可以认为 `getExtension` 是其他两种 Extension 的基石。

此处有一点需要注意，如果 URL 的参数中传入了-default，则所有的默认@Activate 都不会被激活，只有 URL 参数中指定的扩展点会被激活。如果传入了"-"符号开头的扩展点名，则该扩展点也不会被自动激活。例如：-xxxx，表示名字为 xxxx 的扩展点不会被激活。

4.3.5　ExtensionFactory 的实现原理

经过前面的介绍，我们可以知道 `ExtensionLoader` 类是整个 SPI 的核心。但是，`ExtensionLoader` 类本身又是如何被创建的呢？

我们知道`RegistryFactory`工厂类通过`@Adaptive({"protocol"})`注解动态查找注册中心实现，根据 URL 中的 protocol 参数动态选择对应的注册中心工厂，并初始化具体的注册中心客户端。而实现这个特性的 `ExtensionLoader` 类，本身又是通过工厂方法 `ExtensionFactory` 创建的，并且这个工厂接口上也有 SPI 注解，还有多个实现。具体见代码清单 4-15。

代码清单 4-15　ExtensionFactory 工厂接口

```
@SPI
public interface ExtensionFactory {
    <T> T getExtension(Class<T> type, String name);
}
```

既然工厂接口有多个实现，那么是怎么确定使用哪个工厂实现的呢？我们可以看到 `AdaptiveExtensionFactory` 这个实现类工厂上有@Adaptive 注解。因此，`AdaptiveExtensionFactory` 会作为一开始的默认实现。工厂类之间的关系如图 4-2 所示。

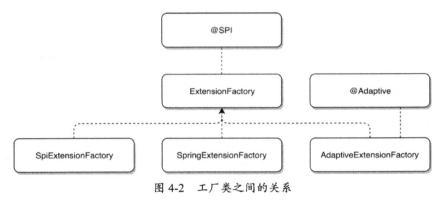

图 4-2　工厂类之间的关系

可以看到，除了 `AdaptiveExtensionFactory`，还有 `SpiExtensionFactory` 和 `SpringExtensionFactory` 两个工厂。也就是说，我们除了可以从 Dubbo SPI 管理的容器中获取扩展点实例，还可以从 Spring 容器中获取。

那么 Dubbo 和 Spring 容器之间是如何打通的呢？我们先来看 `SpringExtensionFactory` 的实现，该工厂提供了保存 Spring 上下文的静态方法，可以把 Spring 上下文保存到 Set 集合中。当调用 getExtension 获取扩展类时，会遍历 Set 集合中所有的 Spring 上下文，先根据名字依次从每个 Spring 容器中进行匹配，如果根据名字没匹配到，则根据类型去匹配，如果还没匹配到则返回 null，如代码清单 4-16 所示。

代码清单 4-16　SpringExtensionFactory 源码

```
public class SpringExtensionFactory implements ExtensionFactory {
    private static final Set<ApplicationContext> contexts = new      ◁── 用能自动去重的 Set 保存 Spring 上下文
      ConcurrentHashSet<ApplicationContext>();
    public static void addApplicationContext(ApplicationContext context) {    ◁──
                                                                              Spring 的上下文引用会在这里被保存
```

```
        contexts.add(context);
    }
...
    public <T> T getExtension(Class<T> type, String name) {
        for (ApplicationContext context : contexts) {    ← 遍历所有 Spring 上
            if (context.containsBean(name)) {              下文，先根据名字从
                Object bean = context.getBean(name);       Spring 容器中查找
                if (type.isInstance(bean)) {
                    return (T) bean;
                }
            }
        }
        for (ApplicationContext context : contexts) {    ← 如果根据名字没找到，
            ...                                            则直接通过类型查找
            return context.getBean(type);
            ...
        }
        return null;    ← 根据类型也找不到，只
    }                     能返回 null 了
}
```

那么 Spring 的上下文又是在什么时候被保存起来的呢？我们可以通过代码搜索得知，在 ReferenceBean 和 ServiceBean 中会调用静态方法保存 Spring 上下文，即一个服务被发布或被引用的时候，对应的 Spring 上下文会被保存下来。

我们再看一下 SpiExtensionFactory，主要就是获取扩展点接口对应的 Adaptive 实现类。例如：某个扩展点实现类 ClassA 上有@Adaptive 注解，则调用 SpiExtensionFactory#getExtension 会直接返回 ClassA 实例，如代码清单 4-17 所示。

代码清单 4-17 SpiExtensionFactory 源码

```
                                                    根据类型获取所有的扩展点加载器
ExtensionLoader<T> loader = ExtensionLoader.getExtensionLoader(type);  ←
if (!loader.getSupportedExtensions().isEmpty()) {   ← 如果缓存的扩展点类不为空，
    return loader.getAdaptiveExtension();             则直接返回 Adaptive 实例
}
```

经过一番流转，最终还是回到了默认实现 AdaptiveExtensionFactory 上，因为该工厂上有@Adaptive 注解。这个默认工厂在构造方法中就获取了所有扩展类工厂并缓存起来，包括

SpiExtensionFactory 和 SpringExtensionFactory。AdaptiveExtensionFactory 构造方法如代码清单 4-18 所示。

代码清单 4-18　AdaptiveExtensionFactory 构造方法

```java
                        // 用来缓存所有工厂实现，包括 SpiExtensionFactory、SpringExtensionFactory
private final List<ExtensionFactory> factories;
...
ExtensionLoader<ExtensionFactory> loader =        // 工厂列表也是通过 SPI 实现的，因此可
ExtensionLoader.getExtensionLoader(ExtensionFactory.class);  // 以在这里获取所有工厂的扩展点加载器
List<ExtensionFactory> list = new ArrayList<ExtensionFactory>();
for (String name : loader.getSupportedExtensions()) {   // 遍历所有的工厂名称，获取对
    list.add(loader.getExtension(name));                // 应的工厂，并保存到 factories
}                                                       // 列表中
factories = Collections.unmodifiableList(list);
```

被 AdaptiveExtensionFactory 缓存的工厂会通过 TreeSet 进行排序，SPI 排在前面，Spring 排在后面。当调用 getExtension 方法时，会遍历所有的工厂，先从 SPI 容器中获取扩展类；如果没找到，则再从 Spring 容器中查找。我们可以理解为，AdaptiveExtensionFactory 持有了所有的具体工厂实现，它的 getExtension 方法中只是遍历了它持有的所有工厂，最终还是调用 SPI 或 Spring 工厂实现的 getExtension 方法。getExtension 方法如代码清单 4-19 所示。

代码清单 4-19　getExtension 方法

```java
for (ExtensionFactory factory : factories) {        // 遍历所有工厂进行查找，顺序是
    T extension = factory.getExtension(type, name); // SPI→Spring
    if (extension != null) {
        return extension;
    }
}
```

4.4　扩展点动态编译的实现

Dubbo SPI 的自适应特性让整个框架非常灵活，而动态编译又是自适应特性的基础，因为动态生成的自适应类只是字符串，需要通过编译才能得到真正的 Class。虽然我们可以使用反射来动态代理一个类，但是在性能上和直接编译好的 Class 会有一定的差距。Dubbo SPI 通过代码的动态生成，并配合动态编译器，灵活地在原始类基础上创建新的自适应类。本节将介绍 Dubbo SPI 动态编译器的种类及对应的现实原理。

4.4.1 总体结构

Dubbo 中有三种代码编译器，分别是 JDK 编译器、Javassist 编译器和 AdaptiveCompiler 编译器。这几种编译器都实现了 Compiler 接口，编译器类之间的关系如图 4-3 所示。

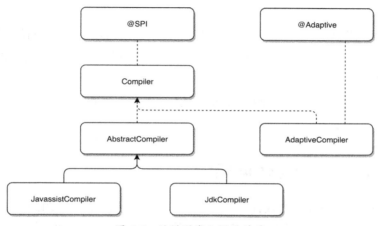

图 4-3 编译器类之间的关系

从图 4-3 中可以看到，Compiler 接口上含有一个 SPI 注解，注解的默认值是@SPI("javassist")，很明显，Javassist 编译器将作为默认编译器。如果用户想改变默认编译器，则可以通过 `<dubbo:application compiler="jdk" />` 标签进行配置。

AdaptiveCompiler 上面有 @Adaptive 注解，说明 AdaptiveCompiler 会固定为默认实现，这个 Compiler 的主要作用和 AdaptiveExtensionFactory 相似，就是为了管理其他 Compiler，如代码清单 4-20 所示。

代码清单 4-20　AdaptiveCompiler 的逻辑

```
public static void setDefaultCompiler(String compiler) {    ← 设置默认的编译器名称
    DEFAULT_COMPILER = compiler;
}
public Class<?> compile(String code, ClassLoader classLoader) {
    ...
        return compiler.compile(code, classLoader);    ← 通过 ExtensionLoader 获取对应的编译器扩展类实现，并调用真正的 compile 做编译
}
```

AdaptiveCompiler#setDefaultCompiler 方法会在 ApplicationConfig 中被调用，也就是 Dubbo 在启动时，会解析配置中的`<dubbo:application compiler="jdk" />`标签，获取设置的值，初始化

对应的编译器。如果没有标签设置，则使用@SPI("javassist")中的设置，即 `JavassistCompiler`。

然后看一下 `AbstractCompiler`，它是一个抽象类，无法实例化，但在里面封装了通用的模板逻辑。还定义了一个抽象方法 `doCompile`，留给子类来实现具体的编译逻辑。`JavassistCompiler` 和 `JdkCompiler` 都实现了这个抽象方法。

`AbstractCompiler` 的主要抽象逻辑如下：

（1）通过正则匹配出包路径、类名，再根据包路径、类名拼接出全路径类名。

（2）尝试通过 `Class.forName` 加载该类并返回，防止重复编译。如果类加载器中没有这个类，则进入第 3 步。

（3）调用 `doCompile` 方法进行编译。这个抽象方法由子类实现。

下面将介绍两种编译器的具体实现。

4.4.2　Javassist 动态代码编译

Java 中动态生成 Class 的方式有很多，可以直接基于字节码的方式生成，常见的工具库有 CGLIB、ASM、Javassist 等。而自适应扩展点使用了生成字符串代码再编译为 Class 的方式。

在讲解 Dubbo 中 Javassist 动态代码编译之前，我们先看一个 Javassist 生成一个"Hello World"的例子，这样对理解后续实现原理很有帮助，如代码清单 4-21 所示。

代码清单 4-21　Javassist 使用示例

```
ClassPool classPool = ClassPool.getDefault();          ① 初始化 Javassist 的类池
CtClass ctClass = classPool.makeClass("Hello World");  ② 创建一个 Hello World 类
CtMethod ctMethod = CtNewMethod.make("                 ③ 添加一个 test 方法,会打印 Hello World,
        public static void test(){                        直接传入方法的字符串
            System.out.println(\"Hello World\");
        }", ctClass);
ctClass.addMethod(ctMethod);
Class aClass = ctClass.toClass();       ← 生成类

Object object = aClass.newInstance();   ← ④ 通过反射调用这个类实例
Method m = aClass.getDeclaredMethod("test", null);
m.invoke(object,null);

// ⑤ 控制台会打印出：Hello World
```

看完 Javassist 使用示例，其实 Dubbo 中 `JavassistCompiler` 的实现原理也很清晰了。由于我们之前已经生成了代码字符串，因此在 `JavassistCompiler` 中，就是不断通过正则表达式匹配不同部位的代码，然后调用 Javassist 库中的 API 生成不同部位的代码，最后得到一个完整的 Class 对象。具体步骤如下：

（1）初始化 Javassist，设置默认参数，如设置当前的 classpath。

（2）通过正则匹配出所有 import 的包，并使用 Javassist 添加 import。

（3）通过正则匹配出所有 extends 的包，创建 Class 对象，并使用 Javassist 添加 extends。

（4）通过正则匹配出所有 implements 包，并使用 Javassist 添加 implements。

（5）通过正则匹配出类里面所有内容，即得到{}中的内容，再通过正则匹配出所有方法，并使用 Javassist 添加类方法。

（6）生成 Class 对象。

`JavassistCompiler` 继承了抽象类 `AbstractCompiler`，需要实现父类定义的一个抽象方法 `doCompile`。以上步骤就是整个 `doCompile` 方法在 `JavassistCompiler` 中的实现。

4.4.3 JDK 动态代码编译

`JdkCompiler` 是 Dubbo 编译器的另一种实现，使用了 JDK 自带的编译器，原生 JDK 编译器包位于 `javax.tools` 下。主要使用了三个东西：`JavaFileObject` 接口、`ForwardingJavaFileManager` 接口、`JavaCompiler.CompilationTask` 方法。整个动态编译过程可以简单地总结为：首先初始化一个 `JavaFileObject` 对象，并把代码字符串作为参数传入构造方法，然后调用 `JavaCompiler.CompilationTask` 方法编译出具体的类。`JavaFileManager` 负责管理类文件的输入/输出位置。以下是每个接口/方法的简要介绍：

（1）`JavaFileObject` 接口。字符串代码会被包装成一个文件对象，并提供获取二进制流的接口。Dubbo 框架中的 `JavaFileObjectImpl` 类可以看作该接口一种扩展实现，构造方法中需要传入生成好的字符串代码，此文件对象的输入和输出都是 `ByteArray` 流。由于 `SimpleJavaFileObject`、`JavaFileObject` 之间的关系属于 JDK 中的知识，因此在本章不深入讲解，有兴趣的读者可以自行查看 JDK 源码。

（2）`JavaFileManager` 接口。主要管理文件的读取和输出位置。JDK 中没有可以直接使用的实现类，唯一的实现类 `ForwardingJavaFileManager` 构造器又是 protect 类型。因此 Dubbo 中定制化实现了一个 `JavaFileManagerImpl` 类，并通过一个自定义类加载器 `ClassLoaderImpl` 完成资源的加载。

（3）`JavaCompiler.CompilationTask` 把 `JavaFileObject` 对象编译成具体的类。

4.5 小结

本章的内容比较多，首先介绍了 Dubbo SPI 的一些概要信息，包括与 Java SPI 的区别、Dubbo SPI 的新特性、配置规范和内部缓存等。其次介绍了 Dubbo SPI 中最重要的三个注解：@SPI、@Adaptive、@Activate，讲解了这几个注解的作用及实现原理。然后结合 `ExtensionLoader` 类的源码介绍了整个 Dubbo SPI 中最关键的三个入口：`getExtension`、`getAdaptiveExtension`、`getActivateExtension`，并讲解了创建 `ExtensionLoader` 的工厂（ExtensionFactory）的工作原理。最后还讲解了自适应机制中动态编译的实现原理。

第 5 章
Dubbo 启停原理解析

本章主要内容：
- Dubbo 配置解析；
- Dubbo 服务暴露原理；
- Dubbo 服务消费原理；
- Dubbo 优雅停机解析。

本章将详细探讨 Dubbo 配置的设计模型、服务暴露的原理、服务消费的原理和优雅停机的原理。首先，学习优雅的分层配置设计，能够帮助我们更好地理解框架的启动配置逻辑，不管是注解还是 XML 配置都需要配置对象来承载。然后探讨服务暴露和服务消费的细节。最后研究优雅停机特性，能够保证线上服务和消费方平滑地退出。

5.1 配置解析

目前 Dubbo 框架同时提供了 3 种配置方式：XML 配置、注解、属性文件（properties 和 ymal）配置，最常用的还是 XML 和注解两种方式。Dubbo 2.5.8 以后重写了注解的逻辑，解决了一些遗留的 bug，同时能更好地支持 `dubbo-spring-boot`。

本节主要详细探讨 schema 设计、XML 解析和注解配置实现原理，让读者能够在熟悉使用 Dubbo 的基础上掌握其原理。

5.1.1 基于 schema 设计解析

`Spring` 框架对 `Java` 产生了深远的影响，Dubbo 框架也直接集成了 Spring 的能力，利用了 Spring 配置文件扩展出自定义的解析方式。Dubbo 配置约束文件在 `dubbo-config/dubbo-config-spring/src/main/resources/dubbo.xsd` 中，在 `IntelliJ IDEA` 中能够自动查找这个文件，当用户使用属性时进行自动提示。

`dubbo.xsd` 文件用来约束使用 XML 配置时的标签和对应的属性，比如 Dubbo 中的 `<dubbo:service>` 和 `<dubbo:reference>` 标签等。Spring 在解析到自定义的 `namespace` 标签时（比如 `<dubbo:service>` 标签），会查找对应的 `spring.schemas` 和 `spring.handlers` 文件，最终触发 Dubbo 的 `DubboNamespaceHandler` 类来进行初始化和解析。我们先看以下两个文件的内容：

```
// spring.schemas 文件
http\://dubbo.apache.org/schema/dubbo/dubbo.xsd=META-INF/dubbo.xsd
http\://code.alibabatech.com/schema/dubbo/dubbo.xsd=META-INF/compat/dubbo.xsd

// spring.handlers 文件
http\://dubbo.apache.org/schema/dubbo=org.apache.dubbo.config.spring.schema.DubboNamespaceHandler
http\://code.alibabatech.com/schema/dubbo=org.apache.dubbo.config.spring.schema.DubboNamespaceHandler
```

其中，`spring.schemas` 文件指明约束文件的具体路径，`spring.handlers` 文件指明 `DubboNamespaceHandler` 类来解析标签。在重启开源之后，Dubbo 捐给了 Apache 组织，因此每个文件多出来了一行：

```
// spring.schemas 文件
http\://dubbo.apache.org/schema/dubbo/dubbo.xsd=META-INF/dubbo.xsd

// spring.handlers 文件
http\://dubbo.apache.org/schema/dubbo=org.apache.dubbo.config.spring.schema.DubboNamespaceHandler
```

在捐给 Apache 组织后，项目包名需要改动，因此整个项目也进行了相应的调整，主要是遵循 Apache 标准和兼容 Dubbo 原来的版本。

详细讲解 Spring 解析扩展超出了本书的范围，感兴趣的读者可以阅读相关 Spring 源码实现 `BeanDefinitionParserDelegate#parseCustomElement(Element, BeanDefinition)`。Dubbo 设计

之初也考虑到属性最大限度的复用，因此对 schema 进行了精心的设计，Dubbo schema 层级的详细设计如图 5-1 所示。

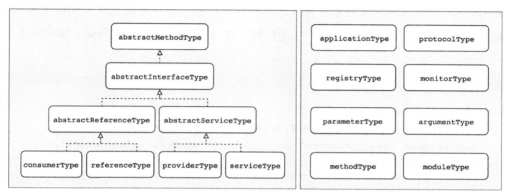

图 5-1　Dubbo schema 层级的详细设计

Dubbo 设计的粒度很多都是针对方法级别设计的，比如方法级别的 timeout、retries 和 mock 特性。这里包含的模块详细用法可以参考文档：http://dubbo.apache.org/zh-cn/docs/user/references/xml/introduction.html。在图 5-1 中，左边代表 schema 有继承关系的类型，右边是独立的类型。schema 模块说明如表 5-1 所示。

表 5-1　schema 模块说明

类型定义	功能概述
applicationType	配置应用级别的信息，比如应用的名称、应用负责人和应用的版本等
protocolType	配置服务提供者暴露的协议，Dubbo 允许同时配置多个协议，但只能有一个协议默认暴露
registryType	配置注册中心的地址和协议，Dubbo 也允许多个注册中心同时使用
providerType	配置服务提供方的全局配置，比如服务方设置了 timeout，消费方会自动透传超时
consumerType	配置消费方全局的配置，比如 connections 属性代表客户端会创建 TCP 的连接数，客户端全局配置会覆盖 providerType 透传的属性
serviceType	配置服务提供方接口范围信息，比如服务暴露的接口和具体实现类等
referenceType	配置消费方接口范围信息，比如引用的接口名称和是否泛化调用标志等
moduleType	配置应用所属模块相关信息
monitorType	配置应用监控上报相关地址
methodType	配置方法级别参数，主要应用于<dubbo:service>和<dubbo:reference>子标签
argumentType	配置应用方法参数等辅助信息，比如高级特性中异步参数回调索引的配置等
parameterType	选项参数配置，可以作为<dubbo:protocol>、<dubbo:service>、<dubbo:reference>、<dubbo:provider>和<dubbo:consumer>子标签，方便添加自定义参数，会透传到框架的 URL 中

图 5-1 中没有体现出来的是 annotationType 模块,这个模块主要配置项目要扫描的注解包。因为篇幅和完整性,这里特意说明一下,接下来我们详细探讨 Dubbo 框架是如何对 dubbo.xsd 做扩展的。

接下来我们看一个 dubbo.xsd 的真实的配置,以 protocolType 模块为例,如代码清单 5-1 所示。

代码清单 5-1　协议类型属性定义

```
<xsd:complexType name="protocolType">
    <xsd:sequence minOccurs="0" maxOccurs="unbounded">
        <xsd:element ref="parameter" minOccurs="0" maxOccurs="unbounded"/>
    </xsd:sequence>
    ...
    <xsd:attribute name="default" type="xsd:string">
        <xsd:annotation>
            <xsd:documentation><![CDATA[ Is default. ]]></xsd:documentation>
        </xsd:annotation>
    </xsd:attribute>
    <xsd:anyAttribute namespace="##other" processContents="lax"/>
</xsd:complexType>
```

在代码清单 5-1 中,我们可以简单理解其为协议定义约束字段,只有在这里定义的属性才会在 Dubbo 的 XML 配置文件中智能提示,当我们基于 Dubbo 做二次开发时,应该在 schema 中添加合适的字段,同时应该在 dubbo-config-api 对应的 Config 类中添加属性和 get & set 方法,这样用户在配置属性框架时会自动注入这个值。只有属性定义是不够的,为了让 Spring 正确解析标签,我们要定义 element 标签,与代码清单 5-1 中的 protocolType 进行绑定,这里以 protocolType 示例展示,如代码清单 5-2 所示。

代码清单 5-2　定义标签配置

```
<xsd:element name="protocol" type="protocolType">
    <xsd:annotation>
        <xsd:documentation><![CDATA[ Service provider config ]]></xsd:documentation>
        <xsd:appinfo>
            <tool:annotation>
                <tool:exports type="org.apache.dubbo.config.ProtocolConfig"/>
            </tool:annotation>
        </xsd:appinfo>
```

```
</xsd:annotation>
</xsd:element>
```

目前绝大多数场景使用默认的 Dubbo 配置就足够了，如果新增特性，比如增加 epoll 特性，则只需要在 providerType、consumerType、ProviderConfig 和 ConsumerConfig 中增加 epoll 属性和方法即可。如果使用已经存在 schema 类型（比如说 protocolType），则只需要添加新属性即可，也不需要定义新的 element 标签。如果接口是级别通用的，一般我们只需要在 interfaceType 中增加属性即可，继承自 interfaceType 的类型会拥有该字段。同理，在 Dubbo 对应类 AbstractInterfaceConfig 中增加属性和方法即可。

5.1.2 基于 XML 配置原理解析

通过 5.1.1 节，我们应该熟悉了 dubbo.xsd 中约束的定义，以及如何扩展字段，接下来我们探讨框架是如何解析配置的。主要解析逻辑入口是在 DubboNamespaceHandler 类中完成的，如代码清单 5-3 所示。

代码清单 5-3 Dubbo 注册属性解析处理器

```java
public class DubboNamespaceHandler extends NamespaceHandlerSupport {

    @Override
    public void init() {
        registerBeanDefinitionParser("application", new DubboBeanDefinitionParser(ApplicationConfig.class, true));
        registerBeanDefinitionParser("module", new DubboBeanDefinitionParser(ModuleConfig.class, true));
        registerBeanDefinitionParser("registry", new DubboBeanDefinitionParser(RegistryConfig.class, true));
        registerBeanDefinitionParser("monitor", new DubboBeanDefinitionParser(MonitorConfig.class, true));
        registerBeanDefinitionParser("provider", new DubboBeanDefinitionParser(ProviderConfig.class, true));
        registerBeanDefinitionParser("consumer", new DubboBeanDefinitionParser(ConsumerConfig.class, true));
        registerBeanDefinitionParser("protocol", new DubboBeanDefinitionParser(ProtocolConfig.class, true));
        registerBeanDefinitionParser("service", new DubboBeanDefinitionParser(ServiceBean.class, true));
```

```
        registerBeanDefinitionParser("reference", new
DubboBeanDefinitionParser(ReferenceBean.class, false));
        registerBeanDefinitionParser("annotation", new
AnnotationBeanDefinitionParser());
    }

}
```

DubboNamespaceHandler 主要把不同的标签关联到解析实现类中。registerBeanDefinitionParser 方法约定了在 Dubbo 框架中遇到标签 application、module 和 registry 等都会委托给 DubboBeanDefinitionParser 处理。需要注意的是，在新版本中重写了注解实现，主要解决了以前实现的很多缺陷（比如无法处理 AOP 等），相关重写注解的逻辑会在后面讲解。

接下来我们进入 DubboBeanDefinitionParser 实现，因为解析逻辑比较长，为了更清晰地表达实现原理，下面分段拆解，如代码清单 5-4 所示。

代码清单 5-4　Dubbo 配置解析

```
private static BeanDefinition parse(Element element, ParserContext parserContext,
Class<?> beanClass, boolean required) {
    RootBeanDefinition beanDefinition = new RootBeanDefinition();   ① 生成 Spring
    beanDefinition.setBeanClass(beanClass);                            的 Bean 定义，指
    beanDefinition.setLazyInit(false);                                 定 beanClass 交
    String id = element.getAttribute("id");                            给 Spring 反射
                        ② 确保 Spring 容器没有重复的 Bean 定义              创建实例
    if ((id == null || id.length() == 0) && required) {
                        ③ 依次尝试获取 XML 配置标签 name 和 interface 作为 Bean 唯一 id
        String generatedBeanName = element.getAttribute("name");
        if (generatedBeanName == null || generatedBeanName.length() == 0) {
            if (ProtocolConfig.class.equals(beanClass)) {   ④ 如果协议标签没有指定
                generatedBeanName = "dubbo";                 name，则默认用 Dubbo
            } else {
                generatedBeanName = element.getAttribute("interface");
            }
        }
        if (generatedBeanName == null || generatedBeanName.length() == 0) {
            generatedBeanName = beanClass.getName();
        }
        id = generatedBeanName;
```

```
            int counter = 2;                       ⑤ 检查重复 Bean，如果有则生成唯一 id
            while (parserContext.getRegistry().containsBeanDefinition(id)) {
                id = generatedBeanName + (counter++);
            }
        }
    }
    if (id != null && id.length() > 0) {
        if (parserContext.getRegistry().containsBeanDefinition(id)) {
            throw new IllegalStateException("Duplicate spring bean id " + id);
        }              ⑥ 每次解析会向 Spring 注册新的 BeanDefinition，后续会追加属性
        parserContext.getRegistry().registerBeanDefinition(id, beanDefinition);
        beanDefinition.getPropertyValues().addPropertyValue("id", id);
    }
    ...
}
```

前面的逻辑主要负责把标签解析成对应的 Bean 定义并注册到 Spring 上下文中，同时保证了 Spring 容器中相同 id 的 Bean 不会被覆盖。

接下来分析具体的标签是如何解析的，我们依次分析<dubbo:service>、<dubbo:provider>和<dubbo:consumer>标签，如代码清单 5-5 所示。

代码清单 5-5　service 标签解析

```
...                                              ① 如果<dubbo:service>配
} else if (ServiceBean.class.equals(beanClass)) {   置了 class 属性，那么为具体
    String className = element.getAttribute("class");  class 配置的类注册 Bean，并
    if (className != null && className.length() > 0) {  注入 ref 属性
        RootBeanDefinition classDefinition = new RootBeanDefinition();
        classDefinition.setBeanClass(ReflectUtils.forName(className));
        classDefinition.setLazyInit(false);
        parseProperties(element.getChildNodes(), classDefinition);
        beanDefinition.getPropertyValues().addPropertyValue("ref", new
BeanDefinitionHolder(classDefinition, id + "Impl"));
    }
} else if (ProviderConfig.class.equals(beanClass)) {
    parseNested(element, parserContext, ServiceBean.class, true, "service", "provider",
id, beanDefinition);
} else if (ConsumerConfig.class.equals(beanClass)) {
    parseNested(element, parserContext, ReferenceBean.class, false, "reference",
```

```
"consumer", id, beanDefinition);
}
...
```

通过对 ServiceBean 的解析我们可以看到只是特殊处理了 class 属性取值，并且在解析过程中调用了 parseProperties 方法，这个方法主要解析<dubbo:service>标签中的 name、class 和 ref 等属性。parseProperties 方法会把 key-value 键值对提取出来放到 BeanDefinition 中，运行时 Spring 会自动处理注入值，因此 ServiceBean 就会包含用户配置的属性值了。

其中<dubbo:provider>和<dubbo:consumer>标签复用了解析代码（parseNested），主要逻辑是处理内部嵌套的标签，比如<dubbo:provider>内部可能嵌套了<dubbo:service>，如果使用了嵌套标签，则内部的标签对象会自动持有外层标签的对象，例如<dubbo:provider>内部定义了<dubbo:service>，解析内部的 service 并生成 Bean 的时候，会把外层 provider 实例对象注入 service，这种设计方式允许内部标签直接获取外部标签属性。

前面逻辑处理了嵌套标签的场景，当前标签的 attribute 是如何提取的呢？主要分为两种场景：

- 查找配置对象的 get、set 和 is 前缀方法，如果标签属性名和方法名称相同，则通过反射调用存储标签对应值。
- 如果没有和 get、set 和 is 前缀方法匹配，则当作 parameters 参数存储，parameters 是一个 Map 对象。

以上两种场景的值最终都会存储到 Dubbo 框架的 URL 中，唯一区别就是 get、set 和 is 前缀方法当作普通属性存储，parameters 是用 Map 字段存储的，标签属性值解析如代码清单 5-6 所示。

代码清单 5-6　标签属性值解析

```
// DubboBeanDefinitionParser#parse(Element, ParserContext, java.lang.Class<?>, boolean)
...
Set<String> props = new HashSet<String>();
ManagedMap parameters = null;
for (Method setter : beanClass.getMethods()) {    ← ① 获取具体配置对象所有方法，比如 ProviderConfig 类
    String name = setter.getName();
    if (name.length() > 3 && name.startsWith("set")    ← ② 查找所有 set 前缀方法，并且只有一个参数的 public 方法
            && Modifier.isPublic(setter.getModifiers())
            && setter.getParameterTypes().length == 1) {
        Class<?> type = setter.getParameterTypes()[0];
```

第 5 章　Dubbo 启停原理解析 | 89

```java
        String property = StringUtils.camelToSplitName(name.substring(3,
4).toLowerCase() + name.substring(4), "-");   ◁── ③ 提取 set 对应的属性名字，比如
        props.add(property);                         setTimeout，会得到 timeout
        Method getter = null;
        try {
            getter = beanClass.getMethod("get" + name.substring(3), new Class<?>[0]);
        } catch (NoSuchMethodException e) {
            try {
                getter = beanClass.getMethod("is" + name.substring(3), new
Class<?>[0]);
            } catch (NoSuchMethodException e2) {
            }
        }                        ◁── ④ 校验是否有对应属性 get 或 is 前缀方法，没有就跳过
        if (getter == null
                || !Modifier.isPublic(getter.getModifiers())
                || !type.equals(getter.getReturnType())) {
            continue;
        }
        {                                           ⑤ 直接获取标签属性值
            String value = element.getAttribute(property);  ◁──
            if (value != null) {
                value = value.trim();
                if (value.length() > 0) {
                    {
                        Object reference;
                        if (isPrimitive(type)) {
                            if ("async".equals(property) && "false".equals(value)
                                    || "timeout".equals(property) && "0".equals(value)
                                    || "delay".equals(property) && "0".equals(value)
                                    || "version".equals(property) &&
"0.0.0".equals(value)
                                    || "stat".equals(property) && "-1".equals(value)
                                    || "reliable".equals(property) &&
"false".equals(value)) {
                                // backward compatibility for the default value in old
version's xsd
                                value = null;
                            }
```

```
                        reference = value;
                    }
                    beanDefinition.getPropertyValues().addPropertyValue(property,
reference);       ←── ⑥ 把匹配到的属性注入 Spring 的 Bean
                }
            }
        }
    }
}
NamedNodeMap attributes = element.getAttributes();   ←── ⑦ 剩余不匹配的 attribute 当作
int len = attributes.getLength();                         parameters 注入 Bean
for (int i = 0; i < len; i++) {                           props 中保存了所有正确解析的属
    Node node = attributes.item(i);                       性,!props.contains(name)排除
    String name = node.getLocalName();                    已经解析的值
    if (!props.contains(name)) {
        if (parameters == null) {
            parameters = new ManagedMap();
        }
        String value = node.getNodeValue();
        parameters.put(name, new TypedStringValue(value, String.class));
    }
}
if (parameters != null) {
    beanDefinition.getPropertyValues().addPropertyValue("parameters", parameters);
}
return beanDefinition;
```

这里给出了核心属性值解析的注释代码,省略了特殊属性解析。本质上都是把属性注入 Spring 框架的 BeanDefinition。如果属性是引用对象,则 Dubbo 默认会创建 RuntimeBeanReference 类型注入,运行时由 Spring 注入引用对象。通过对属性解析的理解,其实 Dubbo 只做了属性提取的事情,运行时属性注入和转换都是 Spring 处理的,感兴趣的读者可以了解 Spring 是如何做数据初始化和转换的(参见 Spring 类 BeanWrapperImpl)。

Dubbo 框架生成的 BeanDefinition 最终还是会委托 Spring 创建对应的 Java 对象,dubbo.xsd 中定义的类型都会有与之对应的 POJO,Dubbo 承载对象和继承关系如图 5-2 所示。

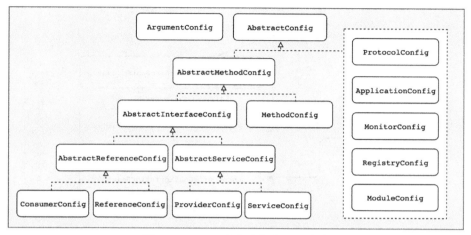

图 5-2　Dubbo 承载对象和继承关系

5.1.3　基于注解配置原理解析

重启开源后，Dubbo 的注解已经完全重写了，因为原来注解是基于 `AnnotationBean` 实现的，主要存在以下几个问题：

- 注解支持不充分，需要 XML 配置`<dubbo:annotation>`；
- `@ServiceBean` 不支持 Spring AOP；
- `@Reference` 不支持字段继承性。

在原来实现思路的基础上无法解决历史遗留问题，但采用另外一种思路实现可以很好地修复并改进遗留问题。

详细原因和分析可以参考以下文章：

（1）`https://github.com/mercyblitz/mercyblitz.github.io/blob/master/java/dubbo/Dubbo-Annotation-Driven.md`。

（2）`https://zonghaishang.github.io/2018/10/01/Spring` 杂谈-循环依赖导致 Dubbo 服务无法被正确代理/。

在开始探讨注解解析机制实现之前，通过图 5-3 可以看到注解用到的核心组件。

注解处理逻辑主要包含 3 部分内容，第一部分是如果用户使用了配置文件，则框架按需生成对应 Bean，第二部分是要将所有使用 Dubbo 的注解`@Service` 的 class 提升为 Bean，第三部分要为使用`@Reference` 注解的字段或方法注入代理对象。我们先看一下`@EnableDubbo` 注解，如代码清单 5-7 所示。

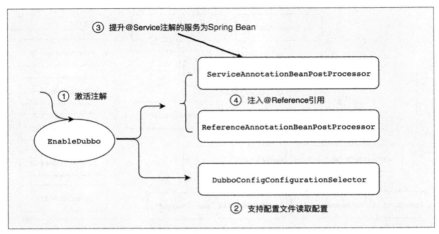

图 5-3 注解处理机制

代码清单 5-7 注解 EnableDubbo

```
...
@EnableDubboConfig
@DubboComponentScan
public @interface EnableDubbo {
    ...
}

@Import(DubboConfigConfigurationSelector.class)   ← EnableDubboConfig 注解
public @interface EnableDubboConfig {
    ...
}

@Import(DubboComponentScanRegistrar.class)   ← DubboComponentScan 注解
public @interface DubboComponentScan {
    ...
}
```

当 Spring 容器启动的时候，如果注解上面使用@Import，则会触发其注解方法 selectImports，比如 EnableDubboConfig 注解中指定的 DubboConfigConfigurationSelector.class，会自动触发 DubboConfigConfigurationSelector#selectImports 方法。如果业务方配置了 Spring 的 @PropertySource 或 XML 等价的配置（比如配置了框架 dubbo.registry.address 和 dubbo.application 等属性），则 Dubbo 框架会在 DubboConfigConfigurationSelector#selectImports

中自动生成相应的配置承载对象，比如 `ApplicationConfig` 等。细心的读者可能发现 `DubboConfigConfiguration` 里面标注了`@EnableDubboConfigBindings`，`@EnableDubboConfigBindings` 同样指定了`@Import(DubboConfigBindingsRegistrar.class)`。因为`@EnableDubboConfigBindings` 允许指定多个`@EnableDubboConfigBinding`注解，Dubbo 会根据用户配置属性自动填充这些承载的对象，如代码清单 5-8 所示。

代码清单 5-8　Dubbo 解析注解属性

```java
public class DubboConfigBindingsRegistrar implements ImportBeanDefinitionRegistrar,
EnvironmentAware {

    private ConfigurableEnvironment environment;

    @Override
    public void registerBeanDefinitions(AnnotationMetadata importingClassMetadata,
BeanDefinitionRegistry registry) {

        AnnotationAttributes attributes = AnnotationAttributes.fromMap(
                importingClassMetadata.getAnnotationAttributes
(EnableDubboConfigBindings.class.getName()));

        AnnotationAttributes[] annotationAttributes =
attributes.getAnnotationArray("value");         // ① 获取 EnableDubboConfigBindings 注解所有值

        DubboConfigBindingRegistrar registrar = new DubboConfigBindingRegistrar();
        registrar.setEnvironment(environment);

        for (AnnotationAttributes element : annotationAttributes) {

            registrar.registerBeanDefinitions(element, registry);
                                                // ② 将每个 EnableDubboConfigBinding 注解包含的 Bean 注册到 Spring 容器
        }
    }
}
```

可以发现处理用户指定配置代码的逻辑比较简单，在 `DubboConfigBindingRegistrar` 实现中做了下面几件事情：

（1）如果用户配置了属性，比如 `dubbo.application.name`，则会自动创建对应 Spring Bean

到容器。

（2）注册和配置对象 Bean 属性绑定处理器 DubboConfigBindingBeanPostProcessor，委托 Spring 做属性值绑定。

接下来我们看一下是如何对服务提供者通过注解@Service 进行暴露的，注解扫描也委托给 Spring，本质上使用 asm 库进行字节码扫描注解元数据，感兴趣的读者可以参考 Spring 源代码 SimpleMetadataReader。当用户使用注解@DubboComponentScan 时，会激活 DubboComponentScan-Registrar，同时生成 ServiceAnnotationBeanPostProcessor 和 ReferenceAnnotationBeanPostProcessor 两种处理器，通过名称很容易知道分别是处理服务注解和消费注解。我们首先分析服务注解逻辑，因为 ServiceAnnotationBeanPostProcessor 处理器实现了 BeanDefinitionRegistryPostProcessor 接口，Spring 容器中所有 Bean 注册之后回调 postProcessBeanDefinitionRegistry 方法开始扫描@Service 注解并注入容器，如代码清单 5-9 所示。

代码清单 5-9　服务注解扫描和注册

```java
public class ServiceAnnotationBeanPostProcessor implements
BeanDefinitionRegistryPostProcessor, EnvironmentAware,
        ResourceLoaderAware, BeanClassLoaderAware {

    @Override
    public void postProcessBeanDefinitionRegistry(BeanDefinitionRegistry registry)
throws BeansException {                                    ① 获取用户注解配置的包扫描

        Set<String> resolvedPackagesToScan = resolvePackagesToScan(packagesToScan);
        if (!CollectionUtils.isEmpty(resolvedPackagesToScan)) {
            registerServiceBeans(resolvedPackagesToScan, registry);
        }                                                 ② 触发 ServiceBean 定义和注入
    }

    private void registerServiceBeans(Set<String> packagesToScan,
BeanDefinitionRegistry registry) {

        DubboClassPathBeanDefinitionScanner scanner =
                new DubboClassPathBeanDefinitionScanner(registry, environment,
resourceLoader);

        BeanNameGenerator beanNameGenerator = resolveBeanNameGenerator(registry);
        scanner.setBeanNameGenerator(beanNameGenerator);
```

```java
    scanner.addIncludeFilter(new AnnotationTypeFilter(Service.class));
                    ③ 指定扫描 dubbo 的注解@Service，不会扫描 Spring 的 Service 注解
    for (String packageToScan : packagesToScan) {
        scanner.scan(packageToScan);    ④ 将@Servcie 作为不同 Bean 注入容器
        Set<BeanDefinitionHolder> beanDefinitionHolders =
                findServiceBeanDefinitionHolders(scanner, packageToScan, registry,
beanNameGenerator);   ⑤ 对扫描的服务创建 BeanDefinitionHolder，用于生成
                         ServiceBean 定义
        if (!CollectionUtils.isEmpty(beanDefinitionHolders)) {
            for (BeanDefinitionHolder beanDefinitionHolder : beanDefinitionHolders) {
                registerServiceBean(beanDefinitionHolder, registry, scanner);
            }              ⑥ 注册 ServiceBean 定义并做数据绑定和解析
        }
    }
}
```

①：Dubbo 框架首先会提取用户配置的扫描包名称，因为包名可能使用${...}占位符，因此框架会调用 Spring 的占位符解析做进一步解码。②：开始真正的注解扫描，委托 Spring 对所有符合包名的.class 文件做字节码分析，最终通过③配置扫描@Service 注解作为过滤条件。在④中将@Service 标注的服务提升为不同的 Bean，这里并没有设置 beanClass。在⑤中主要根据注册的普通 Bean 生成 ServiceBean 的占位符，用于后面的属性注入逻辑。在⑥中会提取普通 Bean 上标注的 Service 注解生成新的 RootBeanDefinition，用于 Spring 启动后的服务暴露，具体服务暴露的逻辑会在后面详细解析。

在实际使用过程中，我们会在@Service 注解的服务中注入@Reference 注解，这样就可以很方便地发起远程服务调用，Dubbo 中做属性注入是通过 ReferenceAnnotationBeanPost-Processor 处理的，主要做以下几种事情（参考代码清单 5-10 处理引用注解）：

（1）获取类中标注的@Reference 注解的字段和方法。

（2）反射设置字段或方法对应的引用。

代码清单 5-10 消费注解注入

```java
public class ReferenceAnnotationBeanPostProcessor extends
InstantiationAwareBeanPostProcessorAdapter
        implements MergedBeanDefinitionPostProcessor, PriorityOrdered,
ApplicationContextAware, BeanClassLoaderAware,
```

```java
        DisposableBean {

    @Override
    public PropertyValues postProcessPropertyValues(
            PropertyValues pvs, PropertyDescriptor[] pds, Object bean, String beanName)
throws BeanCreationException {

        InjectionMetadata metadata = findReferenceMetadata(beanName, bean.getClass(),
pvs);          <── ① 查找 Bean 所有标注了@Reference 的字段和方法
        try {
            metadata.inject(bean, beanName, pvs);   <── ② 对字段、方法进行反射绑定
        } catch (BeanCreationException ex) {
            throw ex;
        } catch (Throwable ex) {
            throw new BeanCreationException(beanName, "Injection of @Reference
dependencies failed", ex);
        }
        return pvs;
    }

    private List<ReferenceFieldElement> findFieldReferenceMetadata(final Class<?>
beanClass) {
        final List<ReferenceFieldElement> elements = new
LinkedList<ReferenceFieldElement>();
        ReflectionUtils.doWithFields(beanClass, new ReflectionUtils.FieldCallback() {
            public void doWith(Field field) throws IllegalArgumentException,
IllegalAccessException {    <── ③ 遍历服务类所有的字段，查找 Reference 注解标注
                Reference reference = getAnnotation(field, Reference.class);
                if (reference != null) {
                    elements.add(new ReferenceFieldElement(field, reference));
                }
            }
        });
        return elements;
    }
```

因为处理器 ReferenceAnnotationBeanPostProcessor 实现了 InstantiationAwareBeanPostProcessor 接口，所以在 Spring 的 Bean 中初始化前会触发 postProcessPropertyValues 方法，该方法允许

我们做进一步处理，比如增加属性和属性值修改等。在①中主要利用这个扩展点查找服务引用的字段或方法。在②中触发字段或反射方法值的注入，字段处理会调用 `findFieldReferenceMetadata` 方法，在③中会遍历类所有字段，因为篇幅的原因，方法级别注入最终会调用 `findMethodReferenceMetadata` 方法处理上面的注解。在②中会触发字段或方法 `inject` 方法，使用泛化调用的开发人员可能用过 `ReferenceConfig` 创建引用对象，这里做注入用的是 `ReferenceBean` 类，它同样继承自 `ReferenceConfig`，在此基础上增加了 `Spring` 初始化等生命周期方法，比如触发 `afterPropertiesSet` 从容器中获取一些配置（`protocol`）等，当设置字段值的时候仅调用 `referenceBean.getObject()` 获取远程代理即可，具体服务消费会在 5.3 节讲解。

5.2 服务暴露的实现原理

前面主要探讨了 Dubbo 中 schema、XML 和注解相关原理，这些内容对理解框架整体至关重要，在此基础上我们继续探讨服务是如何依靠前面的配置进行服务暴露的。

5.2.1 配置承载初始化

不管在服务暴露还是服务消费场景下，Dubbo 框架都会根据优先级对配置信息做聚合处理，目前默认覆盖策略主要遵循以下几点规则：

（1）-D 传递给 JVM 参数优先级最高，比如 -Ddubbo.protocol.port=20880。

（2）代码或 XML 配置优先级次高，比如 Spring 中 XML 文件指定 `<dubbo:protocol port="20880"/>`。

（3）配置文件优先级最低，比如 dubbo.properties 文件指定 dubbo.protocol.port=20880。

一般推荐使用 dubbo.properties 作为默认值，只有 XML 没有配置时，dubbo.properties 配置项才会生效，通常用于共享公共配置，比如应用名等。

Dubbo 的配置也会受到 `provider` 的影响，这个属于运行期属性值影响，同样遵循以下几点规则：

（1）如果只有 `provider` 端指定配置，则会自动透传到客户端（比如 timeout）。

（2）如果客户端也配置了相应属性，则服务端配置会被覆盖（比如 timeout）。

运行时属性随着框架特性可以动态添加，因此覆盖策略中包含的属性没办法全部列出来，一般不允许透传的属性都会在 `ClusterUtils#mergeUrl` 中进行特殊处理。

5.2.2 远程服务的暴露机制

在详细探讨服务暴露细节之前，我们先看一下整体 RPC 的暴露原理，如图 5-4 所示。

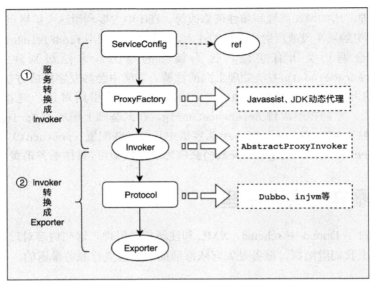

图 5-4 服务暴露整体机制

在整体上看,Dubbo 框架做服务暴露分为两大部分,第一步将持有的服务实例通过代理转换成 Invoker,第二步会把 Invoker 通过具体的协议(比如 Dubbo)转换成 Exporter,框架做了这层抽象也大大方便了功能扩展。这里的 Invoker 可以简单理解成一个真实的服务对象实例,是 Dubbo 框架实体域,所有模型都会向它靠拢,可向它发起 invoke 调用。它可能是一个本地的实现,也可能是一个远程的实现,还可能是一个集群实现。

接下来我们深入探讨内部框架处理的细节,框架真正进行服务暴露的入口点在 `ServiceConfig#doExport` 中,无论 XML 还是注解,都会转换成 `ServiceBean`,它继承自 `ServiceConfig`,在服务暴露前会按照 5.2.1 节的覆盖策略生效,主要处理思路就是遍历服务的所有方法,如果没有值则尝试从 -D 选项中读取,如果还没有则自动从配置文件 `dubbo.properties` 中读取。

Dubbo 支持多注册中心同时写,如果配置了服务同时注册多个注册中心,则会在 `ServiceConfig#doExportUrls` 中依次暴露,如代码清单 5-11 所示。

代码清单 5-11 多协议多注册中心暴露

```java
private void doExportUrls() {
    List<URL> registryURLs = loadRegistries(true);   // ① 获取当前服务对应的注册中心实例
    for (ProtocolConfig protocolConfig : protocols) {
        doExportUrlsFor1Protocol(protocolConfig, registryURLs);   // ② 如果服务指定暴露多个协议(Dubbo、REST),则依次暴露服务
    }
}
```

Dubbo 也支持相同服务暴露多个协议，比如同时暴露 Dubbo 和 REST 协议，框架内部会依次对使用的协议都做一次服务暴露，每个协议注册元数据都会写入多个注册中心。在①中会自动获取用户配置的注册中心，如果没有显示指定服务注册中心，则默认会用全局配置的注册中心。在②中处理多协议服务暴露的场景，真实服务暴露逻辑是在 doExportUrlsFor1Protocol 方法中实现的，如代码清单 5-12 所示。

代码清单 5-12　服务暴露

```java
private void doExportUrlsFor1Protocol(ProtocolConfig protocolConfig, List<URL> registryURLs) {
    String name = protocolConfig.getName();
    if (name == null || name.length() == 0) {
        name = "dubbo";
    }
    ...
    appendParameters(map, application);        // ① 读取其他配置信息到 map，用于后续构造 URL
    appendParameters(map, module);
    appendParameters(map, provider, Constants.DEFAULT_KEY);  // ② 读取全局配置信息，会自动添加前缀
    appendParameters(map, protocolConfig);
    appendParameters(map, this);

    URL url = new URL(name, host, port, path, map);
    String scope = url.getParameter(Constants.SCOPE_KEY);
    // don't export when none is configured
    if (!Constants.SCOPE_NONE.equalsIgnoreCase(scope)) {
        if (!Constants.SCOPE_REMOTE.equalsIgnoreCase(scope)) {
            exportLocal(url);        // ③ 本地服务暴露
        }
        if (!Constants.SCOPE_LOCAL.equalsIgnoreCase(scope)) {
            if (registryURLs != null && registryURLs.size() > 0) {
                for (URL registryURL : registryURLs) {
                    url = url.addParameterIfAbsent("dynamic", registryURL.getParameter("dynamic"));
                    URL monitorUrl = loadMonitor(registryURL);
                    if (monitorUrl != null) {
                        url = url.addParameterAndEncoded(Constants.MONITOR_KEY, monitorUrl.toFullString());  // ④ 如果配置了监控地址，则服务调用信息会上报
```

```
            }
            Invoker<?> invoker = proxyFactory.getInvoker(ref, (Class) 
interfaceClass, registryURL.addParameterAndEncoded(Constants.EXPORT_KEY, 
url.toFullString()));     ◁──── ⑤ 通过动态代理转换成 Invoker，registryURL 存储的是注册中心地
                                   址，使用 export 作为 key 追加服务元数据信息
            DelegateProviderMetaDataInvoker wrapperInvoker = new 
DelegateProviderMetaDataInvoker(invoker, this);
            Exporter<?> exporter = protocol.export(wrapperInvoker);    ◁────
            exporters.add(exporter);           ⑥ 服务暴露后向注册中心注册服务信息
        }
    } else {
        Invoker<?> invoker = proxyFactory.getInvoker(ref, (Class) 
interfaceClass, url);
        DelegateProviderMetaDataInvoker wrapperInvoker = new 
DelegateProviderMetaDataInvoker(invoker, this);
        Exporter<?> exporter = protocol.export(wrapperInvoker);    ◁────
        exporters.add(exporter);             ⑦ 处理没有注册中心场景，直接暴露服务
    }
}
this.urls.add(url);
}
```

在 doExportUrlsFor1Protocol 中进行暴露的代码有所删减，主要突出服务暴露重点，剔除不太重要细节。在①中主要通过反射获取配置对象并放到 map 中用于后续构造 URL 参数（比如应用名等）。在②中主要区分全局配置，默认在属性前面增加 default. 前缀，当框架获取 URL 中的参数时，如果不存在则会自动尝试获取 default. 前缀对应的值。在③中主要处理本地内存 JVM 协议暴露，会在 5.2.3 节中探讨。在④中主要追加监控上报地址，框架会在拦截器中执行数据上报，这部分是可选的。在⑤中会通过动态代理的方式创建 Invoker 对象，在服务端生成的是 AbstractProxyInvoker 实例，所有真实的方法调用都会委托给代理，然后代理转发给服务 ref 调用。目前框架实现两种代理：JavassistProxyFactory 和 JdkProxyFactory。JavassistProxyFactory 模式原理：创建 Wrapper 子类，在子类中实现 invokeMethod 方法，方法体内会为每个 ref 方法都做方法名和方法参数匹配校验，如果匹配则直接调用即可，相比 JdkProxyFactory 省去了反射调用的开销。JdkProxyFactory 模式是我们常见的用法，通过反射获取真实对象的方法，然后调用即可。在⑥中主要先触发服务暴露（端口打开等），然后进行服务元数据注册。在⑦中主要处理没有使用注册中心的场景，直接进行服务暴露，不需要元数据

注册，因为这里暴露的 URL 信息是以具体 RPC 协议开头的，并不是以注册中心协议开头的。

为了更容易地理解服务暴露与注册中心的关系，以下列表项分别展示有注册中心和无注册中心的 URL：

- registry://host:port/com.alibaba.dubbo.registry.RegistryService?protocol=zookeeper&export=dubbo://ip:port/xxx?...。
- dubbo://ip:host/xxx.Service?timeout=1000&...。

protocol 实例会自动根据服务暴露 URL 自动做适配，有注册中心场景会取出具体协议，比如 ZooKeeper，首先会创建注册中心实例，然后取出 export 对应的具体服务 URL，最后用服务 URL 对应的协议（默认为 Dubbo）进行服务暴露，当服务暴露成功后把服务数据注册到 ZooKeeper。如果没有注册中心，则在⑦中会自动判断 URL 对应的协议（Dubbo）并直接暴露服务，从而没有经过注册中心。

在将服务实例 ref 转换成 Invoker 之后，如果有注册中心时，则会通过 RegistryProtocol#export 进行更细粒度的控制，比如先进行服务暴露再注册服务元数据。注册中心在做服务暴露时依次做了以下几件事情（逻辑如代码清单 5-13 所示）。

（1）委托具体协议（Dubbo）进行服务暴露，创建 NettyServer 监听端口和保存服务实例。
（2）创建注册中心对象，与注册中心创建 TCP 连接。
（3）注册服务元数据到注册中心。
（4）订阅 configurators 节点，监听服务动态属性变更事件。
（5）服务销毁收尾工作，比如关闭端口、反注册服务信息等。

代码清单 5-13　注册中心控制服务暴露

```
public <T> Exporter<T> export(final Invoker<T> originInvoker) throws RpcException {
    final ExporterChangeableWrapper<T> exporter = doLocalExport(originInvoker);  ←──
                                                                ① 打开端口，把服务实例存储到 map
    URL registryUrl = getRegistryUrl(originInvoker);
    final Registry registry = getRegistry(originInvoker);  ←── ② 创建注册中心实例
    final URL registedProviderUrl = getRegistedProviderUrl(originInvoker);

    boolean register = registedProviderUrl.getParameter("register", true);
    ProviderConsumerRegTable.registerProvider(originInvoker, registryUrl,
registedProviderUrl);

    if (register) {
        register(registryUrl, registedProviderUrl);  ←──③ 服务暴露之后,注册服务元数据
```

```
        ProviderConsumerRegTable.getProviderWrapper(originInvoker).setReg(true);
    }

    final URL overrideSubscribeUrl = getSubscribedOverrideUrl(registedProviderUrl);
    final OverrideListener overrideSubscribeListener = new
OverrideListener(overrideSubscribeUrl, originInvoker);
    overrideListeners.put(overrideSubscribeUrl, overrideSubscribeListener);
    registry.subscribe(overrideSubscribeUrl, overrideSubscribeListener);
    //Ensure that a new exporter instance is returned every time export
    return new Exporter<T>() {
        public Invoker<T> getInvoker() {
            return exporter.getInvoker();
        }

        public void unexport() {
            try {
                exporter.unexport();
            } catch (Throwable t) {
                logger.warn(t.getMessage(), t);
            }
            try {
                registry.unregister(registedProviderUrl);
            } catch (Throwable t) {
                logger.warn(t.getMessage(), t);
            }
            try {
                overrideListeners.remove(overrideSubscribeUrl);
                registry.unsubscribe(overrideSubscribeUrl,
overrideSubscribeListener);
            } catch (Throwable t) {
                logger.warn(t.getMessage(), t);
            }
        }
    };
}
```

④ 监听服务接口下 configurators 节点，用于处理动态配置

⑤ Invoker 销毁时注销端口和 map 中服务实例等资源

⑥ 移除已注册的元数据

⑦ 去掉订阅配置监听器

通过代码清单 5-13 可以清楚地看到服务暴露的各个流程，当服务真实调用时会触发各种拦截器 Filter，这个是在哪里初始化的呢？在①中进行服务暴露前，框架会做拦截器初始化，Dubbo

在加载 protocol 扩展点时会自动注入 ProtocolListenerWrapper 和 ProtocolFilterWrapper。真实暴露时会按照图 5-5 所示的流程执行。

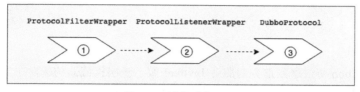

图 5-5　拦截器初始化

在 ProtocolListenerWrapper 实现中，在对服务提供者进行暴露时回调对应的监听器方法。ProtocolFilterWrapper 会调用下一级 ListenerExporterWrapper#export 方法，在该方法内部会触发 buildInvokerChain 进行拦截器构造，如代码清单 5-14 所示。

代码清单 5-14　拦截器构造

```
public <T> Exporter<T> export(Invoker<T> invoker) throws RpcException {
    if (Constants.REGISTRY_PROTOCOL.equals(invoker.getUrl().getProtocol())) {
        return protocol.export(invoker);
    }
    return protocol.export(buildInvokerChain(invoker, Constants.SERVICE_FILTER_KEY,
Constants.PROVIDER));    ← ① 先构造拦截器链(会过滤 provider 端分组)，然
}                              后触发 Dubbo 协议暴露

private static <T> Invoker<T> buildInvokerChain(final Invoker<T> invoker, String key,
String group) {
    Invoker<T> last = invoker;

    List<Filter> filters = ExtensionLoader.getExtensionLoader(Filter.class).
getActivateExtension(invoker.getUrl(), key, group);
    if (filters.size() > 0) {
        for (int i = filters.size() - 1; i >= 0; i--) {
            final Filter filter = filters.get(i);         ② 会把真实的 Invoker ( 服务对
            final Invoker<T> next = last;              ←    象 ref ) 放到拦截器的末尾
            last = new Invoker<T>() {   ← ③ 为每个 filter 生成一个 exporter，
                ...                        依次串起来
                public Result invoke(Invocation invocation) throws RpcException {
                    return filter.invoke(next, invocation);   ← ④ 每次调用都会传递给
                }                                                下一个拦截器
                ...
```

```
            };
        }
    }
    return last;
}
```

①：在触发 Dubbo 协议暴露前先对服务 Invoker 做了一层拦截器构建，在加载所有拦截器时会过滤只对 provider 生效的数据。②：首先获取真实服务 ref 对应的 Invoker 并挂载到整个拦截器链尾部，然后逐层包裹其他拦截器，这样保证了真实服务调用是最后触发的。③：逐层转发拦截器服务调用，是否调用下一个拦截器由具体拦截器实现。

在构造调用拦截器之后会调用 Dubbo 协议进行服务暴露，请参考 DubboProtocol#export （如代码清单 5-15 所示）实现。

代码清单 5-15　Dubbo 协议暴露

```
public <T> Exporter<T> export(Invoker<T> invoker) throws RpcException {
    URL url = invoker.getUrl();
                                          ① 根据服务分组、版本、
                                             接口和端口构造 key
    String key = serviceKey(url);
    DubboExporter<T> exporter = new DubboExporter<T>(invoker, key, exporterMap);
    exporterMap.put(key, exporter);
                                       ② 把 exporter 存储到单例
    ...                                    DubboProtocol 中

    openServer(url);    ← ③ 服务初次暴露会创建监听服务器
    optimizeSerialization(url);
    return exporter;
}

private ExchangeServer createServer(URL url) {
    ...
    ExchangeServer server;
                                            ④ 创建 NettyServer 并且
    try {                                      初始化 Handler
        server = Exchangers.bind(url, requestHandler);
    } catch (RemotingException e) {
        throw new RpcException("Fail to start server(url: " + url + ") " + e.getMessage(), e);
    }
    ...
    return server;
}
```

①和②：中主要根据服务分组、版本、服务接口和暴露端口作为key用于关联具体服务Invoker。③：对服务暴露做校验判断，因为同一个协议暴露有很多接口，只有初次暴露的接口才需要打开端口监听，然后在④中触发 HeaderExchanger 中的绑定方法，最后会调用底层 NettyServer 进行处理。在初始化 Server 过程中会初始化很多 Handler 用于支持一些特性，比如心跳、业务线程池处理编解码的 Handler 和响应方法调用的 Handler，关于 Handler 的特性和细节会在第 6 章详解，本章主要聚焦在服务暴露相关的主线上。

5.2.3　本地服务的暴露机制

5.2.2 节主要讲解了服务远程暴露的主流程，很多使用 Dubbo 框架的应用可能存在同一个 JVM 暴露了远程服务，同时同一个 JVM 内部又引用了自身服务的情况，Dubbo 默认会把远程服务用 injvm 协议再暴露一份，这样消费方直接消费同一个 JVM 内部的服务，避免了跨网络进行远程通信。感兴趣的读者可以浏览前面代码清单 5-12 中③标记的本地服务暴露。我们再看一下本地服务暴露细节 ServiceConfig#exportLocal，如代码清单 5-16 所示。

代码清单 5-16　本地服务暴露

```
private void exportLocal(URL url) {
    if (!Constants.LOCAL_PROTOCOL.equalsIgnoreCase(url.getProtocol())) {
        URL local = URL.valueOf(url.toFullString())
                .setProtocol(Constants.LOCAL_PROTOCOL)    ← ① 显式指定 injvm 协
                .setHost(LOCALHOST)                           议进行暴露
                .setPort(0);
        ServiceClassHolder.getInstance().pushServiceClass(getServiceClass(ref));
        Exporter<?> exporter = protocol.export(
                proxyFactory.getInvoker(ref, (Class) interfaceClass, local));   ← 
        exporters.add(exporter);                           ② 调用 InjvmProtocol#export
        logger.info("Export dubbo service " + interfaceClass.getName() + " to local 
registry");
    }
}
```

通过 exportLocal 实现可以发现，在①中显示 Dubbo 指定用 injvm 协议暴露服务，这个协议比较特殊，不会做端口打开操作，仅仅把服务保存在内存中而已。在②中会提取 URL 中的协议，在 InjvmProtocol 类中存储服务实例信息，它的实现也是非常直截了当的，直接返回 InjvmExporter 实例对象，构造函数内部会把当前 Invoker 加入 exporterMap，如代码清单 5-17 所示。

代码清单 5-17　本地服务暴露

```
public <T> Exporter<T> export(Invoker<T> invoker) throws RpcException {
    return new InjvmExporter<T>(invoker, invoker.getUrl().getServiceKey(),
exporterMap);
}
                                                                    InjvmExporter 构造器
InjvmExporter(Invoker<T> invoker, String key, Map<String, Exporter<?>> exporterMap) {
    super(invoker);
    this.key = key;
    this.exporterMap = exporterMap;
    exporterMap.put(key, this);
}
```

5.3　服务消费的实现原理

在介绍了服务暴露原理之后，我们重点探讨服务是如何消费的。本节主要讲解如何通过注册中心进行服务发现（包括多注册中心服务消费）和绕过注册中心进行远程服务调用等细节。服务端会执行调用拦截，客户端拦截也会在本节探讨。

5.3.1　单注册中心消费原理

在详细探讨服务消费细节之前，我们先看整体 RPC 的消费原理，如图 5-6 所示。

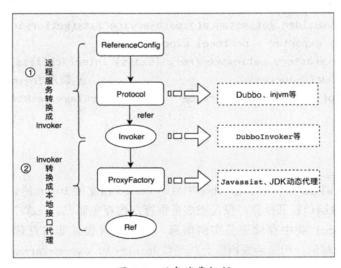

图 5-6　服务消费机制

在整体上看，Dubbo 框架做服务消费也分为两大部分，第一步通过持有远程服务实例生成 Invoker，这个 Invoker 在客户端是核心的远程代理对象。第二步会把 Invoker 通过动态代理转换成实现用户接口的动态代理引用。这里的 Invoker 承载了网络连接、服务调用和重试等功能，在客户端，它可能是一个远程的实现，也可能是一个集群实现。

接下来我们深入探讨内部框架处理的细节，框架真正进行服务引用的入口点在 ReferenceBean#getObject，不管是 XML 还是注解，都会转换成 ReferenceBean，它继承自 ReferenceConfig，在服务消费前也会按照 5.2.1 节的覆盖策略生效，主要处理思路就是遍历服务的所有方法，如果没有值则会尝试从 -D 选项中读取，如果还没有则自动从配置文件 dubbo.properties 中读取。

Dubbo 支持多注册中心同时消费，如果配置了服务同时注册多个注册中心，则会在 ReferenceConfig#createProxy 中合并成一个 Invoker，如代码清单 5-18 所示。

代码清单 5-18　多协议多注册中心暴露

```
private T createProxy(Map<String, String> map) {
    URL tmpUrl = new URL("temp", "localhost", 0, map);
    ...                                                    ① 默认检查是否是同一个 JVM 内部引用
    isJvmRefer = InjvmProtocol.getInjvmProtocol().isInjvmRefer(tmpUrl);

    if (isJvmRefer) {
        URL url = new URL(Constants.LOCAL_PROTOCOL, NetUtils.LOCALHOST, 0,
interfaceClass.getName()).addParameters(map);
        invoker = refprotocol.refer(interfaceClass, url);  ② 直接使用 injvm 协议
                                                              从内存中获取实例
    } else {
        List<URL> us = loadRegistries(false);
        if (us != null && !us.isEmpty()) {
            for (URL u : us) {
                URL monitorUrl = loadMonitor(u);
                if (monitorUrl != null) {
                    map.put(Constants.MONITOR_KEY,
URL.encode(monitorUrl.toFullString()));
                }
                urls.add(u.addParameterAndEncoded(Constants.REFER_KEY,
StringUtils.toQueryString(map)));     ③ 注册中心地址后添加 refer 存储服务
            }                                消费元数据信息
        }
        if (urls.isEmpty()) {
```

```java
            throw new IllegalStateException("No such any registry to reference " + 
interfaceName + " on the consumer " + NetUtils.getLocalHost() + " use dubbo version " 
+ Version.getVersion() + ", please config <dubbo:registry address=\"...\" /> to your 
spring config.");
        }

        if (urls.size() == 1) {                          // ④ 单注册中心消费
            invoker = refprotocol.refer(interfaceClass, urls.get(0));
        } else {
            List<Invoker<?>> invokers = new ArrayList<Invoker<?>>();
            URL registryURL = null;                      // ⑤ 逐个获取注册中心的服务，
            for (URL url : urls) {                       //    并添加到 invokers 列表
                invokers.add(refprotocol.refer(interfaceClass, url));
                if (Constants.REGISTRY_PROTOCOL.equals(url.getProtocol())) {
                    registryURL = url; // use last registry url
                }
            }
            if (registryURL != null) {                   // ⑥ 通过 Cluster 将多个 Invoker
                URL u = registryURL.addParameter(Constants.CLUSTER_KEY, //    转换成一个 Invoker
AvailableCluster.NAME);
                invoker = cluster.join(new StaticDirectory(u, invokers));
            } else { // not a registry url
                invoker = cluster.join(new StaticDirectory(invokers));
            }
        }
    }
    ...                                                  // ⑦ 把 Invoker 转换成接口代理
    return (T) proxyFactory.getProxy(invoker);
}
```

在 createProxy 实现中完成了远程代理对象的创建及代理对象的转换等工作，为了聚焦重点和方便讲解，对现有代码做了部分删减（不影响理解核心流程）。在①中会优先判断是否在同一个 JVM 中包含要消费的服务，默认场景下，Dubbo 会通过②找出内存中 injvm 协议的服务，其实 injvm 协议是比较好理解的，前面提到服务实例都放到内存 map 中，消费也是直接获取实例调用而已。③：主要在注册中心中追加消费者元数据信息，应用启动时订阅注册中心、服务提供者参数等合并时会用到这部分信息。④：处理只有一个注册中心的场景，这种场景在客户端中是最常见的，客户端启动拉取服务元数据，订阅 provider、路由和配置变更。⑤和⑥：分别处理多注册中心的场景，详细内容会在后面讲解。

当经过注册中心消费时，主要通过 RegistryProtocol#refer 触发数据拉取、订阅和服务 Invoker 转换等操作，其中最核心的数据结构是 RegistryDirectory，如代码清单 5-19 所示。

代码清单 5-19　Dubbo 通过注册中心消费

```java
public <T> Invoker<T> refer(Class<T> type, URL url) throws RpcException {
    url = url.setProtocol(url.getParameter(Constants.REGISTRY_KEY,
Constants.DEFAULT_REGISTRY))         ← ① 设置具体注册中心协议，比如 ZooKeeper
            .removeParameter(Constants.REGISTRY_KEY);
                                                        ② 创建具体注册
    Registry registry = registryFactory.getRegistry(url);   ← 中心实例
    if (RegistryService.class.equals(type)) {
        return proxyFactory.getInvoker((T) registry, type, url);
    }

    Map<String, String> qs = StringUtils.parseQueryString(url.getParameterAndDecoded
(Constants.REFER_KEY));    ← ③ 根据配置处理多分组结果聚合
    String group = qs.get(Constants.GROUP_KEY);
    if (group != null && group.length() > 0) {
        if ((Constants.COMMA_SPLIT_PATTERN.split(group)).length > 1
                || "*".equals(group)) {
            return doRefer(getMergeableCluster(), registry, type, url);
        }
    }

    return doRefer(cluster, registry, type, url);    ← ④ 处理订阅数据并通过 Cluster
}                                                         合并多个 Invoker

private <T> Invoker<T> doRefer(Cluster cluster, Registry registry, Class<T> type, URL
url) {
    RegistryDirectory<T> directory = new RegistryDirectory<T>(type, url);
    directory.setRegistry(registry);           ← ⑤ 消费核心关键，持有实际
    directory.setProtocol(protocol);              Invoker 和接收订阅通知
    // all attributes of REFER_KEY
    Map<String, String> parameters = new HashMap<String,
String>(directory.getUrl().getParameters());
    URL subscribeUrl = new URL(Constants.CONSUMER_PROTOCOL,
parameters.remove(Constants.REGISTER_IP_KEY), 0, type.getName(), parameters);
```

```
        if (!Constants.ANY_VALUE.equals(url.getServiceInterface())
                && url.getParameter(Constants.REGISTER_KEY, true)) {
            registry.register(subscribeUrl.addParameters(Constants.CATEGORY_KEY,
Constants.CONSUMERS_CATEGORY,     ← ⑥ 注册消费信息到注册中心
                Constants.CHECK_KEY, String.valueOf(false)));
        }
        directory.subscribe(subscribeUrl.addParameter(Constants.CATEGORY_KEY,
                Constants.PROVIDERS_CATEGORY    ← ⑦ 订阅服务提供者、路由和动态配置
                    + "," + Constants.CONFIGURATORS_CATEGORY
                    + "," + Constants.ROUTERS_CATEGORY));
                                              ⑧ 通过 Cluster 合并 invokers
        Invoker invoker = cluster.join(directory);  ←
        ProviderConsumerRegTable.registerConsumer(invoker, url, subscribeUrl, directory);
        return invoker;
    }
```

这段逻辑主要完成了注册中心实例的创建，元数据注册到注册中心及订阅的功能。在①中会根据用户指定的注册中心进行协议替换，具体注册中心协议会在启动时用 `registry` 存储对应值。在②中会创建注册中心实例，这里的 URL 其实是注册中心地址，真实消费方的元数据信息是放在 `refer` 属性中存储的。在③中主要提取消费方 `refer` 中保存的元数据信息，如果包含多个分组值则会把调用结果值做合并处理。在④中触发真正的服务订阅和 Invoker 转换。在⑤中 `RegistryDirectory` 实现了 `NotifyListener` 接口，服务变更会触发这个类回调 `notify` 方法，用于重新引用服务。在⑥中负责把消费方元数据信息注册到注册中心，比如消费方应用名、IP 和端口号等。在⑦中处理 provider、路由和动态配置订阅。在⑧中除了通过 Cluster 将多个服务合并，同时默认也会启用 `FailoverCluster` 策略进行服务调用重试。

具体远程 Invoker 是在哪里创建的呢？客户端调用拦截器又是在哪里构造的呢？当在⑦中第一次发起订阅时会进行一次数据拉取操作，同时触发 `RegistryDirectory#notify` 方法，这里的通知数据是某一个类别的全量数据，比如 providers 和 routers 类别数据。当通知 providers 数据时，在 `RegistryDirectory#toInvokers` 方法内完成 Invoker 转换。下面是具体细节，如代码清单 5-20 所示。

代码清单 5-20　Dubbo 服务消费服务通知

```
private Map<String, Invoker<T>> toInvokers(List<URL> urls) {
    String queryProtocols = this.queryMap.get(Constants.PROTOCOL_KEY);
    for (URL providerUrl : urls) {
        if (queryProtocols != null && queryProtocols.length() > 0) {
```

```java
        boolean accept = false;
        String[] acceptProtocols = queryProtocols.split(",");   ① 根据消费方 protocol
        for (String acceptProtocol : acceptProtocols) {          配置过滤不匹配协议
            if (providerUrl.getProtocol().equals(acceptProtocol)) {
                accept = true;
                break;
            }
        }
        if (!accept) {
            continue;
        }
    }
    ...
    URL url = mergeUrl(providerUrl);   ② 合并 provider 端配置数据，
                                          比如服务端 IP 和 port 等

    String key = url.toFullString();
    if (keys.contains(key)) { // Repeated url   ③ 忽略重复推送的服务
        continue;                                  列表
    }
    keys.add(key);
    Map<String, Invoker<T>> localUrlInvokerMap = this.urlInvokerMap;
    Invoker<T> invoker = localUrlInvokerMap == null ? null :
localUrlInvokerMap.get(key);
    if (invoker == null) { // Not in the cache, refer again
        ...
        if (enabled) {
            invoker = new InvokerDelegate<T>(protocol.refer(serviceType, url), url,
providerUrl);   ④ 使用具体协议创建远程连接
        }
        if (invoker != null) {
            newUrlInvokerMap.put(key, invoker);
        }
    }
    ...
}
keys.clear();
return newUrlInvokerMap;
}
```

Dubbo 框架允许在消费方配置只消费指定协议的服务，具体协议过滤在①中进行处理，支持消费多个协议，允许消费多个协议时，在配置 Protocol 值时用逗号分隔即可。在②中消费信息是客户端处理的，需要合并服务端相关信息，比如远程 IP 和端口等信息，通过注册中心获取这些信息，解耦了消费方强绑定配置。在③中消除重复推送的服务列表，防止重复引用。在④中使用具体的协议发起远程连接等操作。在真实远程连接建立后也会发起拦截器构建操作，可参考 5.2.2 节的图 5-4，处理机制类似，只不过处理逻辑在 `ProtocolFilterWrapper#refer` 中触发链式构造。

具体 Invoker 创建是在 `DubboProtocol#refer` 中实现的，Dubbo 协议在返回 `DubboInvoker` 对象之前会先初始化客户端连接对象。Dubbo 支持客户端是否立即和远程服务建立 TCP 连接是由参数是否配置了 `lazy` 属性决定的，默认会全部连接。`DubboProtocol#refer` 内部会调用 `DubboProtocol#initClient` 负责建立客户端连接和初始化 Handler，如代码清单 5-21 所示。

代码清单 5-21　初始化客户端连接

```
private ExchangeClient initClient(URL url) {

    ExchangeClient client;
    try {
        if (url.getParameter(Constants.LAZY_CONNECT_KEY, false)) {
            client = new LazyConnectExchangeClient(url, requestHandler);   ← ① 如果配置了 lazy 属性，则真实调用才会创建 TCP 连接
        } else {
            client = Exchangers.connect(url, requestHandler);   ← ② 立即与远程连接
        }
    } catch (RemotingException e) {
        throw new RpcException("Fail to create remoting client for service(" + url +
"): " + e.getMessage(), e);
    }
    return client;
}
```

①：支持 `lazy` 延迟连接，在真实发生 RPC 调用时创建。②：立即发起远程 TCP 连接，具体使用底层传输也是根据配置 `transporter` 决定的，默认是 `Netty` 传输。在②中会触发 `HeaderExchanger#connect` 调用，用于支持心跳和在业务线程中编解码 `Handler`，最终会调用 `Transporters#connect` 生成 `Netty` 客户端处理。详细的 `Handler` 逻辑会在后面讲解。

回到 5.3.1 节，在⑦中把 `Invoker` 转换成接口代理。最终代理接口都会创建 `InvokerInvocationHandler`，这个类实现了 JDk 的 `InvocationHandler` 接口，所以服务暴露的 Dubbo 接口都会委托给代理去发起远程调用（injvm 协议除外）。

5.3.2 多注册中心消费原理

在实际使用过程中，我们更多遇到的是单注册中心场景，但是当跨机房消费时，Dubbo 框架允许同时消费多个机房服务。默认 Dubbo 消费机房的服务顺序是按照配置注册中心的顺序决定的，配置靠前优先消费。

多注册中心消费原理比较简单，每个单独注册中心抽象成一个单独的 Invoker，多个注册中心实例最终通过 `StaticDirectory` 保存所有的 Invoker，最终通过 Cluster 合并成一个 Invoker。我们可以回到 5.3.1 节代码清单 5-18 代码逻辑中，⑤是逐个获取注册中心的服务，并添加到 invokers 列表，这里多个注册中心逐一获取服务。⑥主要将集群服务合并成一个 Invoker，这里也不难理解，第一层包含的服务 Invoker 是注册中心实例，对应注册中心实例的 Invoker 对象内部持有真实的服务提供者对象列表。这里还有一个特殊点，在多注册中心场景下，默认使用的集群策略是 available，如代码清单 5-22 所示。

代码清单 5-22　多注册中心集群策略

```java
public class AvailableCluster implements Cluster {

    public static final String NAME = "available";

    @Override
    public <T> Invoker<T> join(Directory<T> directory) throws RpcException {
        return new AbstractClusterInvoker<T>(directory) {
            @Override
            public Result doInvoke(Invocation invocation, List<Invoker<T>> invokers,
LoadBalance loadbalance) throws RpcException {
                for (Invoker<T> invoker : invokers) {    // ① 这里是注册中心 Invoker 实例
                    if (invoker.isAvailable()) {          // ② 判断特定注册中心是否包含 provider 服务
                        return invoker.invoke(invocation);
                    }
                }
                throw new RpcException("No provider available in " + invokers);
            }
        };
    }
}
```

在①中实现 doInvoke 实际持有的 invokers 列表是注册中心实例，比如配置了 ZooKeeper 和 etcd3 注册中心，实际调用的 invokers 列表只有 2 个元素。在②中会判断具体注册中心中是否有服务可用，这里发起的 invoke 实际上会通过注册中心 RegistryDirectory 获取真实 provider 机器列表进行路由和负载均衡调用。到这里，读者应该能够理解 Dubbo 所有的概念都在向 Invoker 靠拢。

使用多注册中心进行服务消费时，给框架开发者和扩展特性的开发人员带来了一些挑战，特别是在编写同机房路由时，在服务路由层获取的也是注册中心实例 Invoker，需要进入 Invoker 内部判断服务列表是否符合匹配规则，如果匹配到符合匹配规则的机器，则这个时候只能把外层注册中心 Invoker 返回，否则会破坏框架服务调用的生命周期（导致跳过 MockClusterInvoker 服务调用）。

5.3.3　直连服务消费原理

Dubbo 可以绕过注册中心直接向指定服务（直接指定目标 IP 和端口）发起 RPC 调用，使用直连模式可以方便在某些场景下使用，比如压测指定机器等。Dubbo 框架也支持同时指定直连多台机器进行服务调用，如代码清单 5-23 所示。

代码清单 5-23　直连服务消费

```
private T createProxy(Map<String, String> map) {
    ...
    if (url != null && url.length() > 0) {
        String[] us = Constants.SEMICOLON_SPLIT_PATTERN.split(url);   ① 支持使用分号隔开指定的多个直连机器
        if (us != null && us.length > 0) {
            for (String u : us) {
                URL url = URL.valueOf(u);
                if (url.getPath() == null || url.getPath().length() == 0) {
                    url = url.setPath(interfaceName);
                }
                if (Constants.REGISTRY_PROTOCOL.equals(url.getProtocol())) {
                    urls.add(url.addParameterAndEncoded(Constants.REFER_KEY,
StringUtils.toQueryString(map)));   ② 允许直连地址写成注册中心
                } else {
                    urls.add(ClusterUtils.mergeUrl(url, map));   ③ 直连某一台服务提供者
                }
            }
        }
    }
```

```
}

if (urls.size() == 1) {
    invoker = refprotocol.refer(interfaceClass, urls.get(0));
}

// create service proxy
return (T) proxyFactory.getProxy(invoker);
}
```

在①中允许用分号指定多个直连机器地址，多个直连机器调用会使用负载均衡，更多场景是单个直连，但是不建议在生产环境中使用直连模式，因为上游服务发布会影响服务调用方。在②中允许配置注册中心地址，这样可以通过注册中心发现服务消费。在③中指定服务调用协议、IP 和端口，注意这里的 URL 没有添加 refer 和注册中心协议，默认是 Dubbo 会直接触发 DubboProtocol 进行远程消费，不会经过 RegistryProtocol 去做服务发现。

5.4 优雅停机原理解析

优雅停机特性是所有 RPC 框架中非常重要的特性之一，因为核心业务在服务器中正在执行时突然中断可能会出现严重后果。接下来我们详细探讨 Dubbo 框架内部实现优雅停机的原理，如图 5-7 所示。

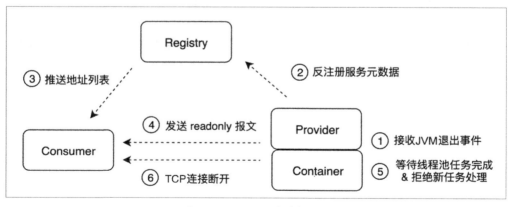

图 5-7　Dubbo 优雅停机原理

Dubbo 中实现的优雅停机机制主要包含 6 个步骤：

（1）收到 kill 9 进程退出信号，Spring 容器会触发容器销毁事件。

（2）provider 端会取消注册服务元数据信息。

（3）consumer 端会收到最新地址列表（不包含准备停机的地址）。

（4）Dubbo 协议会发送 readonly 事件报文通知 consumer 服务不可用。

（5）服务端等待已经执行的任务结束并拒绝新任务执行。

可能读者会有疑问，既然注册中心已经通知了最新服务列表，为什么还要再发送 readonly 报文呢？这里主要考虑到注册中心推送服务有网络延迟，以及客户端计算服务列表可能占用一些时间。Dubbo 协议发送 readonly 时间报文时，consumer 端会设置响应的 provider 为不可用状态，下次负载均衡就不会调用下线的机器。

Dubbo 2.6.3 以后修复了优雅停机的一些 bug，在以前的版本中没有做到完全优雅停机的原因是 Spring 注册了 JVM 停止的钩子，Dubbo 也注册了 JVM 停止的钩子，这种场景下两个并发执行的线程可能引用已经销毁的资源，导致优雅停机失去了意义。比如，Dubbo 正在执行的任务需要引用 Spring 中的 Bean，但这时 Spring 钩子函数已经关闭了 Spring 的上下文状态，导致访问任何 Spring 资源都会报错。

5.5 小结

本章我们首先对 Dubbo 中 XML schema 约束文件进行了讲解，也包括如何映射到对应 Java 对象中。现在越来越多地使用注解的方式，我们也对注解的解析核心流程进行了探讨。然后对 Dubbo 框架的几种服务暴露原理进行了详解，紧接着对服务消费进行了讲解，这些服务暴露和消费对所有的协议都具有参考价值。最后我们对优雅停机的原理进行了探讨，也对以前的实现缺陷的原因进行了概述。

本章对 Dubbo 框架的主流程原理进行了梳理，下一章将深入探讨 Dubbo 框架内部特性和细节。

第 6 章
Dubbo 远程调用

本章主要内容：

- Dubbo 核心调用流程；
- Dubbo 协议详解；
- Dubbo 编解码器原理；
- Telnet 调用原理；
- Dubbo 线程模型。

本章首先介绍 Dubbo 的核心调用流程，接下来讲解 Dubbo 内部协议的设计和实现，通过对具体协议细节的理解，我们可以更好地掌握 RPC 通信的核心原理。在理解现有 RPC 协议的基础上，我们会对编解码器实现展开深入解析，同时对本地 Telnet 调用展开分析，最后对 Dubbo 线程模型进行深入探讨。

6.1 Dubbo 调用介绍

在讲解 Dubbo 中的 RPC 调用细节之前，我们先回顾一次调用过程经历了哪些处理步骤。如果我们动手写简单的 RPC 调用，则需要把服务调用信息传递到服务端，每次服务调用的一些公用的信息包括服务调用接口、方法名、方法参数类型和方法参数值等，在传递方法参数值时需要先序列化对象并经过网络传输到服务端，在服务端需要按照客户端序列化顺序再做一次反序列化来读取信息，然后拼装成请求对象进行服务反射调用，最终将调用结果再传给客户端。

在 Dubbo 中实现调用也是基于相同的原理，下面看一下 Dubbo 在一次完整的 RPC 调用流程中经过的步骤，如图 6-1 所示。

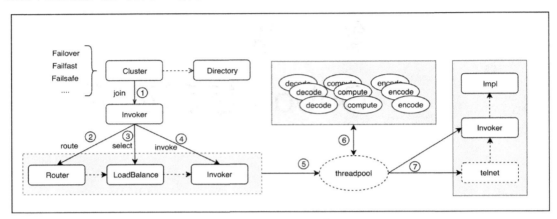

图 6-1　Dubbo 调用流程

首先在客户端启动时会从注册中心拉取和订阅对应的服务列表，Cluster 会把拉取的服务列表聚合成一个 Invoker，每次 RPC 调用前会通过 `Directory#list` 获取 providers 地址（已经生成好的 Invoker 列表），获取这些服务列表给后续路由和负载均衡使用。对应图 6-1，在①中主要是将多个服务提供者做聚合。在框架内部另外一个实现 Directory 接口是 `RegistryDirectory` 类，它和接口名是一对一的关系（每一个接口都有一个 RegistryDirectory 实例），主要负责拉取和订阅服务提供者、动态配置和路由项。

在 Dubbo 发起服务调用时，所有路由和负载均衡都是在客户端实现的。客户端服务调用首先会触发路由操作，然后将路由结果得到的服务列表作为负载均衡参数，经过负载均衡后会选出一台机器进行 RPC 调用，这 3 个步骤依次对应于②、③和④。客户端经过路由和负载均衡后，会将请求交给底层 I/O 线程池（比如 Netty）处理，I/O 线程池主要处理读写、序列化和反序列化等逻辑，因此这里一定不能阻塞操作，Dubbo 也提供参数控制（`decode.in.io`）参数，在处理反序列化对象时会在业务线程池中处理。在⑤中包含两种类似的线程池，一种是 I/O 线程池（Netty），另一种是 Dubbo 业务线程池（承载业务方法调用）。

目前 Dubbo 将服务调用和 Telnet 调用做了端口复用，在编解码层面也做了适配。在 Telnet 调用时，会新建立一个 TCP 连接，传递接口、方法和 JSON 格式的参数进行服务调用，在编解码层面简单读取流中的字符串（因为不是 Dubbo 标准头报文），最终交给 Telnet 对应的 Handler 去解析方法调用。如果是非 Telnet 调用，则服务提供方会根据传递过来的接口、分组和版本信息查找 Invoker 对应的实例进行反射调用。在⑦中进行了端口复用，如果是 Telnet 调用，则先找到对应的 Invoker 进行方法调用。Telnet 和正常 RPC 调用不一样的地方是序列化和反序列化使用的不是 Hessian 方式，而是直接使用 fastjson 进行处理。如果读者对目前的流程没有完全理解也没有关系，后面会逐渐深入讲解。

讲解完主要调用原理，我们接下来集中精力探讨更细节的一些知识点，比如 Dubbo 协议、编解码实现和线程模型等，本章篇幅主要放在⑤、⑥和⑦中，我们首先看一下目前 Dubbo 的协议细节。

6.2 Dubbo 协议详解

本节我们讲解 Dubbo 协议设计，其协议设计参考了现有 TCP/IP 协议，在阅读图 6-2 时，我们发现一次 RPC 调用包括协议头和协议体两部分。16 字节长的报文头部主要携带了魔法数（`0xdabb`），以及当前请求报文是否是 Request、Response、心跳和事件的信息，请求时也会携带当前报文体内序列化协议编号。除此之外，报文头部还携带了请求状态，以及请求唯一标识和报文体长度。

偏移字节	0								1								2								3							
偏移比特位	0	1	2	3	4	5	6	7	8	9	10	11	12	13	14	15	16	17	18	19	20	21	22	23	24	25	26	27	28	29	30	31
0 / 0	魔法数高位								魔法数低位								请求响应	需要往返	事件	序列化ID					状态							
4 / 32	RPC 请求ID																															
8 / 64																																
12 / 96	消息体数据长度																															
16... / 128...	dubbo version , service name , service version , method name , parameter types , arguments , attachments																															

图 6-2　Dubbo 协议

理解协议本身的内容对后面的编码器和解码器的实现非常重要，我们先逐字节、逐比特位讲解协议内容（具体内容参考表 6-1）。

表 6-1　Dubbo 协议字段解析

偏移比特位	字 段 描 述	作　　用
0～7	魔数高位	存储的是魔法数高位（0xda00）
8～15	魔数低位	存储的是魔法数高位（0xbb）
16	数据包类型	是否为双向的 RPC 调用（比如方法调用有返回值），0 为 Response，1 为 Request
17	调用方式	仅在第 16 位被设为 1 的情况下有效 0 为单向调用，1 为双向调用 比如在优雅停机时服务端发送 readonly 不需要双向调用，这里标志位就不会设定

续表

偏移比特位	字段描述	作　用
18	事件标识	0 为当前数据包是请求或响应包 1 为当前数据包是心跳包，比如框架为了保活 TCP 连接，每次客户端和服务端互相发送心跳包时这个标志位被设定 设置了心跳报文不会透传到业务方法调用，仅用于框架内部保活机制
19～23	序列化器编号	2 为 Hessian2Serialization 3 为 JavaSerialization 4 为 CompactedJavaSerialization 6 为 FastJsonSerialization 7 为 NativeJavaSerialization 8 为 KryoSerialization 9 为 FstSerialization
24～31	状态	20 为 OK 30 为 CLIENT_TIMEOUT 31 为 SERVER_TIMEOUT 40 为 BAD_REQUEST 50 为 BAD_RESPONSE ……
32～95	请求编号	这 8 个字节存储 RPC 请求的唯一 id，用来将请求和响应做关联
96～127	消息体长度	占用的 4 个字节存储消息体长度。在一次 RPC 请求过程中，消息体中依次会存储 7 部分内容

在消息体中，客户端严格按照序列化顺序写入消息，服务端也会遵循相同的顺序读取消息，客户端发起请求的消息体依次保存下列内容：Dubbo 版本号、服务接口名、服务接口版本、方法名、参数类型、方法参数值和请求额外参数（attachment）。

在协议报文头部的 status 中，完整状态响应码和作用如表 6-2 所示。

表 6-2　完整状态响应码和作用

状态值	状态符号	作　用
20	OK	正确返回
30	CLIENT_TIMEOUT	客户端超时
31	SERVER_TIMEOUT	服务端超时
40	BAD_REQUEST	请求报文格式错误
50	BAD_RESPONSE	响应报文格式错误
60	SERVICE_NOT_FOUND	未找到匹配的服务
70	SERVICE_ERROR	服务调用错误

续表

状态值	状态符号	作用
80	SERVER_ERROR	服务端内部错误
90	CLIENT_ERROR	客户端错误
100	SERVER_THREADPOOL_EXHAUSTED_ERROR	服务端线程池满拒绝执行

主要根据以下标记判断返回值,如表 6-3 所示。

表 6-3 Dubbo 响应标记

状态值	状态符号	作用
5	RESPONSE_NULL_VALUE_WITH_ATTACHMENTS	响应空值包含隐藏参数
4	RESPONSE_VALUE_WITH_ATTACHMENTS	响应结果包含隐藏参数
3	RESPONSE_WITH_EXCEPTION_WITH_ATTACHMENTS	异常返回包含隐藏参数
2	RESPONSE_NULL_VALUE	响应空值
1	RESPONSE_VALUE	响应结果
0	RESPONSE_WITH_EXCEPTION	异常返回

在返回消息体中,会先把返回值状态标记写入输出流,根据标记状态判断 RPC 是否正常,比如一次正常 RPC 调用成功,则先往消息体中写一个标记 1,紧接着再写方法返回值。

我们知道在网络通信中(基于 TCP)需要解决网络粘包/解包的问题,一些常用解决办法比如用回车、换行、固定长度和特殊分隔符等进行处理,通过对前面协议的理解,我们很容易发现 Dubbo 其实就是用特殊符号 0xdabb 魔法数来分割处理粘包问题的。

在实际使用场景中,客户端会使用多线程并发调用服务,Dubbo 是如何做到正确响应调用线程的呢?关键点在于协议头全局请求 id 标识,我们先来看一下原理图,如图 6-3 所示。

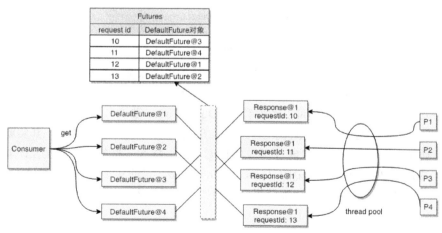

图 6-3 Dubbo 请求响应

当客户端多个线程并发请求时，框架内部会调用 DefaultFuture 对象的 get 方法进行等待。在请求发起时，框架内部会创建 Request 对象，这个时候会被分配一个唯一 id，DefaultFuture 可以从 Request 对象中获取 id，并将关联关系存储到静态 HashMap 中，就是图 6-3 中的 Futures 集合。当客户端收到响应时，会根据 Response 对象中的 id，从 Futures 集合中查找对应 DefaultFuture 对象，最终会唤醒对应的线程并通知结果。客户端也会启动一个定时扫描线程去探测超时没有返回的请求。

6.3 编解码器原理

6.2 节主要给出了 Dubbo 目前的协议格式，有了标准协议约束，我们需要再探讨 Dubbo 是怎么实现编解码的。在讲解编解码实现前，先熟悉一下编解码设计关系，如图 6-4 所示。

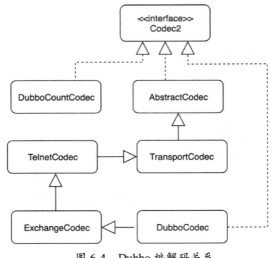

图 6-4 Dubbo 编解码关系

在图 6-4 中，AbstractCodec 主要提供基础能力，比如校验报文长度和查找具体编解码器等。TransportCodec 主要抽象编解码实现，自动帮我们去调用序列化、反序列实现和自动 cleanup 流。我们通过 Dubbo 编解码继承结构可以清晰看到，DubboCodec 继承自 ExchangeCodec，它又再次继承了 TelnetCodec 实现。我们前面说过 Telnet 实现复用了 Dubbo 协议端口，其实就是在这层编解码做了通用处理。因为流中可能包含多个 RPC 请求，Dubbo 框架尝试一次性读取更多完整报文编解码生成对象，也就是图中的 DubboCountCodec，它的实现思想比较简单，依次调用 DubboCodec 去解码，如果能解码成完整报文，则加入消息列表，然后触发下一个 Handler 方法调用。

6.3.1 节和 6.3.2 节会详细介绍编码器和解码器的实现。

6.3.1 Dubbo 协议编码器

Dubbo 中的编码器主要将 Java 对象编码成字节流返回给客户端，主要做两部分事情，构造报文头部，然后对消息体进行序列化处理。所有编解码层实现都应该继承自 `ExchangeCodec`，Dubbo 协议编码器也不例外。当 Dubbo 协议编码请求对象时，会调用 `ExchangeCodec#encode` 方法。我们首先分析编码请求对象，如代码清单 6-1 所示。

代码清单 6-1 请求对象编码

```
protected void encodeRequest(Channel channel, ChannelBuffer buffer, Request req) throws
IOException {
    Serialization serialization = getSerialization(channel);    // ① 获取指定或默认的序列化协议(Hessian2)
    byte[] header = new byte[HEADER_LENGTH];    // ② 构造 16 字节头
    Bytes.short2bytes(MAGIC, header);    // ③ 占用 2 个字节存储魔法数
    // ④ 在第 3 个字节(16 位和 19～23 位)分别存储请求标志和序列化协议序号
    header[2] = (byte) (FLAG_REQUEST | serialization.getContentTypeId());

    if (req.isTwoWay()) header[2] |= FLAG_TWOWAY;    // ⑤ 设置请求/响应标记
    if (req.isEvent()) header[2] |= FLAG_EVENT;

    Bytes.long2bytes(req.getId(), header, 4);    // ⑥ 设置请求唯一标识

    // ⑦ 跳过 buffer 头部 16 个字节，用于序列化消息体
    int savedWriteIndex = buffer.writerIndex();
    buffer.writerIndex(savedWriteIndex + HEADER_LENGTH);
    ChannelBufferOutputStream bos = new ChannelBufferOutputStream(buffer);
    ObjectOutput out = serialization.serialize(channel.getUrl(), bos);
    if (req.isEvent()) {
        encodeEventData(channel, out, req.getData());
    } else {
        encodeRequestData(channel, out, req.getData(), req.getVersion());
    }    // ⑧ 序列化请求调用, data 一般是 RpcInvocation
    out.flushBuffer();
    if (out instanceof Cleanable) {
        ((Cleanable) out).cleanup();
    }
    bos.flush();
    bos.close();
    int len = bos.writtenBytes();
```

```
        checkPayload(channel, len);          ◁── ⑨ 检查是否超过默认 8MB 大小
        Bytes.int2bytes(len, header, 12);    ◁── ⑩ 向消息长度写入头部第 12 个字节的偏
                            ⑪ 定位指针到报文头部开始位置 │    移量（96～127 位）
        buffer.writerIndex(savedWriteIndex); ◁──
        buffer.writeBytes(header);           ◁── ⑫ 写入完整报文头部到 buffer
        buffer.writerIndex(savedWriteIndex + HEADER_LENGTH + len); ◁──
                            ⑬ 设置 writerIndex 到消息体结束位置
}
```

代码清单 6-1 的主要职责是将 Dubbo 请求对象编码成字节流（包括协议报文头部）。在①中主要提取 URL 中配置的序列化协议或默认协议。在②中会创建 16 字节的报文头部。在③中首先会将魔法数写入头部并占用 2 个字节。在④中主要设置请求标识和消息体中使用的序列化协议。在⑤中会复用同一个字节，标记这个请求需要服务端返回。在⑥中主要承载请求的唯一标识，这个标识用于匹配响应的数据。在⑦中会在 buffer 中预留 16 字节存储头部，在⑧中会序列化请求部分，比如方法名等信息，后面会讲解。在⑨中会检查编码后的报文是否超过大小限制（默认是 8MB）。在⑩中将消息体长度写入头部偏移量（第 12 个字节），长度占用 4 个字节。在⑪中将 buffer 定位到报文头部开始，在⑫中将构造好的头部写入 buffer。在⑬中再将 buffer 写入索引执行消息体结尾的下一个位置。

通过上面的请求编码器实现，在理解 6.2 节协议的基础上很容易理解这里的代码，在⑧中会调用 encodeRequestData 方法对 RpcInvocation 调用进行编码，这部分主要就是对接口、方法、方法参数类型、方法参数等进行编码，在 DubboCodec#encodeRequestData 中重写了这个方法实现，如代码清单 6-2 所示。

代码清单 6-2　编码请求对象体

```
@Override
protected void encodeRequestData(Channel channel, ObjectOutput out, Object data, String
version) throws IOException {
    RpcInvocation inv = (RpcInvocation) data;

    out.writeUTF(version);        ◁── ① 写入框架版本
    out.writeUTF(inv.getAttachment(Constants.PATH_KEY));    ◁── ② 写入调用接口
    out.writeUTF(inv.getAttachment(Constants.VERSION_KEY)); ◁──
                        ④ 写入方法名称           │ ③ 写入接口指定的版
    out.writeUTF(inv.getMethodName());  ◁──       │   本，默认为 0.0.0
    out.writeUTF(ReflectUtils.getDesc(inv.getParameterTypes())); ◁──
    Object[] args = inv.getArguments();           ⑤ 写入方法参数类型
    if (args != null)
        for (int i = 0; i < args.length; i++) {   ◁── ⑥ 依次写入方法参数值
```

```
            out.writeObject(encodeInvocationArgument(channel, inv, i));
        }
    //
        out.writeObject(inv.getAttachments());    ← ⑦ 写入隐式参数
    }
```

代码清单 6-2 的主要职责是将 Dubbo 方法调用参数和值编码成字节流。在编码消息体的时候，在①中主要先写入框架的版本，这里主要用于支持服务端版本隔离和服务端隐式参数透传给客户端的特性。在②中向服务端写入调用的接口。在③中指定接口的版本，默认版本为 0.0.0，Dubbo 允许同一个接口有多个实现，可以指定版本或分组来区分。在④中指定远程调用的接口方法。在⑤中将方法参数类型以 Java 类型方式传递给服务端。在⑥中循环对参数值进行序列化。在⑦中写入隐式参数 HashMap，这里可能包含 timeout 和 group 等动态参数。

在处理完编码请求后，我们继续分析编码响应对象，理解了编码请求对象后，比较好理解响应，响应实现在 ExchangeCodec#encodeResponse 中，如清单 6-3 所示。

代码清单 6-3　编码响应对象

```
protected void encodeResponse(Channel channel, ChannelBuffer buffer, Response res)
throws IOException {
    int savedWriteIndex = buffer.writerIndex();
    try {                           ① 获取指定或默认的序列化协议（Hessian2）
        Serialization serialization = getSerialization(channel);  ←
        byte[] header = new byte[HEADER_LENGTH];  ← ② 构造 16 字节头
        Bytes.short2bytes(MAGIC, header);    ← ③ 占用 2 个字节存储魔法数
        header[2] = serialization.getContentTypeId();  ←
        if (res.isHeartbeat()) header[2] |= FLAG_EVENT;   ④ 在第 3 个字节（19~23
                                                           位）存储响应标志
        byte status = res.getStatus();   ← ⑤ 在第 4 个字节存储响应状态
        header[3] = status;
        Bytes.long2bytes(res.getId(), header, 4);  ← ⑥ 设置请求唯一标识
                              ⑦ 空出 16 字节头部用于存储响应体报文
        buffer.writerIndex(savedWriteIndex + HEADER_LENGTH);  ←
        ChannelBufferOutputStream bos = new ChannelBufferOutputStream(buffer);
        ObjectOutput out = serialization.serialize(channel.getUrl(), bos);
        // encode response data or error message.
        if (status == Response.OK) {
            if (res.isHeartbeat()) {
                encodeHeartbeatData(channel, out, res.getResult());
            } else {
```

```
                //
                encodeResponseData(channel, out, res.getResult(), res.getVersion());   ⬅
            }                                                                ⑧ 序列化响应调用，
        } else out.writeUTF(res.getErrorMessage());                           data 一般是 Result 对象
        out.flushBuffer();
        if (out instanceof Cleanable) {
            ((Cleanable) out).cleanup();
        }
        bos.flush();
        bos.close();
                                            ⑨ 检查是否超过默认的 8MB 大小
        int len = bos.writtenBytes();   ⬅
        checkPayload(channel, len);
        Bytes.int2bytes(len, header, 12);   ⬅  ⑩ 向消息长度写入头部第 12 个
        buffer.writerIndex(savedWriteIndex);   ⬅── ⑪ 定位指针到报文头部开始位置
        buffer.writeBytes(header);        ⬅── ⑫ 写入完整报文头部到 buffer
        buffer.writerIndex(savedWriteIndex + HEADER_LENGTH + len);   ⬅
    } catch (Throwable t) {                       ⑬ 设置 writerIndex 到消息体结束位置
        buffer.writerIndex(savedWriteIndex);   ⬅── ⑭ 如果编码失败，则复位 buffer
        if (!res.isEvent() && res.getStatus() != Response.BAD_RESPONSE) {   ⬅
            Response r = new Response(res.getId(), res.getVersion());
            r.setStatus(Response.BAD_RESPONSE);         ⑮ 将编码响应异常发送给
                                                        consumer，否则只能等待到超时
            if (t instanceof ExceedPayloadLimitException) {
                logger.warn(t.getMessage(), t);
                try {
                    r.setErrorMessage(t.getMessage());
                    channel.send(r);   ⬅──  ⑯ 告知客户端数据包长度超过限制
                    return;
                } catch (RemotingException e) {
                    logger.warn("Failed to send bad_response info back: " + t.getMessage()
 + ", cause: " + e.getMessage(), e);
                }
            } else {
                logger.warn("Fail to encode response: " + res + ", send bad_response info
 instead, cause: " + t.getMessage(), t);
                try {
```

```
                    r.setErrorMessage("Failed to send response: " + res + ", cause: "
+ StringUtils.toString(t));          ◁—— ⑰ 告知客户端编码失败的具体原因
                    channel.send(r);
                    return;
                } catch (RemotingException e) {
                    logger.warn("Failed to send bad_response info back: " + res + ", cause:
" + e.getMessage(), e);
                }
            }
        }
        //...
    }
}
```

代码清单 6-3 的主要职责是将 Dubbo 响应对象编码成字节流（包括协议报文头部）。在编码响应中，在①中获取用户指定或默认的序列化协议，在②中构造报文头部（16 字节）。在③中同样将魔法数填入报文头部前 2 个字节。在④中会将服务端配置的序列化协议写入头部。在⑤中报文头部中 status 会保存服务端调用状态码。在⑥中会将请求唯一 id 设置回响应头中。在⑦中空出 16 字节头部用于存储响应体报文。在⑧中会对服务端调用结果进行编码，后面会进行详细解释。在⑨中主要对响应报文大小做检查，默认校验是否超过 8MB 大小。在⑩中将消息体长度写入头部偏移量（第 12 个字节），长度占用 4 个字节。在⑪中将 buffer 定位到报文头部开始，在⑫中将构造好的头部写入 buffer。在⑬中再将 buffer 写入索引执行消息体结尾的下一个位置。在⑭中主要处理编码报错复位 buffer，否则导致缓冲区中数据错乱。在⑮中会将异常响应返回到客户端，防止客户端只有等到超时才能感知服务调用返回。在⑯和⑰中主要对报错进行了细分，处理服务端报文超过限制和具体报错原因。为了防止报错对象无法在客户端反序列化，在服务端会将异常信息转成字符串处理。

我们再回到编码响应消息提的部分，在⑧中处理响应，具体实现在 DubboCodec#encode-ResponseData 中，如代码清单 6-4 所示。

代码清单 6-4　编码响应对象

```
@Override
protected void encodeResponseData(Channel channel, ObjectOutput out, Object data,
String version) throws IOException {
    Result result = (Result) data;         ① 判断客户端请求的版本是否支持服务端参数返回
    boolean attach = Version.isSupportResponseAttatchment(version);   ◁
    Throwable th = result.getException();
```

```
    if (th == null) {
        //                                    ← ② 提取正常返回结果
        Object ret = result.getValue();
        if (ret == null) {
            out.writeByte(attach ? RESPONSE_NULL_VALUE_WITH_ATTACHMENTS :
RESPONSE_NULL_VALUE);    ← ③ 在编码结果前，先写一个字节标志
        } else {
            out.writeByte(attach ? RESPONSE_VALUE_WITH_ATTACHMENTS : RESPONSE_VALUE);
            out.writeObject(ret);    ← ④ 分别写一个字节标记和调用结果
        }
    } else {
        out.writeByte(attach ? RESPONSE_WITH_EXCEPTION_WITH_ATTACHMENTS :
RESPONSE_WITH_EXCEPTION);    ← ⑤ 标记调用抛异常，并序列化异常
        out.writeObject(th);
    }

    if (attach) {
        result.getAttachments().put(Constants.DUBBO_VERSION_KEY,
Version.getProtocolVersion());       ← ⑥ 记录服务端 Dubbo 版本，并
        out.writeObject(result.getAttachments());      返回服务端隐式参数
    }
}
```

代码清单 6-4 的主要职责是将 Dubbo 方法调用状态和返回值编码成字节流。编码响应体也是比较简单的，在①中判断客户端的版本是否支持隐式参数从服务端传递到客户端。在②和③中处理正常服务调用，并且返回值为 null 的场景，用一个字节标记。在④中处理方法正常调用并且有返回值，先写一个字节标记并序列化结果。在⑤中处理方法调用发生异常，写一个字节标记并序列化异常对象。在⑥中处理客户端支持隐式参数回传，记录服务端 Dubbo 版本，并返回服务端隐式参数。

除了编码请求和响应对象，还有一种处理普通字符串的场景，这种场景正是为了支持 Telnet 协议调用实现的，这里主要是简单读取字符串值处理，后面会继续分析。接下来我们会在 6.3.2 节探讨解码器的实现。

6.3.2　Dubbo 协议解码器

6.3.1 节主要完成了对编码的分析，本节聚焦解码的实现，相比较编码而言，解码要复杂一些。解码工作分为 2 部分，第 1 部分解码报文的头部（16 字节），第 2 部分解码报文体内容，

以及如何把报文体转换成 RpcInvocation。当服务端读取流进行解码时，会触发 ExchangeCodec#decode 方法，Dubbo 协议解码继承了这个类实现，但是在解析消息体时，Dubbo 协议重写了 decodeBody 方法。我们先分析解码头部的部分，如代码清单 6-5 所示。

代码清单 6-5　解码报文头

```
@Override
public Object decode(Channel channel, ChannelBuffer buffer) throws IOException {
    int readable = buffer.readableBytes();
    byte[] header = new byte[Math.min(readable, HEADER_LENGTH)];    ← ① 最多读取 16 个字节，并分配存储空间
    buffer.readBytes(header);
    return decode(channel, buffer, readable, header);
}

@Override
protected Object decode(Channel channel, ChannelBuffer buffer, int readable, byte[] header) throws IOException {
    if (readable > 0 && header[0] != MAGIC_HIGH    ← ② 处理流起始处不是 Dubbo 魔法数 0xdabb 场景
            || readable > 1 && header[1] != MAGIC_LOW) {
        int length = header.length;    ← ③ 流中还有数据可以读取
        if (header.length < readable) {    ← ④ 为 header 重新分配空间，用来存储流中所有可读字节
            header = Bytes.copyOf(header, readable);
            buffer.readBytes(header, length, readable - length);    ← ⑤ 将流中剩余字节读取到 header 中
        }
        for (int i = 1; i < header.length - 1; i++) {
            if (header[i] == MAGIC_HIGH && header[i + 1] == MAGIC_LOW) {
                buffer.readerIndex(buffer.readerIndex() - header.length + i);    ← ⑥ 将 buffer 读索引指向回 Dubbo 报文开头处(0xdabb)
                header = Bytes.copyOf(header, i);    ←
                break;    ⑦ 将流起始处至下一个 Dubbo 报文之间的数据放到 header 中
            }
        }
        return super.decode(channel, buffer, readable, header);    ←
    }    ⑧ 主要用于解析 header 数据，比如用于 Telnet
    if (readable < HEADER_LENGTH) {    ← ⑨ 如果读取数据长度小于 16 个字节，则期待更多数据
        return DecodeResult.NEED_MORE_INPUT;
    }

    int len = Bytes.bytes2int(header, 12);    ← ⑩ 提取头部存储的报文长度，并校验长度是否超过限制
```

```
        checkPayload(channel, len);

        int tt = len + HEADER_LENGTH;
        if (readable < tt) {        ←── ⑪ 校验是否可以读取完整 Dubbo 报文，否则期待更多数据
            return DecodeResult.NEED_MORE_INPUT;
        }

        // limit input stream.
        ChannelBufferInputStream is = new ChannelBufferInputStream(buffer, len);

        try {                                               ┌── ⑫ 解码消息体，is 流是完整
            return decodeBody(channel, is, header);  ←──┘   的 RPC 调用报文
        } finally {
            if (is.available() > 0) {   ←── ⑬ 如果解码过程有问题，则跳过这次 RPC 调用报文
                try {
                    if (logger.isWarnEnabled()) {
                        logger.warn("Skip input stream " + is.available());
                    }
                    StreamUtils.skipUnusedStream(is);
                } catch (IOException e) {
                    logger.warn(e.getMessage(), e);
                }
            }
        }
    }
```

整体实现解码过程中要解决粘包和半包问题。在①中最多读取 Dubbo 报文头部（16 字节），如果流中不足 16 字节，则会把流中数据读取完毕。在 decode 方法中会先判断流当前位置是不是 Dubbo 报文开始处，在流中判断报文分割点是通过②判断的（0xdabb 魔法数）。如果当前流中没有遇到完整 Dubbo 报文（在③中会判断流可读字节数），在④中会为剩余可读流分配存储空间，在⑤中会将流中数据全部读取并追加在 header 数组中。当流被读取完后，会查找流中第一个 Dubbo 报文开始处的索引，在⑥中会将 buffer 索引指向流中第一个 Dubbo 报文开始处（0xdabb）。在⑦中主要将流中从起始位置（初始 buffer 的 readerIndex）到第一个 Dubbo 报文开始处的数据保存在 header 中，用于⑧解码 header 数据，目前常用的场景有 Telnet 调用等。

在正常场景中解析时，在⑨中首先判断当次读取的字节是否多于 16 字节，否则等待更多网络数据到来。在⑩中会判断 Dubbo 报文头部包含的消息体长度，然后校验消息体长度是否超过

限制（默认为 8MB）。在⑪中会校验这次解码能否处理整个报文。在⑫中处理消息体解码，这个是强协议相关的，因此 Dubbo 协议重写了这部分实现，我们先看一下在 DubboCodec 中是如何处理的，如代码清单 6-6 所示。

代码清单 6-6　解码请求报文

```
@Override
protected Object decodeBody(Channel channel, InputStream is, byte[] header) throws
IOException {
    byte flag = header[2], proto = (byte) (flag & SERIALIZATION_MASK);
    // get request id.
    long id = Bytes.bytes2long(header, 4);
    if ((flag & FLAG_REQUEST) == 0) {
        // decode response.
        // ...
    } else {
        Request req = new Request(id);          ◁── ① 请求标志位被设置，创建 Request 对象
        req.setVersion(Version.getProtocolVersion());
        req.setTwoWay((flag & FLAG_TWOWAY) != 0);
        if ((flag & FLAG_EVENT) != 0) {
            req.setEvent(Request.HEARTBEAT_EVENT);
        }
        try {
            Object data;
            ObjectInput in = CodecSupport.deserialize(channel.getUrl(), is, proto);
            if (req.isHeartbeat()) {
                data = decodeHeartbeatData(channel, in);
            } else if (req.isEvent()) {
                data = decodeEventData(channel, in);
            } else {
                DecodeableRpcInvocation inv;
                if (channel.getUrl().getParameter(
                        Constants.DECODE_IN_IO_THREAD_KEY,
                        Constants.DEFAULT_DECODE_IN_IO_THREAD)) {
                    inv = new DecodeableRpcInvocation(channel, req, is, proto);   ◁──
                    inv.decode();                                            ② 在 I/O 线程中直接解码
                } else {
```

```
            inv = new DecodeableRpcInvocation(channel, req,     <─┐
                new UnsafeByteArrayInputStream(readMessageData(is)), proto);
        }                                           ③ 交给 Dubbo 业务线程池解码
        data = inv;
    }
    req.setData(data);    <── ④ 将 RpcInvocation 作为 Request 的数据域
} catch (Throwable t) {
    if (log.isWarnEnabled()) {
        log.warn("Decode request failed: " + t.getMessage(), t);
    }
    req.setBroken(true);   <── ⑤ 解码失败,先做标记并存储异常
    req.setData(t);
}
    return req;
    }
}
```

站在解码器的角度,解码请求一定是通过标志判断类别的,否则不知道是请求还是响应,Dubbo 报文 16 字节头部长度包含了 `FLAG_REQUEST` 标志位。①:根据这个标志位创建请求对象,②:在 I/O 线程中直接解码(比如在 Netty 的 I/O 线程中),然后简单调用 `decode` 解码,解码逻辑在后面会详细探讨。③:实际上不做解码,延迟到业务线程池中解码。④:将解码消息体作为 RpcInvocation 放到请求数据域中。如果解码失败了,则会通过⑤标记,并把异常原因记录下来。这里没有提到的是心跳和事件的解码,这两种解码非常简单,心跳报文是没有消息体的,事件有消息体,在使用 Hessian2 协议的情况下默认会传递字符 R,当优雅停机时会通过发送 readonly 事件来通知客户端服务端不可用。

接下来,我们分析一下如何把消息体转换成 RpcInvocation 对象,具体解码会触发 `DecodeableRpcInvocation#decode` 方法,如代码清单 6-7 所示。

代码清单 6-7 解码请求消息体

```
@Override
public Object decode(Channel channel, InputStream input) throws IOException {
    ObjectInput in = CodecSupport.getSerialization(channel.getUrl(),
serializationType)
        .deserialize(channel.getUrl(), input);

    String dubboVersion = in.readUTF();   <── ① 读取框架版本
```

```
request.setVersion(dubboVersion);
setAttachment(Constants.DUBBO_VERSION_KEY, dubboVersion);
                                                                    ② 读取调用接口
setAttachment(Constants.PATH_KEY, in.readUTF());       ◁
setAttachment(Constants.VERSION_KEY, in.readUTF());    ◁   ③ 读取接口指定的版本,
                                                           默认为 0.0.0
setMethodName(in.readUTF());       ◁── ④ 读取方法名称
try {
    Object[] args;
    Class<?>[] pts;
    String desc = in.readUTF();       ◁── ⑤ 读取方法参数类型
    if (desc.length() == 0) {
        pts = DubboCodec.EMPTY_CLASS_ARRAY;
        args = DubboCodec.EMPTY_OBJECT_ARRAY;
    } else {
        pts = ReflectUtils.desc2classArray(desc);
        args = new Object[pts.length];
        for (int i = 0; i < args.length; i++) {
            try {
                //
                args[i] = in.readObject(pts[i]);     ◁── ⑥ 依次读取方法参数值
            } catch (Exception e) {
                if (log.isWarnEnabled()) {
                    log.warn("Decode argument failed: " + e.getMessage(), e);
                }
            }
        }
    }
    setParameterTypes(pts);
                                                                 ⑦ 读取隐式参数
    Map<String, String> map = (Map<String, String>) in.readObject(Map.class);  ◁─┘
    if (map != null && map.size() > 0) {
        Map<String, String> attachment = getAttachments();
        if (attachment == null) {
            attachment = new HashMap<String, String>();
        }
        attachment.putAll(map);
        setAttachments(attachment);
```

```
        }
        for (int i = 0; i < args.length; i++) {        ⑧ 处理异步参数回调，如果有则在服
            args[i] = decodeInvocationArgument(channel, this, pts, i, args[i]);   务端创建 reference 代理实例
        }

        setArguments(args);

    } catch (ClassNotFoundException e) {
        throw new IOException(StringUtils.toString("Read invocation data failed.", e));
    } finally {
        if (in instanceof Cleanable) {
            ((Cleanable) in).cleanup();
        }
    }
    return this;
}
```

在解码请求时，是严格按照客户端写数据顺序来处理的。在①中会读取远端传递的框架版本，在②中会读取调用接口全称，在③中会读取调用的服务版本，用来实现分组和版本隔离。在④中会读取调用方法的名称，在⑤中读取方法参数类型，通过类型能够解析出实际参数个数。在⑥中会对方法参数值依次读取，这里具体解析参数值是和序列化协议相关的。在⑦中读取隐式参数，比如同机房优先调用会读取其中的 tag 值。⑧是为了支持异步参数回调，因为参数是回调客户端方法，所以需要在服务端创建客户端连接代理。

解码响应和解码请求类似，解码响应会调用 DubboCodec#decodeBody 方法，为了节省篇幅，我们重点讲解解码响应的结果值。当方法调用返回时，会触发 DecodeableRpcResult#decode 方法调用，解析响应报文如代码清单 6-8 所示。

代码清单 6-8　解析响应报文

```
@Override
public Object decode(Channel channel, InputStream input) throws IOException {
    ObjectInput in = CodecSupport.getSerialization(channel.getUrl(),
serializationType)
            .deserialize(channel.getUrl(), input);

    byte flag = in.readByte();
    switch (flag) {
        case DubboCodec.RESPONSE_NULL_VALUE:        ① 返回结果标记为 Null 值
```

```java
            break;
        case DubboCodec.RESPONSE_VALUE:
            try {
                Type[] returnType = RpcUtils.getReturnTypes(invocation);   // ② 读取方法调用返回值类型
                //
                setValue(returnType == null || returnType.length == 0 ? in.readObject() :
                        (returnType.length == 1 ? in.readObject((Class<?>) returnType[0])
                                : in.readObject((Class<?>) returnType[0], returnType[1])));
                                                                          // ③ 如果返回值包含泛型，则调
                                                                          //    用反序列化解析接口
            } catch (ClassNotFoundException e) {
                throw new IOException(StringUtils.toString("Read response data failed.", e));
            }
            break;
        case DubboCodec.RESPONSE_WITH_EXCEPTION:
            try {
                Object obj = in.readObject();
                if (obj instanceof Throwable == false)
                    throw new IOException("Response data error, expect Throwable, but get " + obj);
                setException((Throwable) obj);       // ④ 保存读取的返回值异常结果
            } catch (ClassNotFoundException e) {
                throw new IOException(StringUtils.toString("Read response data failed.", e));
            }
            break;
        case DubboCodec.RESPONSE_NULL_VALUE_WITH_ATTACHMENTS:
            try {                                    // ⑤ 读取返回值为 Null，并且有隐式参数
                setAttachments((Map<String, String>) in.readObject(Map.class));
            } catch (ClassNotFoundException e) {
                throw new IOException(StringUtils.toString("Read response data failed.", e));
            }
            break;
        default:   // ← 其他类似隐式参数的读取
            throw new IOException("Unknown result flag, expect '0' '1' '2', get " + flag);
    }
    if (in instanceof Cleanable) {
        ((Cleanable) in).cleanup();
    }
    return this;
}
```

在读取服务端响应报文时，先读取状态标志，然后根据状态标志判断后续的数据内容。在代码清单 6-4 编码响应对象中，响应结果首先会写一个字节标记位。在①中处理标记位代表返回值为 Null 的场景。②代表正常返回，首先判断请求方法的返回值类型，返回值类型方便底层反序列化正确读取，将读取的值存在 result 字段中。在④中处理服务端返回异常对象的场景，同时会将结果保存在 exception 字段中。在⑤中处理返回值为 Null，并且支持服务端隐式参数透传给客户端，在客户端会继续读取保存在 HashMap 中的隐式参数值。当然，还有其他场景，比如 RPC 调用有返回值，RPC 调用抛出异常时需要隐式参数给客户端的场景，可以举一反三，不再重复说明。

6.4 Telnet 调用原理

有了编解码器实现的基础，再理解 Telnet 处理就容易多了。编解码器处理有三种场景：请求、响应和 Telent 调用。理解 Telnet 调用并不难，编解码器主要把 Telnet 当作明文字符串处理，按照 Dubbo 的调用规范，解析成调用命令格式，然后查找对应的 Invoker，发起方法调用即可。

6.4.1 Telnet 指令解析原理

为了支持未来更多的 Telnet 命令和扩展性，Telnet 指令解析被设置成了扩展点 `TelnetHandler`，每个 Telnet 指令都会实现这个扩展点。我们首先查看这个扩展点的定义，如代码清单 6-9 所示。

代码清单 6-9　TelnetHandler 定义

```
@SPI
public interface TelnetHandler {

    String telnet(Channel channel, String message) throws RemotingException;

}
```

通过这个扩展点的定义，能够解决扩展更多命令的诉求。`message` 包含处理命令之外的所有字符串参数，具体如何使用这些参数及这些参数的定义全部交给命令实现者决定。

完成 Telnet 指令转发的核心实现类是 `TelnetHandlerAdapter`，它的实现非常简单，首先将用户输入的指令识别成 `command`（比如 invoke、ls 和 status），然后将剩余的内容解析成 message，message 会交给命令实现者去处理。实现代码类在 `TelnetHandlerAdapter#telnet` 中，如代码清单 6-10 所示。

代码清单 6-10　Telnet 转发解析

```java
@Override
public String telnet(Channel channel, String message) throws RemotingException {
    String prompt = channel.getUrl().getParameterAndDecoded(Constants.PROMPT_KEY,
Constants.DEFAULT_PROMPT);
    boolean noprompt = message.contains("--no-prompt");
    message = message.replace("--no-prompt", "");
    StringBuilder buf = new StringBuilder();
    message = message.trim();
    String command;
    if (message.length() > 0) {
        int i = message.indexOf(' ');
        if (i > 0) {
            command = message.substring(0, i).trim();      ← ① 提取执行命令
            message = message.substring(i + 1).trim();     ←
        } else {                                              ② 提取命令后的所有字符串
            command = message;
            message = "";
        }
    } else {
        command = "";
    }
    if (command.length() > 0) {                            ③ 检查系统是否有命
        if (extensionLoader.hasExtension(command)) {    ←    令对应的扩展点
            try {
                String result = extensionLoader.getExtension(command).telnet(channel,
message);          ← ④ 交给具体扩展点执行
                if (result == null) {
                    return null;
                }
                buf.append(result);
            } catch (Throwable t) {
                buf.append(t.getMessage());
            }
        } else {
            buf.append("Unsupported command: ");
            buf.append(command);
        }
```

```
        }
        if (buf.length() > 0) {
            buf.append("\r\n");      ◁── ⑤ 在 Telnet 消息结尾追加回车和换行
        }
        if (prompt != null && prompt.length() > 0 && !noprompt) {
            buf.append(prompt);
        }
        return buf.toString();
    }
```

理解编解码后，可以更好地理解上层的实现和原理，在①中提取 Telnet 一行消息的首个字符串作为命令，如果命令行有空格，则将后面的内容作为字符串，再通过②提取并存储到 message 中。在③中判断并加载是否有对应的扩展点，如果存在对应的 Telnet 扩展点，则会通过④加载具体的扩展点并调用其 `telnet` 方法，最后连同返回结果并追加消息结束符（在⑤中处理）返回给调用方。

在讲解完 Telnet 调用转发后，我们对常用命令 Invoke 调用进行探讨，在 `InvokeTelnetHandler` 中本地实现 Telnet 类调用，如代码清单 6-11 所示。

代码清单 6-11　Telnet 本地方法调用

```
public String telnet(Channel channel, String message) {
    // ...
    int i = message.indexOf("(");
    if (i < 0 || !message.endsWith(")")) {
        return "Invalid parameters, format: service.method(args)";
    }
    String method = message.substring(0, i).trim();     ◁── ① 提取调用方法（由接口名.方法名组成）
    String args = message.substring(i + 1, message.length() - 1).trim();  ◁── ② 提取调用方法参数值
    i = method.lastIndexOf(".");
    if (i >= 0) {
        service = method.substring(0, i).trim();     ◁── ③ 提取方法前面的接口
        method = method.substring(i + 1).trim();     ◁── ④ 提取方法名称
    }
    List<Object> list;
    try {                                            ⑤ 将参数 JSON 串转换成 JSON 对象
        list = JSON.parseArray("[" + args + "]", Object.class);  ◁──
    } catch (Throwable t) {
```

```java
            return "Invalid json argument, cause: " + t.getMessage();
        }
        Invoker<?> invoker = null;
        Method invokeMethod = null;
        for (Exporter<?> exporter : DubboProtocol.getDubboProtocol().getExporters()) {
            if (service == null || service.length() == 0) {
                invokeMethod = findMethod(exporter, method, list);
                if (invokeMethod != null) {
                    invoker = exporter.getInvoker();
                    break;
                }
            } else {
                //
                if (service.equals(exporter.getInvoker().getInterface().getSimpleName())
                        || service.equals(exporter.getInvoker().getInterface().getName())
                        || service.equals(exporter.getInvoker().getUrl().getPath())) {   // ⑥ 接口名、方法、参
                    invokeMethod = findMethod(exporter, method, list);                   //    数值和类型作为检索
                    invoker = exporter.getInvoker();                                     //    方法的条件
                    break;
                }
            }
        }
        if (invoker != null) {
            if (invokeMethod != null) {
                try {                                                        // ⑦ 将 JSON 参数值转换成 Java 对象值
                    Object[] array = PojoUtils.realize(list.toArray(),
invokeMethod.getParameterTypes(), invokeMethod.getGenericParameterTypes());

RpcContext.getContext().setLocalAddress(channel.getLocalAddress()).setRemoteAddress
(channel.getRemoteAddress());
                    long start = System.currentTimeMillis();
                    Object result = invoker.invoke(new RpcInvocation(invokeMethod,
array)).recreate();         // ⑧ 根据查找到的 Invoker、构造 RpcInvocation 进行方法调用
                    long end = System.currentTimeMillis();
                    buf.append(JSON.toJSONString(result));
                    buf.append("\r\nelapsed: ");
                    buf.append(end - start);
                    buf.append(" ms.");
```

```java
        } catch (Throwable t) {
            return "Failed to invoke method " + invokeMethod.getName() + ", cause: " + StringUtils.toString(t);
        }
    } else {
        buf.append("No such method " + method + " in service " + service);
    }
} else {
    buf.append("No such service " + service);
}
return buf.toString();
}
```

当本地没有客户端，想测试服务端提供的方法时，可以使用 Telnet 登录到远程服务器（Telnet IP port），根据 invoke 指令执行方法调用来获得结果。当用户输入 invoke 指令时，会被转发到代码清单 6-11 对应的 Handler。在①中提取方法调用信息（去除参数信息），在②中会提取调用括号内的信息作为参数值。在③中提取方法调用的接口信息，在④中提取接口调用的方法名称。在⑤中会将传递的 JSON 参数值转换成 fastjson 对象，然后在⑥中根据接口名称、方法和参数值查找对应的方法和 Invoker 对象。在真正方法调用前，需要通过⑦把 fastjson 对象转换成 Java 对象，在⑧中触发方法调用并返回结果值。

6.4.2 Telnet 实现健康监测

Telnet 提供了健康检查的命令，可以在 Telnet 连接成功后执行 status -l 查看线程池、内存和注册中心等状态信息。为了完成线程池监控、内存和注册中心监控等诉求，Telnet 提供了新的扩展点 StatusChecker，如代码清单 6-12 所示。

代码清单 6-12　健康检查扩展点

```java
@SPI
public interface StatusChecker {

    Status check();

}
```

当执行 status 命令时会触发 StatusTelnetHandler#telnet 调用，这个方法的实现也比较简单,它会加载所有实现 `StatusChecker` 扩展点的类,然后调用所有扩展点的 `check` 方法。因为这类扩展点的具体实现并不复杂,所以不会一一讲解,表 6-4 列出了健康监测对应的实现和作用。

表 6-4 健康监测对应的实现和作用

健康检查实现类	作　用
DataSourceStatusChecker	数据库状态检查
LoadStatusChecker	系统平均负载检查
MemoryStatusChecker	JVM 内存检查
RegistryStatusChecker	注册中心状态检查
ServerStatusChecker	Dubbo 服务暴露检查
SpringStatusChecker	Spring 状态检查
ThreadPoolStatusChecker	Dubbo 线程池检查

6.5 ChannelHandler

如果读者熟悉 Netty 框架,那么很容易理解 Dubbo 内部使用的 ChannlHandler 组件的原理,Dubbo 框架内部使用大量 Handler 组成类似链表,依次处理具体逻辑,比如编解码、心跳时间戳和方法调用 Handler 等。因为 Netty 每次创建 Handler 都会经过 ChannelPipeline,大量的事件经过很多 Pipeline 会有较多的开销,因此 Dubbo 会将多个 Handler 聚合为一个 Handler。

在详细讲解 ChannelHandler 之前,我们先弄清楚 Dubbo 有哪些常用的 Handler,它们之间是如何关联及如何协作的。

6.5.1 核心 Handler 和线程模型

在讲解核心 Handler 之前,我们先通过表 6-5 看一下 Dubbo 中 Handler(`ChannelHandler`)的 5 种状态。

表 6-5 生命周期状态

状　态	描　述
connected	Channel 已经被创建
disconnected	Channel 已经被断开
sent	消息被发送
received	消息被接收
caught	捕获到异常

Dubbo 针对每个特性都会实现对应的 `ChannelHandler`,在讲解 Handler 的职责前,我们先

通过表 6-6 快速浏览已经支持的 Handler。

表 6-6 Dubbo 常用 Handler

Handler	作用
ExchangeHandlerAdapter	用于查找服务方法并调用
HeaderExchangeHandler	封装处理 Request/Response 和 Telnet 调用能力
DecodeHandler	支持在 Dubbo 线程池中做解码
ChannelHandlerDispatcher	封装多 Handler 广播调用
AllChannelHandler	支持 Dubbo 线程池调用业务方法
HeartbeatHandler	支持心跳处理
MultiMessageHandler	支持流中多消息报文批处理
ConnectionOrderedChannelHandler	单独线程池处理 TCP 的连接和断开
MessageOnlyChannelHandler	仅在线程池处理接收报文，其他事件在 I/O 线程处理
WrappedChannelHandler	基于内存 key-value 存储封装和共享线程池能力，比如记录线程池等
NettyServerHandler	封装 Netty 服务端事件，处理连接、断开、读取、写入和异常等
NettyClientHandler	封装 Netty 客户端事件，处理连接、断开、读取、写入和异常等

Dubbo 中提供了大量的 Handler 去承载特性和扩展，这些 Handler 最终会和底层通信框架做关联，比如 Netty 等。一次完整的 RPC 调用贯穿了一系列的 Handler，如果直接挂载到底层通信框架（Netty），因为整个链路比较长，则需要触发大量链式查找和事件，不仅低效，而且浪费资源。

图 6-5 展示了同时具有入站和出站 ChannelHandler 的布局，如果有一个入站事件被触发，比如连接或数据读取，那么它会从 ChannelPipeline 头部开始一直传播到 ChannelPipeline 的尾端。出站的 I/O 事件将从 ChannelPipeline 最右边开始，然后向左传播。当然，在 ChannelPipeline 传播事件时，它会测试入站是否实现了 `ChannelInboundHandler` 接口，如果没有实现则会自动跳过，出站时会监测是否实现 `ChannelOutboundHandler`，如果没有实现，那么也会自动跳过。在 Dubbo 框架中实现的这两个接口类主要是 `NettyServerHandler` 和 `NettyClientHandler`。Dubbo 通过装饰者模式层包装 Handler，从而不需要将每个 Handler 都追加到 Pipeline 中。在 `NettyServer` 和 `NettyClient` 中最多有 3 个 Handler，分别是编码、解码和 `NettyServerHandler` 或 `NettyClientHandler`。

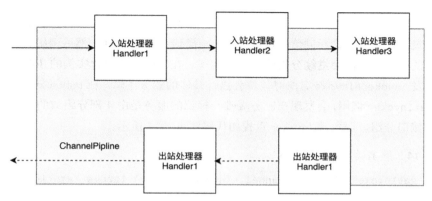

图 6-5　ChannelHandler

讲解完 Handler 的流转机制后，我们再来探讨 RPC 调用服务方处理 Handler 的逻辑，在 DubboProtocol 中通过内部类继承自 ExchangeHandlerAdapter，完成服务提供方 Invoker 实例的查找并进行服务的真实调用，如代码清单 6-13 所示。

代码清单 6-13　服务方 ExchangeHandlerAdapter 内部类实现

```java
private ExchangeHandler requestHandler = new ExchangeHandlerAdapter() {

    @Override
    public Object reply(ExchangeChannel channel, Object message) throws RemotingException {
        if (message instanceof Invocation) {
            Invocation inv = (Invocation) message;
            Invoker<?> invoker = getInvoker(channel, inv);    // ① 查找 Invocation 关联的 Invoker
            // ...
            RpcContext.getContext().setRemoteAddress(channel.getRemoteAddress());
            return invoker.invoke(inv);    // ② 调用业务方具体方法
        }
        throw new RemotingException(channel, "Unsupported request: "
            + (message == null ? null : (message.getClass().getName() + ": " + message))
            + ", channel: consumer: " + channel.getRemoteAddress() + " --> provider: " + channel.getLocalAddress());
    }
}
```

代码清单 6-13 中给出的 Handler 实现是触发业务方法调用的关键，在服务暴露时服务端已经按照特定规则（端口、接口名、接口版本和接口分组）把实例 Invoker 存储到 HashMap 中，客户端调用过来时必须携带相同信息构造的 key，找到对应 Exporter 然后调用。在①中查找当前已经暴露的服务，后面会继续分析这个方法实现。在②中主要包含实例的 Filter 和真实业务对象，当触发 invoker#invoke 方法时，就会执行具体的业务逻辑。在 DubboProtocol 中，我们继续跟踪 getInvoker 调用，会发现在服务端唯一标识的服务是由 4 部分组成的：端口、接口名、接口版本和接口分组。服务端 Invoker 查找如代码清单 6-14 所示。

代码清单 6-14　服务端 Invoker 查找

```
Invoker<?> getInvoker(Channel channel, Invocation inv) throws RemotingException {

    int port = channel.getLocalAddress().getPort();    ← ① 获取服务暴露协议的端口
    String path = inv.getAttachments().get(Constants.PATH_KEY);
                                                       ② 获取调用传递的接口
    String serviceKey = serviceKey(port, path,
    inv.getAttachments().get(Constants.VERSION_KEY),   ③ 根据端口、接口名、接口
    inv.getAttachments().get(Constants.GROUP_KEY));       分组和接口版本构造唯一的

    DubboExporter<?> exporter = (DubboExporter<?>) exporterMap.get(serviceKey);
                                                        ④ 从 HashMap 中获取 Exporter
    if (exporter == null)
        throw new RemotingException(channel, "Not found exported service: " + serviceKey
+ " in " + exporterMap.keySet() + ", may be version or group mismatch " + ", channel: consumer: " + channel.getRemoteAddress() + " --> provider: " + channel.getLocalAddress()
+ ", message:" + inv);

    return exporter.getInvoker();
}
```

为了理解关键原理，特意移除了异步参数回调逻辑，这部分内容会单独在第 9 章高级特性中探讨。在①中主要获取协议暴露的端口，比如 Dubbo 协议默认的端口为 20880。在②中获取客户端传递过来的接口名称（大部分场景都是接口名）。在③中主要根据服务端口、接口名、接口分组和接口版本构造唯一的 key。④：简单从 HashMap 中取出对应的 Exporter 并调用 Invoker 属性值。分析到这里，读者应该能理解 RPC 调用在服务端处理的逻辑了。

Dubbo 为了编织这些 Handler，适应不同的场景，提供了一套可以定制的线程模型。为了使概念更清晰，我们描述的 I/O 线程是指底层直接负责读写报文，比如 Netty 线程池。Dubbo 中提供的线程池负责业务方法调用，我们称为业务线程。如果一些事件逻辑可以很快执行完成，比

如做个标记而已,则可以直接在 I/O 线程中处理。如果事件处理耗时或阻塞,比如读写数据库操作等,则应该将耗时或阻塞的任务转到业务线程池执行。因为 I/O 线程用于接收请求,如果 I/O 线程饱和,则不会接收新的请求。

我们先看一下 Dubbo 中是如何实现线程派发的,如图 6-6 所示。

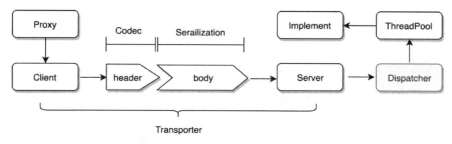

图 6-6　Dubbo 线程模型

在图 6-6 中,Dispatcher 就是线程池派发器。这里需要注意的是,Dispatcher 真实的职责是创建具有线程派发能力的 ChannelHandler,比如 AllChannelHandler、MessageOnlyChannel-Handler 和 ExecutionChannelHandler 等,其本身并不具备线程派发能力。

`Dispatcher` 属于 Dubbo 中的扩展点,这个扩展点用来动态产生 Handler,以满足不同的场景。目前 Dubbo 支持以下 6 种策略调用,如表 6-7 所示。

表 6-7　线程分发策略

分 发 策 略	分 发 实 现	作　用
all	AllDispatcher	将所有 I/O 事件交给 Dubbo 线程池处理,Dubbo 默认启用
connection	ConnectionOrderedDispatcher	单独线程池处理连接断开事件,和 Dubbo 线程池分开
direct	DirectDispatcher	所有方法调用和事件处理在 I/O 线程中,不推荐
execution	ExecutionDispatcher	只在线程池处理接收请求,其他事件在 I/O 线程池中
message	MessageOnlyChannelHandler	只在线程池处理请求和响应事件,其他事件在 I/O 线程池中
mockdispatcher	MockDispatcher	默认返回 Null

具体业务方需要根据使用场景启用不同的策略。建议使用默认策略即可,如果在 TCP 连接中需要做安全加密或校验,则可以使用 `ConnectionOrderedDispatcher` 策略。如果引入新的线程池,则不可避免地导致额外的线程切换,用户可在 Dubbo 配置中指定 `dispatcher` 属性让具体策略生效。

6.5.2　Dubbo 请求响应 Handler

在 Dubbo 框架内部,所有方法调用会被抽象成 Request/Response,每次调用(一次会话)都会创建一个请求 Request，如果是方法调用则会返回一个 Response 对象。HeaderExchangeHandler 用来处理这种场景，它主要负责以下 4 种事情。

（1）更新发送和读取请求时间戳。

（2）判断请求格式或编解码是否有错，并响应客户端失则的具体原因。

（3）处理 Request 请求和 Response 正常响应。

（4）支持 Telnet 调用。

我们首先看一下 HeaderExchangeHandler#received 实现，如代码清单 6-15 所示。

代码清单 6-15　请求响应 Handler 实现

```
@Override
public void received(Channel channel, Object message) throws RemotingException {
    channel.setAttribute(KEY_READ_TIMESTAMP, System.currentTimeMillis());    ◀──
    ExchangeChannel exchangeChannel = HeaderExchangeChannel.getOrAddChannel(channel);
    try {                                                                    ① 更新事件时间戳
        if (message instanceof Request) {
            Request request = (Request) message;
            if (request.isEvent()) {
                handlerEvent(channel, request);  ◀── ② 处理 readonly 事件，在 channel 中打标
            } else {
                if (request.isTwoWay()) {
                    Response response = handleRequest(exchangeChannel, request); ◀──
                    channel.send(response);               ③ 处理方法调用并返回给客户端
                } else {
                    handler.received(exchangeChannel, request.getData());
                }
            }
        } else if (message instanceof Response) {
            handleResponse(channel, (Response) message);  ◀── ④ 接收响应
        } else if (message instanceof String) {
            if (isClientSide(channel)) {    ◀── ⑤ 客户端不支持 Telnet 调用
                Exception e = new Exception("Dubbo client can not supported string message: " + message + " in channel: " + channel + ", url: " + channel.getUrl());
                logger.error(e.getMessage(), e);
            } else {
                String echo = handler.telnet(channel, (String) message);
                if (echo != null && echo.length() > 0) {    ◀── ⑥ 触发 Telnet 调用，并返回
```

```
                    channel.send(echo);
                }
            }
        } else {
            handler.received(exchangeChannel, message);
        }
    } finally {
        HeaderExchangeChannel.removeChannelIfDisconnected(channel);
    }
}
```

①：负责响应读取时间并更新时间戳，在 Dubbo 心跳处理中会使用当前值并判断是否超过空闲时间。②：主要处理事件类型，目前主要处理 readonly 事件，用于 Dubbo 优雅停机。当注册中心反注册元数据时，因为网络原因，客户端不能及时感知注册中心事件，服务端会发送 readonly 报文告知下线。④：处理收到的 Response 响应，告知业务调用方。⑤：校验客户端不支持 Telnet 调用，因为只有服务提供方暴露服务才有意义。这里有个小改进，因为客户端支持异步参数回调，但为什么这里不能支持 Telnet 调用呢？异步参数回调客户端实际上也会暴露一个服务，因此针对这种场景 Telnet 应该是允许调用的。⑥：触发 Telnet 调用，并将字符串返回给 Telnet 客户端，关于 Telent 调用在前面已经分析过了。

接下来我们继续分析如何处理请求和响应（HeaderExchangeHandler#handleRequest，handleResponse），如代码清单 6-16 所示。

代码清单 6-16　处理请求报文

```
Response handleRequest(ExchangeChannel channel, Request req) throws RemotingException
{
    Response res = new Response(req.getId(), req.getVersion());
    if (req.isBroken()) {
        Object data = req.getData();

        String msg;
        if (data == null) msg = null;
        else if (data instanceof Throwable) msg = StringUtils.toString((Throwable)
data);    ←── ① 处理请求格式不正确(编解码)，并把异常转换成字符串返回
        else msg = data.toString();
        res.setErrorMessage("Fail to decode request due to: " + msg);
        res.setStatus(Response.BAD_REQUEST);

        return res;
```

```
        }
        // find handler by message class.
        Object msg = req.getData();
        try {
            Object result = handler.reply(channel, msg);   ← ② 调用 DubboProtocol#reply,
            res.setStatus(Response.OK);                       触发方法调用
            res.setResult(result);
        } catch (Throwable e) {
            res.setStatus(Response.SERVICE_ERROR);   ← ③ 方法调用失败
            res.setErrorMessage(StringUtils.toString(e));
        }
        return res;
}

static void handleResponse(Channel channel, Response response) throws
RemotingException {
    if (response != null && !response.isHeartbeat()) {
        DefaultFuture.received(channel, response);   ← ④ 唤醒阻塞的线程
    }                                                    并通知结果
}
```

在处理请求时，因为在编解码层报错会透传到 Handler，所以在①中首先会判断是否是因为请求报文不正确，如果发生错误，则服务端会将具体异常包装成字符串返回，如果直接使用异常对象，则可能造成无法序列化的错误。在②中触发 Dubbo 协议方法调用，并且把方法调用返回值发送给客户端。如果调用发生未知错误，则会通过③做容错并返回。当发送请求时，会在 `DefaultFuture` 中保存请求对象并阻塞请求线程，在④中会唤醒阻塞线程并将 Response 中的结果通知调用方。

6.5.3 Dubbo 心跳 Handler

Dubbo 默认客户端和服务端都会发送心跳报文，用来保持 TCP 长连接状态。在客户端和服务端，Dubbo 内部开启一个线程循环扫描并检测连接是否超时，在服务端如果发现超时则会主动关闭客户端连接，在客户端发现超时则会主动重新创建连接。默认心跳检测时间是 60 秒，具体应用可以通过 `heartbeat` 进行配置。

Dubbo 在服务端和客户端都复用心跳实现代码，抽象成 `HeartBeatTask` 任务进行处理，如代码 6-17 所示。

代码清单 6-17　Dubbo 心跳逻辑处理

```java
@Override
public void run() {
    try {
        long now = System.currentTimeMillis();
        for (Channel channel : channelProvider.getChannels()) {    // ① 遍历所有 Channel
            if (channel.isClosed()) {    // ② 忽略关闭的 Channel
                continue;
            }
            try {
                Long lastRead = (Long) channel.getAttribute(
                        HeaderExchangeHandler.KEY_READ_TIMESTAMP);
                Long lastWrite = (Long) channel.getAttribute(
                        HeaderExchangeHandler.KEY_WRITE_TIMESTAMP);
                if ((lastRead != null && now - lastRead > heartbeat)    // ③ TCP 连接空闲超过心跳时间，发送事件报文
                        || (lastWrite != null && now - lastWrite > heartbeat)) {
                    Request req = new Request();
                    req.setVersion(Version.getProtocolVersion());
                    req.setTwoWay(true);
                    req.setEvent(Request.HEARTBEAT_EVENT);
                    channel.send(req);
                    if (logger.isDebugEnabled()) {
                        logger.debug("Send heartbeat to remote channel " +
channel.getRemoteAddress()
                                + ", cause: The channel has no data-transmission exceeds
 a heartbeat period: " + heartbeat + "ms");
                    }
                }
                if (lastRead != null && now - lastRead > heartbeatTimeout) {
                    logger.warn("Close channel " + channel
                            + ", because heartbeat read idle time out: " + heartbeatTimeout
+ "ms");
                    if (channel instanceof Client) {
                        try {
                            ((Client) channel).reconnect();    // ④ 客户端空闲超时触发重连（默认超时为 3 分钟）
                        } catch (Exception e) {
                            //do nothing
```

```
                    }
                } else {
                    //
                    channel.close();      ←── ⑤ 服务端关闭连接
                }
            }
        } catch (Throwable t) {
            logger.warn("Exception when heartbeat to remote channel " +
channel.getRemoteAddress(), t);
        }
    }
} catch (Throwable t) {
    logger.warn("Unhandled exception when heartbeat, cause: " + t.getMessage(), t);
}
}
```

①：遍历所有的 Channel，在服务端对应的是所有客户端连接，在客户端对应的是服务端连接。②：主要忽略已经关闭的 Socket 连接。③：判断当前 TCP 连接是否空闲，如果空闲就发送心跳报文。目前判断是否是空闲的，根据 Channel 是否有读或写来决定，比如 1 分钟内没有读或写就发送心跳报文。④：处理客户端超时重新建立 TCP 连接，目前的策略是检查是否在 3 分钟内（用户可以设置）都没有成功接收或发送报文。如果在服务端监测则会通过⑤主动关闭远程客户端连接。

6.6 小结

本章首先讲解了 Dubbo 调用原理和流程，同时对 Dubbo 的协议做了详细的讲解，这里的基础知识对 RPC 调用来说至关重要。在讲解完协议的基础上，我们又对 Dubbo 实现编解码、解决粘包和解包做了深入探讨。

本章重点在 RPC 调用，以及处理常规方法调用，我们也对本地 Telnet 调用的设计和实现原理做了说明。在实际开发过程中，不熟悉 Dubbo 开发的人员也能快速通过 fastjson 方式测试和验证服务，在 Telnet 健康检查方面我们也做了进一步的说明。

最后，我们对 Dubbo 中比较重要的 Handler，比如 Request/Response 模型 Handler 和心跳 Handler 等做了详细的解析，同时对 Dubbo 的线程模型做了剖析。后面的关注点会聚焦于解决业务问题和服务治理上。

第 7 章
Dubbo 集群容错

本章主要内容：
- 集群容错总体实现；
- 普通容错策略的实现；
- Directory 的实现原理；
- Router 的实现原理；
- LoadBalance 的实现原理；
- Merger 的实现原理；
- Mock 的实现原理。

本章首先介绍整个集群容错层的总体结构与实现，让读者对集群容错层有一个整体的了解。然后讲解该层中的每个重要组件，包括普通容错策略的实现原理，如 Failover、Failfast 等策略；整个集群容错过程都会使用的 Directory、Router、LoadBalance 及实现原理。此外，还会讲解特殊的集群容错策略 Merger 和 Mock 的实现原理。

7.1　Cluster 层概述

在微服务环境中，为了保证服务的高可用，很少会有单点服务出现，服务通常都是以集群的形式出现的。在第 6 章中，我们已经了解了远程调用的实现细节。然而，被调用的远程服务并不是每时每刻都保持良好状况，当某个服务调用出现异常时，如网络抖动、服务短暂不可用需要自动容错，或者只想本地测试、服务降级，需要 Mock 返回结果，就需要使用本章介绍的集群容错机制。

我们可以把 Cluster 看作一个集群容错层,该层中包含 Cluster、Directory、Router、LoadBalance 几大核心接口。注意这里要区分 Cluster 层和 Cluster 接口,Cluster 层是抽象概念,表示的是对外的整个集群容错层;Cluster 是容错接口,提供 Failover、Failfast 等容错策略。

由于 Cluster 层的实现众多,因此本节介绍的流程是一个基于 `AbstractClusterInvoker` 的全量流程,某些实现可能只使用了该流程的一小部分。Cluster 的总体工作流程可以分为以下几步:

(1)生成 Invoker 对象。不同的 Cluster 实现会生成不同类型的 `ClusterInvoker` 对象并返回。然后调用 `ClusterInvoker` 的 Invoker 方法,正式开始调用流程。

(2)获得可调用的服务列表。首先会做前置校验,检查远程服务是否已被销毁。然后通过 `Directory#list` 方法获取所有可用的服务列表。接着使用 Router 接口处理该服务列表,根据路由规则过滤一部分服务,最终返回剩余的服务列表。

(3)做负载均衡。在第 2 步中得到的服务列表还需要通过不同的负载均衡策略选出一个服务,用作最后的调用。首先框架会根据用户的配置,调用 ExtensionLoader 获取不同负载均衡策略的扩展点实现(具体负载均衡策略会在后面讲解)。然后做一些后置操作,如果是异步调用则设置调用编号。接着调用子类实现的 doInvoke 方法(父类专门留了这个抽象方法让子类实现),子类会根据具体的负载均衡策略选出一个可以调用的服务。

(4)做 RPC 调用。首先保存每次调用的 Invoker 到 RPC 上下文,并做 RPC 调用。然后处理调用结果,对于调用出现异常、成功、失败等情况,每种容错策略会有不同的处理方式。7.2 节将介绍 Cluster 接口下不同的容错策略实现。

总体调用流程如图 7-1 所示。

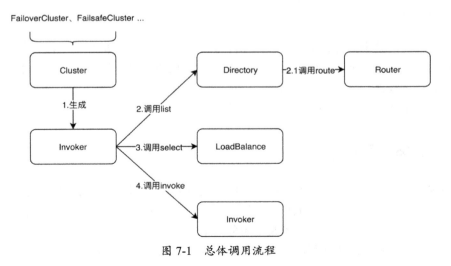

图 7-1　总体调用流程

图 7-1 是一个全量的通用流程，其中 1~3 步都是在抽象方法 `AbstractClusterInvoker` 中实现的，可以理解为通用的模板流程，主要做了校验、参数准备等工作，最终调用子类实现的 doInvoke 方法。不同的 `ClusterInvoker` 子类都继承了该抽象类，子类会在上述流程中做个性化的裁剪。

7.2 容错机制的实现

Cluster 接口一共有 9 种不同的实现，每种实现分别对应不同的 `ClusterInvoker`。本节会介绍继承了 `AbstractClusterInvoker` 的 7 种 `ClusterInvoker` 实现，Merge 和 Mock 属于特殊机制，会在其他章节讲解。

7.2.1 容错机制概述

Dubbo 容错机制能增强整个应用的鲁棒性，容错过程对上层用户是完全透明的，但用户也可以通过不同的配置项来选择不同的容错机制。每种容错机制又有自己个性化的配置项。Dubbo 中现有 Failover、Failfast、Failsafe、Failback、Forking、Broadcast 等容错机制，容错机制的特性如表 7-1 所示。

表 7-1 容错机制的特性

机 制 名	机 制 简 介
Failover	当出现失败时，会重试其他服务器。用户可以通过 retries="2" 设置重试次数。这是 Dubbo 的默认容错机制，会对请求做负载均衡。通常使用在读操作或幂等的写操作上，但重试会导致接口的延迟增大，在下游机器负载已经达到极限时，重试容易加重下游服务的负载
Failfast	快速失败，当请求失败后，快速返回异常结果，不做任何重试。该容错机制会对请求做负载均衡，通常使用在非幂等接口的调用上。该机制受网络抖动的影响较大
Failsafe	当出现异常时，直接忽略异常。会对请求做负载均衡。通常使用在"佛系"调用场景，即不关心调用是否成功，并且不想抛异常影响外层调用，如某些不重要的日志同步，即使出现异常也无所谓
Failback	请求失败后，会自动记录在失败队列中，并由一个定时线程池定时重试，适用于一些异步或最终一致性的请求。请求会做负载均衡
Forking	同时调用多个相同的服务，只要其中一个返回，则立即返回结果。用户可以配置 forks="最大并行调用数" 参数来确定最大并行调用的服务数量。通常使用在对接口实时性要求极高的调用上，但也会浪费更多的资源
Broadcast	广播调用所有可用的服务，任意一个节点报错则报错。由于是广播，因此请求不需要做负载均衡。通常用于服务状态更新后的广播

续表

机 制 名	机 制 简 介
Mock	提供调用失败时，返回伪造的响应结果。或直接强制返回伪造的结果，不会发起远程调用
Available	最简单的方式，请求不会做负载均衡，遍历所有服务列表，找到第一个可用的节点，直接请求并返回结果。如果没有可用的节点，则直接抛出异常
Mergeable	Mergeable 可以自动把多个节点请求得到的结果进行合并

Cluseter 的具体实现：用户可以在<dubbo:service>、<dubbo:reference>、<dubbo:consumer>、<dubbo:provider>标签上通过 cluster 属性设置。

对于 Failover 容错模式，用户可以通过 retries 属性来设置最大重试次数。可以设置在 dubbo:reference 标签上，也可以设置在细粒度的方法标签 dubbo:method 上。

对于 Forking 容错模式，用户可通过 forks="最大并行数"属性来设置最大并行数。假设设置的 forks 数为 n，可用的服务数为 v，当 n<v 时，即可用的服务数大于配置的并行数，则并行请求 n 个服务；当 n>v 时，即可用的服务数小于配置的并行数，则请求所有可用的服务 v。

对于 Mergeable 容错模式，用可以在 dubbo:reference 标签中通过 merger="true"开启，合并时可以通过 group="*"属性指定需要合并哪些分组的结果。默认会根据方法的返回值自动匹配合并器，如果同一个类型有两个不同的合并器实现，则需要在参数中指定合并器的名字（merger="合并器名"）。例如：用户根据某 List 类型的返回结果实现了多个合并器，则需要手动指定合并器名称，否则框架不知道要用哪个。如果想调用返回结果的指定方法进行合并（如返回了一个 Set，想调用 Set#addAll 方法），则可以通过 merger=".addAll"配置来实现。官方 Mergeable 配置示例如代码清单 7-1 所示。

代码清单 7-1 官方 Mergeable 配置示例

```
<dubbo:reference interface="com.xxx.MenuService" group="*" merger="true">
    <dubbo:method name="getMenuItems" merger="false" />
</dubbo:reference>
```
搜索所有分组，根据返回结果的类型自动查找合并器。该接口中 getMenuItems 方法不做合并

```
<dubbo:reference interface="com.xxx.MenuService" group="*">
    <dubbo:method name="getMenuItems" merger="mymerge" />
</dubbo:reference>
```
指定方法合并结果

```
<dubbo:reference interface="com.xxx.MenuService" group="*">
    <dubbo:method name="getMenuItems" merger=".addAll" />
</dubbo:reference>
```
调用返回结果的指定方法进行合并

7.2.2 Cluster 接口关系

在微服务环境中，可能多个节点同时都提供同一个服务。当上层调用 Invoker 时，无论实际存在多少个 Invoker，只需要通过 Cluster 层，即可完成整个调用的容错逻辑，包括获取服务列表、路由、负载均衡等，整个过程对上层都是透明的。当然，Cluster 接口只是串联起整个逻辑，其中 `ClusterInvoker` 只实现了容错策略部分，其他逻辑则是调用了 Directory、Router、LoadBalance 等接口实现。

容错的接口主要分为两大类，第一类是 Cluster 类，第二类是 ClusterInvoker 类。Cluster 和 ClusterInvoker 之间的关系也非常简单：Cluster 接口下面有多种不同的实现，每种实现中都需要实现接口的 join 方法，在方法中会"new"一个对应的 ClusterInvoker 实现。我们以 FailoverCluster 实现为例进行说明，如代码清单 7-2 所示。

代码清单 7-2　Cluster 与 ClusterInvoker 之间的关系示例

```
public class FailoverCluster implements Cluster {
    ...
    @Override
    public <T> Invoker<T> join(Directory<T> directory) throws RpcException
    {
        return new FailoverClusterInvoker<T>(directory);
    }
}
```

FailoverCluster 是 Cluster 的其中一种实现，FailoverCluster 中直接创建了一个新的 FailoverClusterInvoker 并返回。FailoverClusterInvoker 继承的接口是 Invoker。光看文字描述还是比较难懂。因此，在理解集群容错的详细原理之前，我们先从"上帝视角"看一下整个集群容错的接口关系。Cluster 接口的类图关系如图 7-2 所示。

Cluster 是最上层的接口，下面一共有 9 个实现类。Cluster 接口上有 SPI 注解，也就是说，实现类是通过第 4 章中介绍的扩展机制动态生成的。每个实现类里都只有一个 join 方法，实现也很简单，直接"new"一个对应的 ClusterInvoker。其中 `AvailableCluster` 例外，直接使用匿名内部类实现了所有功能。

接下来，我们来看一下 ClusterInvoker 的类结构，如图 7-3 所示。

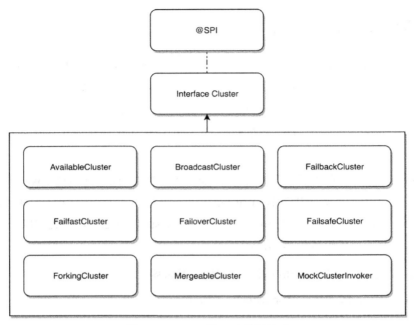

图 7-2　Cluster 接口的类图关系

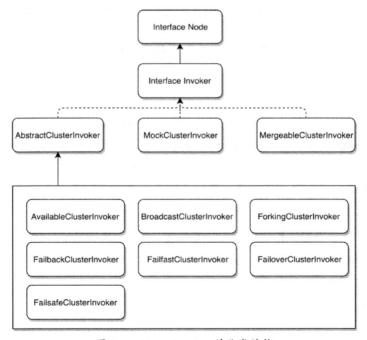

图 7-3　ClusterInvoker 总体类结构

Invoker 接口是最上层的接口，它下面分别有 AbstractClusterInvoker、MockClusterInvoker 和 MergeableClusterInvoker 三个类。其中，AbstractClusterInvoker 是一个抽象类，其封装了通用的模板逻辑，如获取服务列表、负载均衡、调用服务提供者等，并预留了一个 doInvoke 方法需要子类自行实现。AbstractClusterInvoker 下面有 7 个子类，分别实现了不同的集群容错机制。

MockClusterInvoker 和 MergeableClusterInvoker 由于并不适用于正常的集群容错逻辑，因此没有挂在 AbstractClusterInvoker 下面，而是直接继承了 Invoker 接口。

以上就是容错的接口，Directory、Router 和 LoadBalance 的接口会在对应的章节讲解。

7.2.3 Failover 策略

Cluster 接口上有 SPI 注解@SPI(FailoverCluster.NAME)，即默认实现是 Failover。该策略的代码逻辑如下：

（1）校验。校验从 AbstractClusterInvoker 传入的 Invoker 列表是否为空。

（2）获取配置参数。从调用 URL 中获取对应的 `retries` 重试次数。

（3）初始化一些集合和对象。用于保存调用过程中出现的异常、记录调用了哪些节点（这个会在负载均衡中使用，在某些配置下，尽量不要一直调用同一个服务）。

（4）使用 for 循环实现重试，for 循环的次数就是重试的次数。成功则返回，否则继续循环。如果 for 循环完，还没有一个成功的返回，则抛出异常，把（3）中记录的信息抛出去。

前 3 步都是做一些校验、数据准备的工作。第 4 步开始真正的调用逻辑。以下步骤是 for 循环中的逻辑：

- 校验。如果 for 循环次数大于 1，即有过一次失败，则会再次校验节点是否被销毁、传入的 Invoker 列表是否为空。
- 负载均衡。调用 select 方法做负载均衡，得到要调用的节点，并记录这个节点到步骤 3 的集合里，再把已经调用的节点信息放进 RPC 上下文中。
- 远程调用。调用 `invoker#invoke` 方法做远程调用，成功则返回，异常则记录异常信息，再做下次循环。

Failover 流程如图 7-4 所示。

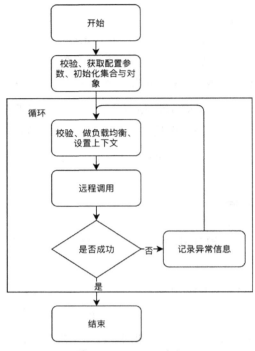

图 7-4　Failover 流程

7.2.4　Failfast 策略

Failfast 会在失败后直接抛出异常并返回，实现非常简单，步骤如下：

（1）校验。校验从 AbstractClusterInvoker 传入的 Invoker 列表是否为空。

（2）负载均衡。调用 select 方法做负载均衡，得到要调用的节点。

（3）进行远程调用。在 try 代码块中调用 invoker#invoke 方法做远程调用。如果捕获到异常，则直接封装成 RpcException 抛出。

整个过程非常简短，也不会做任何中间信息的记录。

7.2.5　Failsafe 策略

Failsafe 调用时如果出现异常，则会直接忽略。实现也非常简单，步骤如下：

（1）校验传入的参数。校验从 AbstractClusterInvoker 传入的 Invoker 列表是否为空。

（2）负载均衡。调用 select 方法做负载均衡，得到要调用的节点。

（3）远程调用。在 try 代码块中调用 invoker#invoke 方法做远程调用，"catch"到任何异常都直接"吞掉"，返回一个空的结果集。

Failsafe 调用源码代码清单 7-3 所示。

代码清单 7-3　Failsafe 调用源码

```
public Result doInvoke(Invocation invocation, List<Invoker<T>> invokers
, LoadBalance loadbalance) throws RpcException {
    try {
        checkInvokers(invokers, invocation);    ← ① 校验传入的参数
        Invoker<T> invoker = select(loadbalance, invocation, invokers, null);  ←
        return invoker.invoke(invocation);  ←    ② 做负载均衡
    } catch (Throwable e) {                  ③ 进行远程调用，调
        ...                                     用成功则直接返回
        return new RpcResult();   ←  捕获到异常，直接返回
    }                                一个空的结果集
}
```

7.2.6　Failback 策略

Failback 如果调用失败，则会定期重试。FailbackClusterInvoker 里面定义了一个 ConcurrentHashMap，专门用来保存失败的调用。另外定义了一个定时线程池，默认每 5 秒把所有失败的调用拿出来，重试一次。如果调用重试成功，则会从 ConcurrentHashMap 中移除。doInvoke 的调用逻辑如下：

（1）校验传入的参数。校验从 AbstractClusterInvoker 传入的 Invoker 列表是否为空。

（2）负载均衡。调用 select 方法做负载均衡，得到要调用的节点。

（3）远程调用。在 try 代码块中调用 invoker#invoke 方法做远程调用，"catch"到异常后直接把 invocation 保存到重试的 ConcurrentHashMap 中，并返回一个空的结果集。

（4）定时线程池会定时把 ConcurrentHashMap 中的失败请求拿出来重新请求，请求成功则从 ConcurrentHashMap 中移除。如果请求还是失败，则异常也会被"catch"住，不会影响 ConcurrentHashMap 中后面的重试。

Failback 重试源码代码清单 7-4 所示。

代码清单 7-4　Failback 重试源码

```
void retryFailed() {
    if (failed.size() == 0) {    ← 没有失败的请求，直接退出
```

```
        return;
    }                              遍历 ConcurrentHashMap，得到所有失败请求
    for (Map.Entry<Invocation, AbstractClusterInvoker<?>> entry :
    new HashMap<Invocation, AbstractClusterInvoker<?>>(
            failed).entrySet()) {
        Invocation invocation = entry.getKey();
        Invoker<?> invoker = entry.getValue();
        try {
            invoker.invoke(invocation);      重新进行请求，成功则
            failed.remove(invocation);       从失败记录中移除
        } catch (Throwable e) {
            ...
        }            捕获异常，只打印日志，防止异常中断重试过程
    }
}
```

7.2.7 Available 策略

Available 是找到第一个可用的服务直接调用，并返回结果。步骤如下：

（1）遍历从 AbstractClusterInvoker 传入的 Invoker 列表，如果 Invoker 是可用的，则直接调用并返回。

（2）如果遍历整个列表还没找到可用的 Invoker，则抛出异常。

7.2.8 Broadcast 策略

Broadcast 会广播给所有可用的节点，如果任何一个节点报错，则返回异常。步骤如下：

（1）前置操作。校验从 AbstractClusterInvoker 传入的 Invoker 列表是否为空；在 RPC 上下文中设置 Invoker 列表；初始化一些对象，用于保存调用过程中产生的异常和结果信息等。

（2）循环遍历所有 Invoker，直接做 RPC 调用。任何一个节点调用出错，并不会中断整个广播过程，会先记录异常，在最后广播完成后再抛出。如果多个节点异常，则只有最后一个节点的异常会被抛出，前面的异常会被覆盖。

7.2.9 Forking 策略

Forking 可以同时并行请求多个服务,有任何一个返回,则直接返回。相对于其他调用策略,Forking 的实现是最复杂的。其步骤如下：

(1) 准备工作。校验传入的 Invoker 列表是否可用；初始化一个 Invoker 集合,用于保存真正要调用的 Invoker 列表；从 URL 中得到最大并行数、超时时间。

(2) 获取最终要调用的 Invoker 列表。假设用户设置最大的并行数为 n,实际可以调用的最大服务数为 v。如果 $n<0$ 或 $n<v$,则说明可用的服务数小于用户的设置,因此最终要调用的 Invoker 只能有 v 个；如果 $n<v$,则会循环调用负载均衡方法,不断得到可调用的 Invoker,加入步骤 1 中的 Invoker 集合里。

这里有一点需要注意：在 Invoker 加入集合时,会做去重操作。因此,如果用户设置的负载均衡策略每次返回的都是同一个 Invoker,那么集合中最后只会存在一个 Invoker,也就是只会调用一个节点。

(3) 调用前的准备工作。设置要调用的 Invoker 列表到 RPC 上下文；初始化一个异常计数器；初始化一个阻塞队列,用于记录并行调用的结果。

(4) 执行调用。循环使用线程池并行调用,调用成功,则把结果加入阻塞队列；调用失败,则失败计数+1。如果所有线程的调用都失败了,即失败计数≥所有可调用的 Invoker 时,则把异常信息加入阻塞队列。

这里有一点需要注意：并行调用是如何保证个别调用失败不返回异常信息,只有全部失败才返回异常信息的呢？因为有判断条件,当失败计数≥所有可调用的 Invoker 时,才会把异常信息放入阻塞队列,所以只有当最后一个 Invoker 也调用失败时才会把异常信息保存到阻塞队列,从而达到全部失败才返回异常的效果。

(5) 同步等待结果。由于步骤 4 中的步骤是在线程池中执行的,因此主线程还会继续往下执行,主线程中会使用阻塞队列的 `poll("超时时间")` 方法,同步等待阻塞队列中的第一个结果,如果是正常结果则返回,如果是异常则抛出。

从上面步骤可以得知,Forking 的超时是通过在阻塞队列的 poll 方法中传入超时时间实现的；线程池中的并发调用会获取第一个正常返回结果。只有所有请求都失败了,Forking 才会失败。Forking 调用流程如图 7-5 所示。

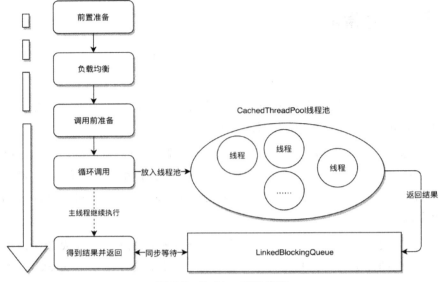

图 7-5 Forking 调用流程

7.3 Directory 的实现

整个容错过程中首先会使用 `Directory#list` 来获取所有的 Invoker 列表。Directory 也有多种实现子类，既可以提供静态的 Invoker 列表，也可以提供动态的 Invoker 列表。静态列表是用户自己设置的 Invoker 列表；动态列表根据注册中心的数据动态变化，动态更新 Invoker 列表的数据，整个过程对上层透明。

7.3.1 总体实现

我们先从"上帝视角"看一下 Directory 接口之间的关系，以便对整个 Directory 体系有一个总体的认识，如图 7-6 所示。

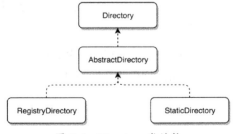

图 7-6 Directory 类结构

又是熟悉的"套路",使用了模板模式。Directory 是顶层的接口。AbstractDirectory 封装了通用的实现逻辑。抽象类包含 RegistryDirectory 和 StaticDirectory 两个子类。下面分别介绍每个类的职责和工作:

(1) AbstractDirectory。封装了通用逻辑,主要实现了四个方法:检测 Invoker 是否可用,销毁所有 Invoker,list 方法,还留了一个抽象的 doList 方法给子类自行实现。list 方法是最主要的方法,用于返回所有可用的 list,逻辑分为两步:

- 调用抽象方法 doList 获取所有 Invoker 列表,不同子类有不同的实现;
- 遍历所有的 router,进行 Invoker 的过滤,最后返回过滤好的 Invoker 列表。

doList 抽象方法则是返回所有的 Invoker 列表,由于是抽象方法,子类继承后必须要有自己的实现。

(2) RegistryDirectory。属于 Directory 的动态列表实现,会自动从注册中心更新 Invoker 列表、配置信息、路由列表。

(3) StaticDirectory。Directory 的静态列表实现,即将传入的 Invoker 列表封装成静态的 Directory 对象,里面的列表不会改变。因为 `Cluster#join(Directory<T> directory)` 方法需要传入 Directory 对象,因此该实现主要使用在一些上层已经知道自己要调用哪些 Invoker,只需要包装一个 Directory 对象返回即可的场景。在 `ReferenceConfig#createProxy` 和 `RegistryDirectory#toMergeMethodInvokerMap` 中使用了 `Cluster#join` 方法。StaticDirectory 的逻辑非常简单,在构造方法中需要传入 Invoker 列表,doList 方法则直接返回初始化时传入的列表。因此,不再详细说明。

接下来,我们重点关注 RegistryDirectory 的实现。

7.3.2 RegistryDirectory 的实现

RegistryDirectory 中有两条比较重要的逻辑线,第一条,框架与注册中心的订阅,并动态更新本地 Invoker 列表、路由列表、配置信息的逻辑;第二条,子类实现父类的 doList 方法。

1. 订阅与动态更新

我们先看一下订阅和动态更新逻辑。这个逻辑主要涉及 subscribe、notify、refreshInvoker 三个方法,其余是一些数据转换的辅助类方法,如 toConfigurators、toRouters。

subscribe 是订阅某个 URL 的更新信息。Dubbo 在引用每个需要 RPC 调用的 Bean 的时候,会调用 `directory.subscribe` 来订阅这个 Bean 的各种 URL 的变化(Bean 的配置在配置中心中都是以 URL 的形式存放的)。这个方法比较简单,只有两行代码,仅仅使用 `registry.subscribe`

订阅。订阅发布在前面章节已经有了详细的讲解，因此不在此展开。

notify 就是监听到配置中心对应的 URL 的变化，然后更新本地的配置参数。监听的 URL 分为三类：配置 configurators、路由规则 router、Invoker 列表。工作流程如下：

（1）新建三个 List，分别用于保存更新的 Invoker URL、路由配置 URL、配置 URL。遍历监听返回的所有 URL，分类后放入三个 List 中。

（2）解析并更新配置参数。

- 对于 router 类参数，首先遍历所有 router 类型的 URL，然后通过 Router 工厂把每个 URL 包装成路由规则，最后更新本地的路由信息。这个过程会忽略以 `empty` 开头的 URL。

- 对于 Configurator 类的参数，管理员可以在 dubbo-admin 动态配置功能上修改生产者的参数，这些参数会保存在配置中心的 configurators 类目下。notify 监听到 URL 配置参数的变化，会解析并更新本地的 Configurator 配置。

- 对于 Invoker 类型的参数，如果是 empty 协议的 URL，则会禁用该服务，并销毁本地缓存的 Invoker；如果监听到的 Invoker 类型 URL 都是空的，则说明没有更新，直接使用本地的老缓存；如果监听到的 Invoker 类型 URL 不为空，则把新的 URL 和本地老的 URL 合并，创建新的 Invoker，找出差异的老 Invoker 并销毁。

监听更新配置的整个过程如图 7-7 所示。

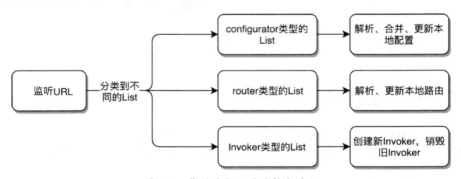

图 7-7　监听更新配置的整个过程

dubbo-admin 上更新路由规则或参数是通过 "override://" 协议实现的，dubbo-admin 的使用方法可以查看官方文档。override 协议的 URL 会覆盖更新本地 URL 中对应的参数。如果是 "empty://" 协议的 URL，则会清空本地的配置，这里会调用 Configurator 接口来实现该功能。override 参数示例如图 7-8 所示，如果有其他的参数需要覆盖，则直接加在 URL 上即可。

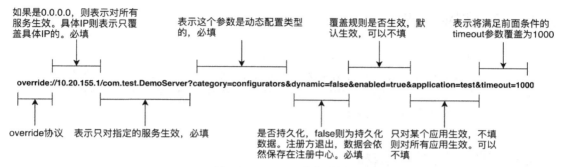

图 7-8　override 参数示例

详细的 override 实现将在第 12 章介绍。

2. doList 的实现

notify 中更新的 Invoker 列表最终会转化为一个字典 Map<String, List<Invoker<T>>> methodInvokerMap。key 是对应的方法名称，value 是整个 Invoker 列表。doList 的最终目标就是在字典里匹配出可以调用的 Invoker 列表，并返回给上层。其主要步骤如下：

（1）检查服务是否被禁用。如果配置中心禁用了某个服务，则该服务无法被调用。如果服务被禁用则会抛出异常。

（2）根据方法名和首参数匹配 Invoker。这是一个比较奇特的特性。根据方法名和首参数查找对应的 Invoker 列表，暂时没看到相关的应用场景。首参数匹配 Invoker 使用示例如代码清单 7-5 所示。

代码清单 7-5　首参数匹配 Invoker 使用示例

```
void test(String arg)   <—— 假设有 test 方法
test("123");            <—— 调用该方法
test.123                <—— 用 test.123 在 methodInvokerMap 中匹配对应的 Invoker 列表
```

如果在这一步没有匹配到 Invoker 列表，则进入第 3 步。

（3）根据方法名匹配 Invoker。以方法名为 key 去 methodInvokerMap 中匹配 Invoker 列表，如果还是没有匹配到，则进入第 4 步。

（4）根据 "*" 匹配 Invoker。用星号去匹配 Invoker 列表，如果还没有匹配到，则进入最后一步兜底操作。

（5）遍历 methodInvokerMap，找到第一个 Invoker 列表返回。如果还没有，则返回一个空列表。

7.4 路由的实现

通过 7.3 节的 Directory 获取所有 Invoker 列表的时候，就会调用到本节的路由接口。路由接口会根据用户配置的不同路由策略对 Invoker 列表进行过滤，只返回符合规则的 Invoker。例如：如果用户配置了接口 A 的所有调用，都使用 IP 为 192.168.1.22 的节点，则路由会过滤其他的 Invoker，只返回 IP 为 192.168.1.22 的 Invoker。

7.4.1 路由的总体结构

路由分为条件路由、文件路由、脚本路由，对应 dubbo-admin 中三种不同的规则配置方式。条件路由是用户使用 Dubbo 定义的语法规则去写路由规则；文件路由则需要用户提交一个文件，里面写着对应的路由规则，框架基于文件读取对应的规则；脚本路由则是使用 JDK 自身的脚本引擎解析路由规则脚本，所有 JDK 脚本引擎支持的脚本都能解析，默认是 JavaScript。我们先来看一下接口之间的关系，如图 7-9 所示。

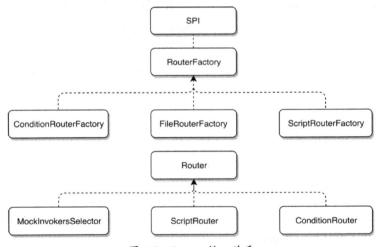

图 7-9 Router 接口关系

RouterFactory 是一个 SPI 接口，没有设置默认值，但由于有@Adaptive("protocol")注解，因此它会根据 URL 中的 protocol 参数确定要初始化哪一个具体的 Router 实现。RouterFactory 源码如代码清单 7-6 所示。

代码清单 7-6 RouterFactory 源码

```
@SPI
public interface RouterFactory {
```

```
@Adaptive("protocol")
Router getRouter(URL url);
}
```

我们在 SPI 的配置文件中能看到，URL 中的 protocol 可以设置 file、script、condition 三种值，分别寻找对应的实现类，如代码清单 7-7 所示。

代码清单 7-7　路由的 SPI 配置

```
file=org.apache.dubbo.rpc.cluster.router.file.FileRouterFactory
script=org.apache.dubbo.rpc.cluster.router.script.ScriptRouterFactory
condition=org.apache.dubbo.rpc.cluster.router.condition.ConditionRouterFactory
```

RouterFactory 的实现类也非常简单，就是直接"new"一个对应的 Router 并返回。例如：ConditionRouterFactory 直接"new"并返回一个 ConditionRouter。当然，FileRouterFactory 除外，直接在工厂类中实现了所有逻辑。

7.4.2　条件路由的参数规则

条件路由使用的是 condition:// 协议，URL 形式是 "condition:// 0.0.0.0/com.foo.BarService?category=routers&dynamic=false&rule=" + URL.encode("host = 10.20.153.10 => host = 10.20.153.11")。我们可以看到，最后的路由规则会用 URL.encode 进行编码。下面来看一下官方文档中对每个参数含义的说明，如表 7-2 所示。

表 7-2　路由规则

参 数 名 称	含　　义
condition://	表示路由规则的类型，支持条件路由规则和脚本路由规则，可扩展，必填
0.0.0.0	表示对所有 IP 地址生效，如果只想对某个 IP 的生效，则填入具体 IP，必填
com.foo.BarService	表示只对指定服务生效，必填
category=routers	表示该数据为动态配置类型，必填
dynamic=false	表示该数据为持久数据，当注册方退出时，数据依然保存在注册中心，必填
enabled=true	覆盖规则是否生效，可不填，默认生效
force=false	当路由结果为空时，是否强制执行，如果不强制执行，则路由结果为空的路由规则将自动失效，可不填，默认为 false

续表

参 数 名 称	含 义
runtime=false	是否在每次调用时执行路由规则，否则只在提供者地址列表变更时预先执行并缓存结果，调用时直接从缓存中获取路由结果。如果用了参数路由，则必须设为 true，需要注意设置会影响调用的性能，可不填，默认为 false
priority=1	路由规则的优先级，用于排序，优先级越大越靠前执行，可不填，默认为 0
rule=URL.encode("host = 10.20.153.10 => host = 10.20.153.11")	表示路由规则的内容，必填

下面来看一条路由规则的示例，如代码清单 7-8 所示。

代码清单 7-8 路由规则配置示例

```
method = find* => host = 192.168.1.22
```

- 这条配置说明所有调用 find 开头的方法都会被路由到 IP 为 192.168.1.22 的服务节点上。
- => 之前的部分为消费者匹配条件，将所有参数和消费者的 URL 进行对比，当消费者满足匹配条件时，对该消费者执行后面的过滤规则。
- => 之后的部分为提供者地址列表的过滤条件，将所有参数和提供者的 URL 进行对比，消费者最终只获取过滤后的地址列表。
- 如果匹配条件为空，则表示应用于所有消费方，如=> host != 192.168.1.22。
- 如果过滤条件为空，则表示禁止访问，如 host = 192.168.1.22 =>。

整个规则的表达式支持$protocol 等占位符方式，也支持=、!=等条件。值可以支持多个，用逗号分隔，如 host = 192.168.1.22,192.168.1.23；如果以 "*" 号结尾，则说明是通配符，如 host = 192.168.1.*表示匹配 192.168.1.网段下所有的 IP。

7.4.3 条件路由的实现

条件路由的具体实现类是 ConditionRouter，Dubbo 会根据自定义的规则语法来实现路由规则。我们主要需要关注其构造方法和实现父类接口的 route 方法。

1. ConditionRouter 构造方法的逻辑

ConditionRouterFactory 在初始化 ConditionRouter 的时候，其构造方法中含有规则解析的逻辑。步骤如下：

（1）根据 URL 的键 rule 获取对应的规则字符串。以=>为界，把规则分成两段，前面部分为 whenRule，即消费者匹配条件；后面部分为 thenRule，即提供者地址列表的过滤条件。我们以代码清单 7-8 的规则为例，其会被解析为 whenRule：method = find*和 thenRule：host = 192.168.1.22。

（2）分别解析两个路由规则。调用 parseRule 方法，通过正则表达式不断循环匹配 whenRule 和 thenRule 字符串。解析的时候，会根据 key-value 之间的分隔符对 key-value 做分类（如果 A=B，则分隔符为=），支持的分隔符形式有：A=B、A&B、A!=B、A,B 这 4 种形式。最终参数都会被封装成一个个 MatchPair 对象，放入 Map 中保存。Map 的 key 是参数值，value 是 MatchPair 对象。若以代码清单 7-8 的规则为例，则会生成以 method 为 key 的 when Map，以 host 为 key 的 then Map。value 则分别是包装了 find*和 192.168.1.22 的 MatchPair 对象。

MatchPair 对象是用来做什么的呢？这个对象一共有两个作用。第一个作用是通配符的匹配和占位符的赋值。MatchPair 对象是内部类，里面只有一个 isMatch 方法，用于判断值是否能匹配得上规则。规则里的$、*等通配符都会在 MatchPair 对象中进行匹配。其中$支持 protocol、username、password、host、port、path 这几个动态参数的占位符。例如：规则中写了$protocol，则会自动从 URL 中获取 protocol 的值，并赋值进去。第二个作用是缓存规则。MatchPair 对象中有两个 Set 集合，一个用于保存匹配的规则，如=find*；另一个则用于保存不匹配的规则，如!=find*。这两个集合在后续路由规则匹配的时候会使用到。

2. route 方法的实现原理

ConditionRouter 继承了 Router 接口，需要实现接口的 route 方法。该方法的主要功能是过滤出符合路由规则的 Invoker 列表，即做具体的条件匹配判断，其步骤如下：

（1）校验。如果规则没有启用，则直接返回；如果传入的 Invoker 列表为空，则直接返回空；如果没有任何的 whenRule 匹配，即没有规则匹配，则直接返回传入的 Invoker 列表；如果 whenRule 有匹配的，但是 thenRule 为空，即没有匹配上规则的 Invoker，则返回空。

（2）遍历 Invoker 列表，通过 thenRule 找出所有符合规则的 Invoker 加入集合。例如：匹配规则中的 method 名称和当前 URL 中的 method 是不是相等。

（3）返回结果。如果结果集不为空，则直接返回；如果结果集为空，但是规则配置了 force=true，即强制过滤，那么就会返回空结果集；非强制则不过滤，即返回所有 Invoker 列表。

具体的逻辑还是比较简单的，但代码中的 if 判断会比较多。

7.4.4 文件路由的实现

文件路由是把规则写在文件中，文件中写的是自定义的脚本规则，可以是 JavaScript、Groovy

等，URL 中对应的 key 值填写的是文件的路径。文件路由主要做的就是把文件中的路由脚本读出来，然后调用路由的工厂去匹配对应的脚本路由做解析。由于逻辑比较简单，我们直接看代码清单 7-9。

代码清单 7-9　文件路由实现逻辑

```
//
String protocol = url.getParameter(Constants.ROUTER_KEY, ScriptRouterFactory.NAME);  // 把类型为 file 的 protocol 替换为 script 类型
String type = null;
String path = url.getPath();      // 解析文件的后缀名，后续用于匹配的
if (path != null) {               // 到底是什么脚本，如 JS、Groovy 等
    int i = path.lastIndexOf('.');
    if (i > 0) {
        type = path.substring(i + 1);
    }
}
String rule = IOUtils.read(new FileReader(new File(url.getAbsolutePath())));  // 读取文件
boolean runtime = url.getParameter(Constants.RUNTIME_KEY, false);  // 读取是否是运行时的参数
URL script = url.setProtocol(protocol)      // 生成路由工厂可以识别的
    .addParameter(Constants.TYPE_KEY, type) // URL，并把参数添加进去
    .addParameter(Constants.RUNTIME_KEY, runtime)
    .addParameterAndEncoded(Constants.RULE_KEY, rule);
return routerFactory.getRouter(script);   // 再次调用路由的工厂，由于前面配置了 protocol
                                          // 为 script 类型，这里会使用脚本路由进行解析
```

7.4.5　脚本路由的实现

脚本路由使用 JDK 自带的脚本解析器解析脚本并运行，默认使用 JavaScript 解析器，其逻辑分为构造方法和 route 方法两大部分。构造方法主要负责一些初始化的工作，route 方法则是具体的过滤逻辑执行的地方。我们先来看一段官方文档中的 JavaScript 脚本，如代码清单 7-10 所示。

代码清单 7-10　脚本示例

```
function route(invokers) {
    var result = new java.util.ArrayList(invokers.size());  // 创建了一个 List
    for (i = 0; i < invokers.size(); i ++) {
        if ("10.20.153.10".equals(invokers.get(i).getUrl().getHost())) {
            result.add(invokers.get(i));   // 遍历传入的所有 Invoker，过滤所有 IP 不是
        }                                  // 10.20.153.10 的 Invoker
```

```
    }
    return result;
} (invokers);    ◁── 表示立即执行方法
```

我们在写 JavaScript 脚本的时候需要注意，一个服务只能有一条规则，如果有多条规则，并且规则之间没有交集，则会把所有的 Invoker 都过滤。另外，脚本路由中也没看到沙箱约束，因此会有注入的风险。

下面我们来看一下脚本路由的构造方法逻辑：

（1）初始化参数。获取规则的脚本类型、路由优先级。如果没有设置脚本类型，则默认设置为 JavaScript 类型，如果没有解析到任何规则，则抛出异常。

（2）初始化脚本执行引擎。根据脚本的类型，通过 Java 的 `ScriptEngineManager` 创建不同的脚本执行器，并缓存起来。

route 方法的核心逻辑就是调用脚本引擎，获取执行结果并返回。主要是 JDK 脚本引擎相关的知识，不会涉及具体的过滤逻辑，因为逻辑已经下沉到用户自定义的脚本中，如代码清单 7-11 所示。

代码清单 7-11　脚本路由的 route 逻辑

```
List<Invoker<T>> invokersCopy = new ArrayList<Invoker<T>>(invokers);
Compilable compilable = (Compilable) engine;
Bindings bindings = engine.createBindings();    ◁── 构造要传入脚本的参数
bindings.put("invokers", invokersCopy);
bindings.put("invocation", invocation);
bindings.put("context", RpcContext.getContext());
CompiledScript function = compilable.compile(rule);
Object obj = function.eval(bindings);    ◁── 执行脚本
```

7.5　负载均衡的实现

在整个集群容错流程中，首先经过 Directory 获取所有 Invoker 列表，然后经过 Router 根据路由规则过滤 Invoker，最后幸存下来的 Invoker 还需要经过负载均衡这一关，选出最终要调用的 Invoker。

7.5.1　包装后的负载均衡

7.2 节介绍了 7 种容错策略，发现在很多容错策略中都会使用负载均衡方法，并且所有的容错策略中的负载均衡都使用了抽象父类 `AbstractClusterInvoker` 中定义的 `Invoker<T> select` 方法，而并不是直接使用 LoadBalance 方法。因为抽象父类在 LoadBalance 的基础上又封装了一些新的特性：

（1）粘滞连接。Dubbo 中有一种特性叫粘滞连接，以下内容摘自官方文档：

粘滞连接用于有状态服务，尽可能让客户端总是向同一提供者发起调用，除非该提供者"挂了"，再连接另一台。

粘滞连接将自动开启延迟连接，以减少长连接数。

```
<dubbo:protocol name="dubbo" sticky="true" />
```

（2）可用检测。Dubbo 调用的 URL 中，如果含有 `cluster.availablecheck=false`，则不会检测远程服务是否可用，直接调用。如果不设置，则默认会开启检查，对所有的服务都做是否可用的检查，如果不可用，则再次做负载均衡。

（3）避免重复调用。对于已经调用过的远程服务，避免重复选择，每次都使用同一个节点。这种特性主要是为了避免并发场景下，某个节点瞬间被大量请求。

整个逻辑过程大致可以分为 4 步：

（1）检查 URL 中是否有配置粘滞连接，如果有则使用粘滞连接的 Invoker。如果没有配置粘滞连接，或者重复调用检测不通过、可用检测不通过，则进入第 2 步。

（2）通过 ExtensionLoader 获取负载均衡的具体实现，并通过负载均衡做节点的选择。对选择出来的节点做重复调用、可用性检测，通过则直接返回，否则进入第 3 步。

（3）进行节点的重新选择。如果需要做可用性检测，则会遍历 Directory 中得到的所有节点，过滤不可用和已经调用过的节点，在剩余的节点中重新做负载均衡；如果不需要做可用性检测，那么也会遍历 Directory 中得到的所有节点，但只过滤已经调用过的，在剩余的节点中重新做负载均衡。这里存在一种情况，就是在过滤不可用或已经调用过的节点时，节点全部被过滤，没有剩下任何节点，此时进入第 4 步。

（4）遍历所有已经调用过的节点，选出所有可用的节点，再通过负载均衡选出一个节点并返回。如果还找不到可调用的节点，则返回 null。

从上述逻辑中，我们可以得知，框架会优先处理粘滞连接。否则会根据可用性检测或重复调用检测过滤一些节点，并在剩余的节点中做负载均衡。如果可用性检测或重复调用检测把节点都过滤了，则兜底的策略是：在已经调用过的节点中通过负载均衡选择出一个可用的节点。

以上就是封装过的负载均衡的实现，下面讲解原始的 LoadBalance 是如何实现的。

7.5.2　负载均衡的总体结构

Dubbo 现在内置了 4 种负载均衡算法，用户也可以自行扩展，因为 LoadBalance 接口上有 @SPI 注解，如代码清单 7-12 所示。

代码清单 7-12　负载均衡接口

```
@SPI(RandomLoadBalance.NAME)
public interface LoadBalance {
    @Adaptive("loadbalance")
    <T> Invoker<T> select(List<Invoker<T>> invokers, URL url, Invocation invocation)
throws RpcException;
}
```

从代码中我们可以知道默认的负载均衡实现就是 `RandomLoadBalance`，即随机负载均衡。由于 select 方法上有 `@Adaptive("loadbalance")` 注解，因此我们在 URL 中可以通过 `loadbalance=xxx` 来动态指定 select 时的负载均衡算法。下面我们来看一下官方文档中对所有负载均衡算法的说明，如表 7-3 所示。

表 7-3　负载均衡算法

负载均衡算法名称	效　果　说　明
Random LoadBalance	随机，按权重设置随机概率。在一个节点上碰撞的概率高，但调用量越大分布越均匀，而且按概率使用权重后也比较均匀，有利于动态调整提供者的权重
RoundRobin LoadBalance	轮询，按公约后的权重设置轮询比例。存在慢的提供者累积请求的问题，比如：第二台机器很慢，但没"挂"，当请求调到第二台时就卡在那里，久而久之，所有请求都卡在调到第二台上
LeastActive LoadBalance	最少活跃调用数，如果活跃数相同则随机调用，活跃数指调用前后计数差。使慢的提供者收到更少请求，因为越慢的提供者的调用前后计数差会越大
ConsistentHash LoadBalance	一致性 Hash，相同参数的请求总是发到同一提供者。当某一台提供者"挂"时，原本发往该提供者的请求，基于虚拟节点，会平摊到其他提供者，不会引起剧烈变动。默认只对第一个参数"Hash"，如果要修改，则配置 `<dubbo:parameter key="hash.arguments" value="0,1" />`。默认使用 160 份虚拟节点，如果要修改，则配置`<dubbo:parameter key="hash.nodes" value="320" />`

4 种负载均衡算法都继承自同一个抽象类，使用的也是模板模式，抽象父类中已经把通用的逻辑完成，留了一个抽象的 `doSelect` 方法给子类实现。负载均衡的接口关系如图 7-10 所示。

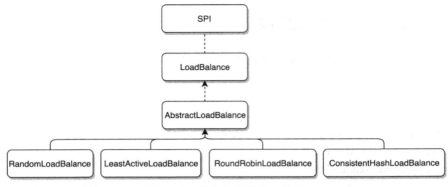

图 7-10 负载均衡的接口关系

抽象父类 AbstractLoadBalance 有两个权重相关的方法：calculateWarmupWeight 和 getWeight。getWeight 方法就是获取当前 Invoker 的权重，calculateWarmupWeight 是计算具体的权重。getWeight 方法中会调用 calculateWarmupWeight，如代码清单 7-13 所示。

代码清单 7-13

```
int weight = invoker.getUrl().getMethodParameter(invocation.getMethodName(),
        Constants.WEIGHT_KEY, Constants.DEFAULT_WEIGHT);     ← 通过 URL 获取当前 Invoker
if (weight > 0) {                                               设置的权重
    long timestamp = invoker.getUrl().getParameter(Constants.REMOTE_TIMESTAMP_KEY, 0L);←
    if (timestamp > 0L) {                                              获取启动的时间点
        int uptime = (int) (System.currentTimeMillis() - timestamp);  ←
                                                     求差值，得到已经预热了多久
        int warmup = invoker.getUrl().getParameter(Constants.WARMUP_KEY,
        Constants.DEFAULT_WARMUP);    ←—— 获取设置的总预热时间
        if (uptime > 0 && uptime < warmup) {
            weight = calculateWarmupWeight(uptime, warmup, weight);  ←
        }                                                 计算出最后的权重
    }
}
return weight;
```

calculateWarmupWeight 的计算逻辑比较简单，由于框架考虑了服务刚启动的时候需要有一个预热的过程，如果一启动就给予 100%的流量，则可能会让服务崩溃，因此实现了 calculateWarmupWeight 方法用于计算预热时候的权重，计算逻辑是：（启动至今时间/给予的预热总时间）×权重。例如：假设我们设置 A 服务的权重是 5，让它预热 10 分钟，则第一分钟的时候，它的权重变为（1/10）×5 = 0.5，0.5/5 = 0.1，也就是只承担 10%的流量；10 分钟后，权重就变为（10/10）×5 = 5，也就是权重变为设置的 100%，承担了所有的流量。

抽象父类的 `select` 方法是进行具体负载均衡逻辑的地方，这里只是做了一些判断并调用需要子类实现的 `doSelect` 方法，因此不再赘述。下面直接看一下不同子类实现 `doSelect` 的方式。

7.5.3　Random 负载均衡

Random 负载均衡是按照权重设置随机概率做负载均衡的。这种负载均衡算法并不能精确地平均请求，但是随着请求数量的增加，最终结果是大致平均的。它的负载计算步骤如下：

（1）计算总权重并判断每个 Invoker 的权重是否一样。遍历整个 Invoker 列表，求和总权重。在遍历过程中，会对比每个 Invoker 的权重，判断所有 Invoker 的权重是否相同。

（2）如果权重相同，则说明每个 Invoker 的概率都一样，因此直接用 `nextInt` 随机选一个 Invoker 返回即可。

（3）如果权重不同，则首先得到偏移值，然后根据偏移值找到对应的 Invoker，如代码清单 7-14 所示。

代码清单 7-14　随机负载均衡源码

```
int offset = ThreadLocalRandom.current().nextInt(totalWeight);
for (int i = 0; i < length; i++) {
    offset -= weights[i];
    if (offset < 0) {
        return invokers.get(i);
    }
}
```

（注释：根据总权重计算出一个随机的偏移量，此处使用了 ThreadLocalRandom 性能会更好；遍历所有的 Invoker，累减，得到被选中的 Invoker）

看源码可能还没理解原理，下面做一个场景假设：假设有 4 个 Invoker，它们的权重分别是 1、2、3、4，则总权重是 1+2+3+4 = 10。说明每个 Invoker 分别有 1/10、2/10、3/10、4/10 的概率会被选中。然后 `nextInt(10)` 会返回 0～10 之间的一个整数，假设为 5。如果进行累减，则减到 3 后会小于 0，此时会落入 3 的区间，即选择 3 号 Invoker，如图 7-11 所示。

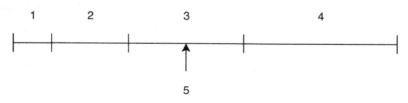

图 7-11　随机选择的区间

7.5.4 RoundRobin 负载均衡

权重轮询负载均衡会根据设置的权重来判断轮询的比例。普通轮询负载均衡的好处是每个节点获得的请求会很均匀，如果某些节点的负载能力明显较弱，则这个节点会堆积比较多的请求。因此普通的轮询还不能满足需求，还需要能根据节点权重进行干预。权重轮询又分为普通权重轮询和平滑权重轮询。普通权重轮询会造成某个节点会突然被频繁选中，这样很容易突然让一个节点流量暴增。Nginx 中有一种叫平滑轮询的算法（smooth weighted round-robin balancing），这种算法在轮询时会穿插选择其他节点，让整个服务器选择的过程比较均匀，不会"逮住"一个节点一直调用。Dubbo 框架中最新的 RoundRobin 代码已经改为平滑权重轮询算法。

我们先来看一下 Dubbo 中 RoundRobin 负载均衡的工作步骤，如下：

（1）初始化权重缓存 Map。以每个 Invoker 的 URL 为 key，对象 WeightedRoundRobin 为 value 生成一个 ConcurrentMap，并把这个 Map 保存到全局的 methodWeightMap 中：ConcurrentMap<String, ConcurrentMap<String, WeightedRoundRobin>> methodWeightMap。methodWeightMap 的 key 是每个接口+方法名。这一步只会生成这个缓存 Map，但里面是空的，第 2 步才会生成每个 Invoker 对应的键值。

WeightedRoundRobin 封装了每个 Invoker 的权重，对象中保存了三个属性，如代码清单 7-15 所示。

代码清单 7-15　WeightedRoundRobin 对象源码

```
private int weight;           ← Invoker 设定的权重
private AtomicLong current = new AtomicLong(0);   ←── 考虑到并发场景下某个 Invoker 会被
private long lastUpdate;      ←                      同时选中，表示该节点被所有线程选中
最后一次更新的时间，用于后续缓存超时的判断            的权重总和
                                                    例如：某节点权重是 100，被 4 个线程
                                                    同时选中，则变为 400
```

（2）遍历所有 Invoker。首先，在遍历的过程中把每个 Invoker 的数据填充到第 1 步生成的权重缓存 Map 中。其次，获取每个 Invoker 的预热权重，新版的框架 RoundRobin 也支持预热，通过和 Random 负载均衡中相同的方式获得预热阶段的权重。如果预热权重和 Invoker 设置的权重不相等，则说明还在预热阶段，此时会以预热权重为准。然后，进行平滑轮询。每个 Invoker 会把权重加到自己的 current 属性上，并更新当前 Invoker 的 lastUpdate。同时累加每个 Invoker 的权重到 totalWeight。最终，遍历完后，选出所有 Invoker 中 current 最大的作为最终要调用的节点。

（3）清除已经没有使用的缓存节点。由于所有的 Invoker 的权重都会被封装成一个

weightedRoundRobin 对象，因此如果可调用的 Invoker 列表数量和缓存 weightedRoundRobin 对象的 Map 大小不相等，则说明缓存 Map 中有无用数据（有些 Invoker 已经不在了，但 Map 中还有缓存）。

为什么不相等就说明有老数据呢？如果 Invoker 列表比缓存 Map 大，则说明有没被缓存的 Invoker，此时缓存 Map 会新增数据。因此缓存 Map 永远大于等于 Invoker 列表。

清除老旧数据时，各线程会先用 CAS 抢占锁（抢到锁的线程才做清除操作，抢不到的线程就直接跳过，保证只有一个线程在做清除操作），然后复制原有的 Map 到一个新的 Map 中，根据 lastUpdate 清除新 Map 中的过期数据（默认 60 秒算过期），最后把 Map 从旧的 Map 引用修改到新的 Map 上面。这是一种 CopyOnWrite 的修改方式。

（4）返回 Invoker。注意，返回之前会把当前 Invoker 的 current 减去总权重。这是平滑权重轮询中重要的一步。

看了这个逻辑，很多读者可能也没明白整个轮询过程，因为穿插了框架逻辑。因此这里把算法逻辑提取出来：

（1）每次请求做负载均衡时，会遍历所有可调用的节点（Invoker 列表）。对于每个 Invoker，让它的 current = current + weight。属性含义见 weightedRoundRobin 对象。同时累加每个 Invoker 的 weight 到 totalWeight，即 totalWeight = totalWeight + weight。

（2）遍历完所有 Invoker 后，current 值最大的节点就是本次要选择的节点。最后，把该节点的 current 值减去 totalWeight，即 current = current - totalWeight。

假设有 3 个 Invoker：A、B、C，它们的权重分别为 1、6、9，初始 current 都是 0，则平滑权重轮询过程如表 7-4 所示。

表 7-4 平滑权重轮询过程

请 求 次 数	被选中前 Invoker 的 current 值	被选中后 Invoker 的 current 值	被选中的节点
1	{1,6,9}	{1,6,-7}	C
2	{2,12,2}	{2,-4,2}	B
3	{3,2,11}	{3,2,-5}	C
4	{4,8,4}	{4,-8,4}	B
5	{5,-2,13}	{5,-2,-3}	C
6	{6,4,6}	{-10,4,6}	A
7	{-9,10,15}	{-9,10,-1}	C
8	{-8,16,8}	{-8,0,8}	B
9	{-7,6,17}	{-7,6,1}	C
10	{-6,12,10}	{-6,-4,10}	B
11	{-5,2,19}	{-5,2,3}	C

续表

请求次数	被选中前 Invoker 的 current 值	被选中后 Invoker 的 current 值	被选中的节点
12	{-4,8,12}	{-4,8,-4}	C
13	{-3,14,5}	{-3,-2,5}	B
14	{-2,4,14}	{-2,4,-2}	C
15	{-1,10,7}	{-1,-6,7}	B
16	{0,0,16}	{0,0,0}	C

从这 16 次的负载均衡来看，我们可以清楚地得知，A 刚好被调用了 1 次，B 刚好被调用了 6 次，C 刚好被调用了 9 次。符合权重轮询的策略，因为它们的权重比是 1∶6∶9。此外，C 并没有被频繁地一直调用，其中会穿插 B 和 A 的调用。至于平滑权重轮询的数学原理，就不在本书讨论的范围内了，感兴趣的读者可以去进一步了解。

7.5.5　LeastActive 负载均衡

LeastActive 负载均衡称为最少活跃调用数负载均衡，即框架会记下每个 Invoker 的活跃数，每次只从活跃数最少的 Invoker 里选一个节点。这个负载均衡算法需要配合 `ActiveLimitFilter` 过滤器来计算每个接口方法的活跃数。最少活跃负载均衡可以看作 Random 负载均衡的"加强版"，因为最后根据权重做负载均衡的时候，使用的算法和 Random 的一样。我们现在配合一些代码来看一下具体的运行逻辑，不重要的代码直接使用 "..." 省略，如代码清单 7-16 所示。

代码清单 7-16　LeastActive 负载均衡源码

```
...                              ← 初始化各种计数器，如最小活跃数计数
for (int i = 0; i < length; i++) {    器、总权重计数器等
    ...     ← 获得 Invoker 的活跃数、预热权重
    if (leastActive == -1 || active < leastActive) {  ← 第一次，或者发现有更小的活跃数
        ...  ← 不管是第一次还是有更小的活跃数，之前的计数都要重新开始
              这里置空之前的计数。因为只计数最小的活跃数
    } else if (active == leastActive) {
    }
}
```
当前 Invoker 的活跃数与计数相同
说明有 N 个 Invoker 都是最小计数，全部保存到集合中
后续就在它们里面根据权重选一个节点

... ← 如果只有一个 Invoker 则直接返回
... ← 如果权重不一样，则使用和 Random 负载均衡一样的权重算法找到一个 Invoker 并返回
... ← 如果权重相同，则直接随机选一个返回

从代码清单 7-16 中我们可以得知其逻辑：遍历所有 Invoker，不断寻找最小的活跃数（leastActive），如果有多个 Invoker 的活跃数都等于 leastActive，则把它们保存到同一个集合中，最后在这个 Invoker 集合中再通过随机的方式选出一个 Invoker。

那最少活跃的计数又是如何知道的呢？

在 `ActiveLimitFilter` 中，只要进来一个请求，该方法的调用的计数就会原子性+1。整个 Invoker 调用过程会包在 try-catch-finally 中，无论调用结束或出现异常，finally 中都会把计数原子−1。该原子计数就是最少活跃数。

7.5.6 一致性 Hash 负载均衡

一致性 Hash 负载均衡可以让参数相同的请求每次都路由到相同的机器上。这种负载均衡的方式可以让请求相对平均，相比直接使用 Hash 而言，当某些节点下线时，请求会平摊到其他服务提供者，不会引起剧烈变动。普通一致性 Hash 的简单示例如图 7-12 所示。

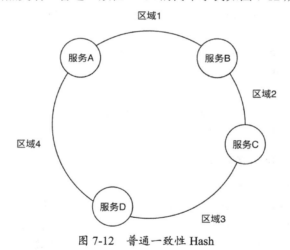

图 7-12　普通一致性 Hash

普通一致性 Hash 会把每个服务节点散列到环形上，然后把请求的客户端散列到环上，顺时针往前找到的第一个节点就是要调用的节点。假设客户端落在区域 2，则顺时针找到的服务 C 就是要调用的节点。当服务 C 宕机下线，则落在区域 2 部分的客户端会自动迁移到服务 D 上。这样就避免了全部重新散列的问题。

普通的一致性 Hash 也有一定的局限性，它的散列不一定均匀，容易造成某些节点压力大。因此 Dubbo 框架使用了优化过的 Ketama 一致性 Hash。这种算法会为每个真实节点再创建多个虚拟节点，让节点在环形上的分布更加均匀，后续的调用也会随之更加均匀。

下面我们来看下一致性 Hash 的实现原理，如代码清单 7-17 所示。

代码清单 7-17　一致性 Hash 负载均衡源码

```
String methodName = RpcUtils.getMethodName(invocation);    ← 获得方法名
String key = invokers.get(0).getUrl().getServiceKey() + "." + methodName;
                                                           ← 以接口名+方法名拼接出 key
int identityHashCode = System.identityHashCode(invokers);  ←
                   把所有可以调用的 Invoker 列表进行 "Hash"
ConsistentHashSelector<T> selector = (ConsistentHashSelector<T>) selectors.get(key);←
                                     现在 Invoker 列表的 Hash 码和之前的不一样，说明
                                     Invoker 列表已经发生了变化，则重新创建 Selector
if (selector == null || selector.identityHashCode != identityHashCode) {
    selectors.put(key, new ConsistentHashSelector<T>(invokers, methodName,
identityHashCode));
    selector = (ConsistentHashSelector<T>) selectors.get(key);
}
return selector.select(invocation);    ← 通过 selector 选出一个 Invoker
```

　　整个逻辑的核心在 ConsistentHashSelector 中，因此我们继续来看 ConsistentHashSelector 是如何初始化的。ConsistentHashSelector 初始化的时候会对节点进行散列，散列的环形是使用一个 TreeMap 实现的，所有的真实、虚拟节点都会放入 TreeMap。把节点的 IP+递增数字做 "MD5"，以此作为节点标识，再对标识做 "Hash" 得到 TreeMap 的 key，最后把可以调用的节点作为 TreeMap 的 value，如代码清单 7-18 所示。

代码清单 7-18　一致性 Hash 散列源码

```
for (Invoker<T> invoker : invokers) {    ← 遍历所有的节点
    String address = invoker.getUrl().getAddress();    ← 得到每个节点的 IP
    for (int i = 0; i < replicaNumber / 4; i++) {    ←
        byte[] digest = md5(address + i);    ←    replicaNumber 是生成的虚拟节
        for (int h = 0; h < 4; h++) {                点数，默认为 160 个
            long m = hash(digest, h);    ←    以 IP+递增数字做 MD5，以此作为节点标识
            virtualInvokers.put(m, invoker);    ←
        }                                  对标识做 "Hash" 得到 TreeMap 的 key，以
    }                                      Invoker 为 value
}
```

　　TreeMap 实现一致性 Hash：在客户端调用时候，只要对请求的参数也做 "MD5" 即可。虽

然此时得到的 MD5 值不一定能对应到 TreeMap 中的一个 key，因为每次的请求参数不同。但是由于 TreeMap 是有序的树形结构，所以我们可以调用 TreeMap 的 `ceilingEntry` 方法，用于返回一个至少大于或等于当前给定 key 的 Entry，从而达到顺时针往前找的效果。如果找不到，则使用 `firstEntry` 返回第一个节点。

7.6 Merger 的实现

当一个接口有多种实现，消费者又需要同时引用不同的实现时，可以用 group 来区分不同的实现，如下所示。

```
<dubbo:service group="group1" interface="com.xxx.testService" />
<dubbo:service group="group2" interface="com.xxx.testService" />
```

如果我们需要并行调用不同 group 的服务，并且要把结果集合并起来，则需要用到 Merger 特性。Merger 实现了多个服务调用后结果合并的逻辑。虽然业务层可以自行实现这个能力，但 Dubbo 直接封装到框架中，作为一种扩展点能力，简化了业务开发的复杂度。Merger 的工作方式如图 7-13 所示。

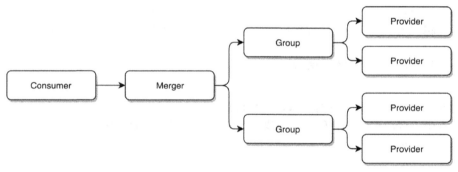

图 7-13　Merger 的工作方式

框架中有一些默认的合并实现。Merger 接口上有@SPI 注解，没有默认值，属于 SPI 扩展点。用户可以基于 Merger 扩展点接口实现自己的自定义类型合并器。本节主要介绍现有抽象逻辑及已有实现。

7.6.1　总体结构

MergerCluster 也是 Cluster 接口的一种实现，因此也遵循 Cluster 的设计模式，在 invoke 方法中完成具体逻辑。整个过程会使用 Merger 接口的具体实现来合并结果集。在使用的时候，通

过 `MergerFactory` 获得各种具体的 Merger 实现。Merger 的 12 种默认实现的关系如图 7-14 所示。

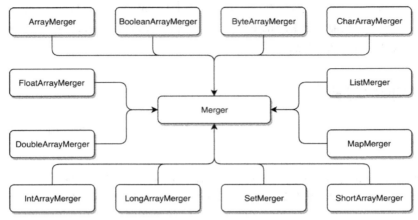

图 7-14　Merge 的 12 种默认实现的关系

如果开启了 Merger 特性，并且未指定合并器（Merger 的具体实现），则框架会根据接口的返回类型自动匹配合并器。我们可以扩展属于自己的合并器，`MergerFactory` 在加载具体实现的时候，会用 `ExtensionLoader` 把所有 SPI 的实现都加载到缓存中。后续使用时直接从缓存中读取，如果读不到则重新全量加载一次 SPI。内置的合并我们可以分为四类：Array、Set、List、Map，实现都比较简单，我们只列举 MapMerger 的实现，如代码清单 7-19 所示。

代码清单 7-19　内置合并器代码示例

```
@Override
public Map<?, ?> merge(Map<?, ?>... items) {
    if (items.length == 0) {      ←── 如果结果集为空，则直接返回 null
        return null;
    }
    Map<Object, Object> result = new HashMap<Object, Object>();   ←┐
    for (Map<?, ?> item : items) {        如果结果集不为空则新建一个 Map，
        if (item != null) {               遍历返回的结果集并放入新的 Map
            result.putAll(item);
        }
    }
    return result;
}
```

整个实现的思路就是，在 Merge 中新建了一个 Map，把返回的多个 Map 合并成一个。其他

类型的合并器实现都是类似的，因此不再赘述。

7.6.2　MergeableClusterInvoker 机制

MergeableClusterInvoker 串起了整个合并器逻辑，在讲解 MergeableClusterInvoker 的机制之前，我们先回顾一下整个调用的过程：`MergeableCluster#join` 方法中直接生成并返回了 `MergeableClusterInvoker`，`MergeableClusterInvoker#invoke` 方法又通过 `MergerFactory` 工厂获取不同的 `Merger` 接口实现，完成了合并的具体逻辑。

MergeableCluster 并没有继承抽象的 Cluster 实现，而是独立完成了自己的逻辑。因此，它的整个逻辑和之前的 Failover 等机制不同，其步骤如下：

（1）前置准备。通过 directory 获取所有 Invoker 列表。

（2）合并器检查。判断某个方法是否有合并器，如果没有，则不会并行调用多个 group，找到第一个可以调用的 Invoker 直接调用就返回了。如果有合并器，则进入第 3 步。

（3）获取接口的返回类型。通过反射获得返回类型，后续要根据这个返回值查找不同的合并器。

（4）并行调用。把 Invoker 的调用封装成一个个 Callable 对象，放到线程池中执行，保存线程池返回的 future 对象到 HashMap 中，用于等待后续结果返回。

（5）等待 future 对象的返回结果。获取配置的超时参数，遍历（4）中得到的 future 对象，设置 `Future#get` 的超时时间，同步等待到并行调用的结果。异常的结果会被忽略，正常的结果会被保存到 list 中。如果最终没有返回结果，则直接返回一个空的 RpcResult；如果只有一个结果，那么也直接返回，不需要再做合并；如果返回类型是 void，则说明没有返回值，也直接返回。

（6）合并结果集。如果配置的是 `merger=".addAll"`，则直接通过反射调用返回类型中的.addAll 方法合并结果集。例如：返回类型是 Set，则调用 Set.addAll 来合并结果，如代码清单 7-20 所示。

代码清单 7-20　调用返回类型的方法合并结果集

```
if (merger.startsWith(".")) {
    merger = merger.substring(1);    ◁── 字符串截取，得到要调用的方法名
    Method method;
    try {
        method = returnType.getMethod(merger, returnType);    ◁── 获取真正的方法对象
    } catch (NoSuchMethodException e) {
        ...
    }
```

```
    if (!Modifier.isPublic(method.getModifiers())) {    ◁─┐ 如果是 private 等不可访问的
        method.setAccessible(true);                        │ 方法，则设置为可以访问
    }
    result = resultList.remove(0).getValue();
    try {                                                ┌─ 如果返回类型不为 void，并会返回相
        if (method.getReturnType() != void.class    ◁───┤  同的类型，则反射调用该方法合并结
                && method.getReturnType().isAssignableFrom(result.getClass())) { └ 果，并修改 result
            for (Result r : resultList) {
                result = method.invoke(result, r.getValue());
            }
        } else {                                     ┌─ 如果不符合，则直接把结果合并
            for (Result r : resultList) {    ◁──────┤  进去即可
                method.invoke(result, r.getValue());
            }
        }
    } catch (Exception e) {
        ...
    }
}
```

对于要调用合并器来合并的结果集，则使用以下逻辑，如代码清单 7-21 所示。

代码清单 7-21　调用合并器源码

```
                                            ┌─ 如果是默认的 Merger（参数为 true 或 default），
Merger resultMerger;                         │ 则用 MergerFactory 获取默认的合并器，否则通过
if (ConfigUtils.isDefault(merger)) {    ◁───┤ ExtensionLoader 获取对应名字的合并器
    resultMerger = MergerFactory.getMerger(returnType);
} else {
    resultMerger =
ExtensionLoader.getExtensionLoader(Merger.class).getExtension(merger);
}
if (resultMerger != null) {    ◁── 找到合并器则合并，否则抛出异常
    List<Object> rets = new ArrayList<Object>(resultList.size());
    for (Result r : resultList) {
        rets.add(r.getValue());
    }
    result = resultMerger.merge(
            rets.toArray((Object[]) Array.newInstance(returnType, 0)));
```

```
} else {
    throw new RpcException("There is no merger to merge result.");
}
```

7.7 Mock

在 Cluster 中,还有最后一个 MockClusterWrapper,由它实现了 Dubbo 的本地伪装。这个功能的使用场景较多,通常会应用在以下场景中:服务降级;部分非关键服务全部不可用,希望主流程继续进行;在下游某些节点调用异常时,可以以 Mock 的结果返回。

7.7.1 Mock 常见的使用方式

Mock 只有在拦截到 RpcException 的时候会启用,属于异常容错方式的一种。业务层面其实也可以用 try-catch 来实现这种功能,如果使用下沉到框架中的 Mock 机制,则可以让业务的实现更优雅。常见配置如下:

```
//配置方式1:可以在配置文件中配置
<dubbo:reference interface="com.foo.BarService" mock="true" />

<dubbo:reference interface="com.foo.BarService" mock="com.foo.BarServiceMock" />   ← 配置方式 2

<dubbo:reference interface="com.foo.BarService" mock="return null" />   ← 配置方式 3
```

提供 Mock 实现,如果 Mock 配置了 true 或 default,则实现的类名必须是接口名+Mock,如配置方式 1
否则会直接取 Mock 参数值作为 Mock 实现类,如配置方式 2

```
package com.foo;
public class BarServiceMock implements BarService {
    public String sayHello(String name) {
        return "容错数据";   ← 可以伪造容错数据,此方法只在出现 RpcException 时被执行
    }
}
```

当接口配置了 Mock,在 RPC 调用抛出 RpcException 时就会执行 Mock 方法。最后一种 return null 的配置方式通常会在想直接忽略异常的时候使用。

服务的降级是在 dubbo-admin 中通过 override 协议更新 Invoker 的 Mock 参数实现的。如果 Mock 参数设置为 mock=force:return+null，则表明是强制 Mock，强制 Mock 会让消费者对该服务的调用直接返回 null，不再发起远程调用。通常使用在非重要服务已经不可用的时候，可以屏蔽下游对上游系统造成的影响。此外，还能把参数设置为 mock=fail:return+null，这样消费者还是会发起远程调用，不过失败后会返回 null，但是不抛出异常。

最后，如果配置的参数是以 throw 开头的，即 mock= throw，则直接抛出 RpcException，不会发起远程调用。

7.7.2 Mock 的总体结构

Mock 涉及的接口比较多，整个流程贯穿 Cluster 和 Protocol 层，接口之间的逻辑关系如图 7-15 所示。

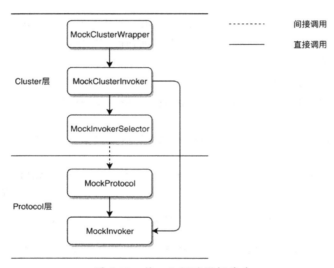

图 7-15　接口之间的逻辑关系

从图 7-15 我们可以得知，主要流程分为 Cluster 层和 Protocol 层。

- MockClusterWrapper 是一个包装类，包装类会被自动注入合适的扩展点实现，它的逻辑很简单，只是把被包装扩展类作为初始化参数来创建并返回一个 MockClusterInvoker，因此本节就不再详细讲解。
- MockClusterInvoker 和其他的 ClusterInvoker 一样，在 Invoker 方法中完成了主要逻辑。
- MockInvokersSelector 是 Router 接口的一种实现，用于过滤出 Mock 的 Invoker。
- MockProtocol 根据用户传入的 URL 和类型生成一个 MockInvoker。

- MockInvoker 实现最终的 Invoker 逻辑。

MockInvoker 与 MockClusterInvoker 看起来都是 Invoker，它们之间有什么区别呢？

首先，强制 Mock、失败后返回 Mock 结果等逻辑是在 MockClusterInvoker 里处理的；其次，MockClusterInvoker 在某些逻辑下，会生成 MockInvoker 并进行调用；然后，在 MockInvoker 里会处理 mock="return null"、mock="throw xxx" 或 mock=com.xxService 这些配置逻辑。最后，MockInvoker 还会被 MockProtocol 在引用远程服务的时候创建。我们可以认为，MockClusterInvoker 会处理一些 Class 级别的 Mock 逻辑，例如：选择调用哪些 Mock 类。MockInvoker 处理的是方法级别的 Mock 逻辑，如返回值。

7.7.3 Mock 的实现原理

1. MockClusterInvoker 的实现原理

MockClusterWrapper 是一个包装类，它在创建 MockClusterInvoker 的时候会把被包装的 Invoker 传入构造方法，因此 MockClusterInvoker 内部天生就含有一个 Invoker 的引用。MockClusterInvoker 的 invoke 方法处理了主要逻辑，步骤如下：

（1）获取 Invoker 的 Mock 参数。前面已经说过，该 Invoker 是在构造方法中传入的。如果该 Invoker 根本就没有配置 Mock，则直接调用 Invoker 的 invoke 方法并把结果返回；如果配置了 Mock 参数，则进入下一步。

（2）判断参数是否以 force 开头，即判断是否强制 Mock。如果是强制 Mock，则进入 doMockInvoke 逻辑，这部分逻辑在后面统一讲解。如果不以 force 开头，则进入失败后 Mock 的逻辑。

（3）失败后调用 doMockInvoke 逻辑返回结果。在 try 代码块中直接调用 Invoker 的 invoke 方法，如果抛出了异常，则在 catch 代码块中调用 doMockInvoke 逻辑。

强制 Mock 和失败后 Mock 都会调用 doMockInvoke 逻辑，其步骤如下：

（1）通过 selectMockInvoker 获得所有 Mock 类型的 Invoker。selectMockInvoker 在对象的 attachment 属性中偷偷放进一个 invocation.need.mock=true 的标识。directory 在 list 方法中列出所有 Invoker 的时候，如果检测到这个标识，则使用 MockInvokersSelector 来过滤 Invoker，而不是使用普通 route 实现，最后返回 Mock 类型的 Invoker 列表。如果一个 Mock 类型的 Invoker 都没有返回，则通过 directory 的 URL 新创建一个 MockInvoker；如果有 Mock 类型的 Invoker，则使用第一个。

（2）调用 MockInvoker 的 invoke 方法。在 try-catch 中调用 invoke 方法并返回结果。如果出现了异常，并且是业务异常，则包装成一个 RpcResult 返回，否则返回 RpcException 异常。

2. MockInvokersSelector 的实现原理

在 doMockInvoke 的第 1 步中，directory 会使用 MockInvokersSelector 来过滤出 Mock 类型的 Invoker。MockInvokersSelector 是 Router 接口的其中一种实现。它路由时的具体逻辑如下：

（1）判断是否需要做 Mock 过滤。如果 attachment 为空，或者没有 invocation.need.mock=true 的标识，则认为不需要做 Mock 过滤，进入步骤 2；如果找到这个标识，则进入步骤 3。

（2）获取非 Mock 类型的 Invoker。遍历所有的 Invoker，如果它们的 protocol 中都没有 Mock 参数，则整个列表直接返回。否则，把 protocol 中所有没有 Mock 标识的取出来并返回。

（3）获取 Mock 类型的 Invoker。遍历所有的 Invoker，如果它们的 protocol 中都没有 Mock 参数，则直接返回 null。否则，把 protocol 中所有含有 Mock 标识的取出来并返回。

3. MockProtocol 与 MockInvoker 的实现原理

MockProtocol 也是协议的一种，主要是把注册中心的 Mock URL 转换为 MockInvoker 对象。URL 可以通过 dubbo-admin 或其他方式写入注册中心，它被定义为只能引用，不能暴露，如代码清单 7-22 所示。

代码清单 7-22　MockProtocol 源码

```
@Override
public <T> Exporter<T> export(Invoker<T> invoker) throws RpcException {
    throw new UnsupportedOperationException();   ← 不能暴露，否则会抛异常
}

@Override
public <T> Invoker<T> refer(Class<T> type, URL url) throws RpcException {
    return new MockInvoker<T>(url);    ← 直接把引用的 Mock URL 转换为一个
}                                          MockInvoker 对象
```

例如，我们在注册中心/dubbo/com.test.xxxService/providers 这个服务提供者的目录下，写入一个 Mock 的 URL：mock:// 192.168.0.123/com.test.xxxService。

在 MockInvoker 的 invoke 方法中，主要处理逻辑如下：

（1）获取 Mock 参数值。通过 URL 获取 Mock 配置的参数，如果为空则抛出异常。优先会获取方法级的 Mock 参数，例如：以 methodName.mock 为 key 去获取参数值；如果取不到，则尝试以 mock 为 key 获取对应的参数值。

（2）处理参数值是 return 的配置。如果只配置了一个 return，即 mock=return，则返回一个空的 RpcResult；如果 return 后面还跟了别的参数，则首先解析返回类型，然后结合 Mock 参

数和返回类型，返回 Mock 值。现支持以下类型的参数：Mock 参数值等于 empty，根据返回类型返回 new xxx()空对象；如果参数值是 null、true、false，则直接返回这些值；如果是其他字符串，则返回字符串；如果是数字、List、Map 类型，则返回对应的 JSON 串；如果都没匹配上，则直接返回 Mock 的参数值。

（3）处理参数值是 throw 的配置。如果 throw 后面没有字符串，则包装成一个 RpcException 异常，直接抛出；如果 throw 后面有自定义的异常类，则使用自定义的异常类，并包装成一个 RpcException 异常抛出。

（4）处理 Mock 实现类。先从缓存中取，如果有则直接返回。如果缓存中没有，则先获取接口的类型，如果 Mock 的参数配置的是 true 或 default，则尝试通过"接口名+Mock"查找 Mock 实现类，例如：TestService 会查找 Mock 实现 TestServiceMock。如果是其他配置方式，则通过 Mock 的参数值进行查找，例如：配置了 mock=com.xxx.testService，则会查找 com.xxx.testService。

7.8 小结

本章的内容较多，首先介绍了整个集群容错层的总体结构，讲解了 7 种普通集群容错策略的实现原理——都使用了模板模式，继承了 AbstractClusterInvoker，在 AbstractClusterInvoker 中完成了总体的抽象逻辑，并留了一个抽象方法让子类实现自己的独特功能。其次我们介绍了整个集群容错层都会使用的 Directory 接口，重点讲解 RegistryDirectory 监听注册中心，并动态更新本地缓存的 Invoker 列表、路由列表、配置列表。然后我们讲解了相关的路由接口、负载均衡接口的实现原理，介绍了三种不同路由规则的实现方式和四种不同负载均衡策略的实现方式。接着讲解了特殊容错机制 Merger，包含默认合并器的总体大图，以及具体 Merge 的实现步骤。最后讲解了 Mock 机制的实现，分为 Cluster 层的逻辑线，以及 Protocol 层的逻辑线。

第 8 章
Dubbo 扩展点

本章主要内容：
- 核心扩展点概述；
- RPC 层扩展点；
- Remote 层扩展点；
- 其他扩展点。

我们在第 4 章已经了解了 Dubbo 的 SPI 扩展机制，本章主要介绍在整个框架中有哪些已有的接口是可以扩展的，主要涉及扩展接口的作用，原理性的内容相对较少。首先介绍整个框架中核心扩展点的总体大图，让读者对这些扩展点有一个总体的了解。其次从上到下介绍整个 RPC 层的扩展点。然后介绍 Remote 层的扩展点。最后会把其他一些零散的扩展点也简单介绍一下。

8.1 Dubbo 核心扩展点概述

我们经常会听到一句话：唯一不变的，就是变化本身。面对互联网领域日新月异的业务发展变化，作为一个分布式服务框架，既需要提供非常强大的功能，满足业务开发者日常开发的需求，也需要在框架的内在结构里，提供足够多的特定扩展能力，使得用户可以在不改动内部代码和结构的基础上，按照这些接口的约定，即可简单方便地定制出自己想要的功能。Dubbo 使用了扩展点的方式来实现这种能力。Dubbo 的总体流程和分层是抽象不变的，但是每一层都提供扩展接口，让用户可以自定义扩展每一层的功能。

8.1.1 扩展点的背景

扩展机制和扩展点作为 Dubbo 的核心设计机制，不仅是 Dubbo 能够适应不同公司的具体技术需要，流行至今的重要因素，也是 Dubbo 本身生态不断完善，功能越来越强大的核心原因之一。这种灵活定制的设计，一方面让 Dubbo 项目近几年来在阿里巴巴集团和开源团队之外，吸引很多公司"fork"了源码自己进行维护和发展，另一方面让 Dubbo 于 2017 年重新启动开源后，本身能够根据技术趋势的发展和业内其他优秀的技术框架，不断地进行一些重大的重构调整，以及对项目进行拆分，把一些独立的功能模块和非核心的扩展逐步迁移到 Dubbo 生态项目，进而实现 Dubbo 的"微内核+富生态"的技术发展策略。

实际上 Dubbo 本身的各类功能组件也是按照这些扩展点的具体实现构建出来的，例如 Dubbo 默认的 Dubbo 协议、Hessian2 序列化和协议、fastjson 序列化、ZooKeeper 注册中心等。更多的"非官方"扩展组件则是由广大开发者在自己的工作实践中创造并提交到 Dubbo 项目中的，最终一部分变成了目前的"官方"扩展组件，比如 WebService 协议、REST 协议、Thrift 协议、fst 和 kryo 序列化等，另一部分变成了 Dubbo 生态项目中的"准官方"扩展组件，例如 JSON-RPC/XML-RPC 协议、JMS 协议、avro/gson 序列化、etcd/nacos 注册中心等。这些扩展的提交者也成为 Dubbo 项目的 Committer 或 PMC 成员。

在第 4 章"Dubbo 加载机制"中我们介绍了 Dubbo 的扩展机制和扩展组件加载的原理。本章我们将介绍 Dubbo 的核心扩展点具体有哪些，它们有什么特点、如何使用，以及具有哪些内置的扩展组件。

8.1.2 扩展点整体架构

如果按照使用者和开发者两种类型来区分，Dubbo 可以分为 API 层和 SPI 层。API 层让用户只关注业务的配置，直接使用框架的 API 即可；SPI 层则可以让用户自定义不同的实现类来扩展整个框架的功能。

如果按照逻辑来区分，那么又可以把 Dubbo 从上到下分为业务、RPC、Remote 三个领域。由于业务层不属于 SPI 的扩展，因此不是本章关注的内容。可扩展的 RPC 和 Remote 层继续细分，又能分出 7 层，如图 8-1 所示。

图 8-1 中已经把监控层（Monitor 层）移除，因为监控层的实现过于简单，此外即使没有监控层也不会影响整个主流程的进行，因此不再单独讲解。另外，细分出来的每一层（Proxy、Registry…）的作用，已经在第 1 章中介绍，因此本章不再重复赘述。

图 8-1 中已经把每一层的扩展点接口列了出来。在下面的章节中，我们将逐一讲解每个扩展点的作用和约束。

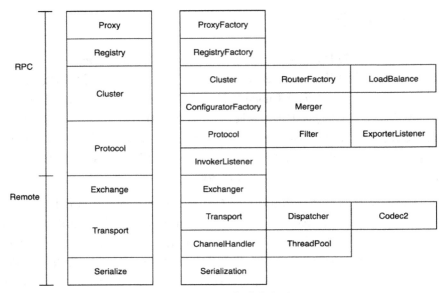

图 8-1　Dubbo 扩展点分层

8.2　RPC 层扩展点

按照完整的 Dubbo 结构分层，RPC 层可以分为四层：Config、Proxy、Registry、Cluster。由于 Config 属于 API 的范畴，因此我们只基于 Proxy、Registry、Cluster 三层来介绍对应的扩展点。

8.2.1　Proxy 层扩展点

Proxy 层主要的扩展接口是 ProxyFactory。我们在使用 Dubbo 框架的时候，明明调用的是一个本地的接口，为什么框架会自动帮我们发起远程请求，并把调用结果返回呢？整个远程调用的过程对开发者完全是透明的，就像本地调用一样。这正是由于 ProxyFactory 帮我们生成了代理类，当我们调用某个远程接口时，实际上使用的是代理类。代理类远程调用过程如图 8-2 所示。

图 8-2 中省略了很多细节，如序列化等，主要是为了说明整个代理调用过程。Dubbo 中的 ProxyFactory 有两种默认实现：Javassist 和 JDK，用户可以自行扩展自己的实现，如 CGLIB（Code Generation Library）。Dubbo 选用 Javassist 作为默认字节码生成工具，主要是基于性能和使用的简易性考虑，Javassist 的字节码生成效率相对于其他库更快，使用也更简单。下面我们来看一下 ProxyFactory 接口有哪些具体的方法，如代码清单 8-1 所示。

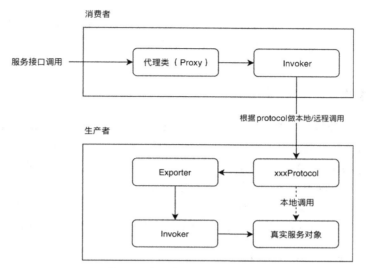

图 8-2　代理类远程调用过程

代码清单 8-1　ProxyFactory 接口

```
@SPI("javassist")
public interface ProxyFactory {
    @Adaptive({Constants.PROXY_KEY})
    <T> T getProxy(Invoker<T> invoker) throws RpcException;

    @Adaptive({Constants.PROXY_KEY})
    <T> T getProxy(Invoker<T> invoker, boolean generic) throws RpcException;

    @Adaptive({Constants.PROXY_KEY})
    <T> Invoker<T> getInvoker(T proxy, Class<T> type, URL url) throws RpcException;
}
```

我们可以看到 ProxyFactory 接口有三个方法，每个方法上都有 @Adaptive 注解，并且方法会根据 URL 中的 proxy 参数决定使用哪种字节码生成工具。第二个方法的 generic 参数是为了标识这个代理是否是泛化调用。已有的扩展点实现如表 8-1 所示。

表 8-1　已有的扩展点实现

扩展 key 名	扩展 类 名
stub	org.apache.dubbo.rpc.proxy.wrapper.StubProxyFactoryWrapper
jdk	org.apache.dubbo.rpc.proxy.jdk.JdkProxyFactory
javassist	org.apache.dubbo.rpc.proxy.javassist.JavassistProxyFactory

stub 比较特殊，它的作用是创建一个代理类，这个类可以在发起远程调用之前在消费者本地做一些事情，比如先读缓存。它可以决定要不要调用 Proxy。

8.2.2 Registry 层扩展点

Registry 层可以理解为注册层，这一层中最重要的扩展点就是 `org.apache.dubbo.registry.RegistryFactory`。整个框架的注册与服务发现客户端都是由这个扩展点负责创建的。该扩展点有`@Adaptive({"protocol"})`注解，可以根据 URL 中的 `protocol` 参数创建不同的注册中心客户端。例如：`protocol=redis`，该工厂会创建基于 Redis 的注册中心客户端。因此，如果我们扩展了自定义的注册中心，那么只需要配置不同的 Protocol 即可。在第 11 章"Dubbo 注册中心扩展实践"中使用的就是这个扩展点。RegistryFactory 接口如代码清单 8-2 所示。

代码清单 8-2　RegistryFactory 接口

```
@SPI("dubbo")
public interface RegistryFactory {
    @Adaptive({"protocol"})
    Registry getRegistry(URL url);
}
```

使用这个扩展点，还有一些需要遵循的"潜规则"：

- 如果 URL 中设置了 check=false，则连接不会被检查。否则，需要在断开连接时抛出异常。
- 需要支持通过 username:password 格式在 URL 中传递鉴权。
- 需要支持设置 backup 参数来指定备选注册集群的地址。
- 需要支持设置 file 参数来指定本地文件缓存。
- 需要支持设置 timeout 参数来指定请求的超时时间。
- 需要支持设置 session 参数来指定连接的超时或过期时间。

在 Dubbo 中，有 `AbstractRegistryFactory` 已经抽象了一些通用的逻辑，用户可以直接继承该抽象类实现自定义的注册中心工厂。已有的 RegistryFactory 实现如表 8-2 所示。

表 8-2　已有的 RegistryFactory 实现

扩展 key 名	扩展 类 名
zookeeper	org.apache.dubbo.registry.zookeeper.ZookeeperRegistryFactory
redis	org.apache.dubbo.registry.redis.RedisRegistryFactory
multicast	org.apache.dubbo.registry.multicast.MulticastRegistryFactory
dubbo	org.apache.dubbo.registry.multicast.MulticastRegistryFactory

8.2.3 Cluster 层扩展点

Cluster 层负责了整个 Dubbo 框架的集群容错，涉及的扩展点较多，包括容错（Cluster）、路由（Router）、负载均衡（LoadBalance）、配置管理工厂（ConfiguratorFactory）和合并器（Merger）。

1. Cluster 扩展点

Cluster 需要与 Cluster 层区分开，Cluster 主要负责一些容错的策略，也是整个集群容错的入口。当远程调用失败后，由 Cluster 负责重试、快速失败等，整个过程对上层透明。整个集群容错层之间的关系，已经在第 7 章有比较详细的讲解了，因此不再赘述。

Cluster 扩展点主要负责 Dubbo 框架中的容错机制，如 Failover、Failfast 等，默认使用 Failover 机制。Cluster 扩展点接口如代码清单 8-3 所示。

代码清单 8-3　Cluster 扩展点接口

```
@SPI(FailoverCluster.NAME)
public interface Cluster {
    @Adaptive
    <T> Invoker<T> join(Directory<T> directory) throws RpcException;
}
```

Cluster 接口只有一个 join 方法，并且有 @Adaptive 注解，说明会根据配置动态调用不同的容错机制。已有的 Cluster 实现如表 8-3 所示。

代码清单 8-3　已有的 Cluster 实现

扩展 key 名	扩展类名
mock	org.apache.dubbo.rpc.cluster.support.wrapper.MockClusterWrapper
failover	org.apache.dubbo.rpc.cluster.support.FailoverCluster
failfast	org.apache.dubbo.rpc.cluster.support.FailfastCluster
failsafe	org.apache.dubbo.rpc.cluster.support.FailsafeCluster
failback	org.apache.dubbo.rpc.cluster.support.FailbackCluster
forking	org.apache.dubbo.rpc.cluster.support.ForkingCluster
available	org.apache.dubbo.rpc.cluster.support.AvailableCluster
mergeable	org.apache.dubbo.rpc.cluster.support.MergeableCluster
broadcast	org.apache.dubbo.rpc.cluster.support.BroadcastCluster
registryaware	org.apache.dubbo.rpc.cluster.support.RegistryAwareCluster

2. RouterFactory 扩展点

RouterFactory 是一个工厂类，顾名思义，就是用于创建不同的 Router。假设接口 A 有多个服务提供者提供服务，如果配置了路由规则（某个消费者只能调用某个几个服务提供者），则 Router 会过滤其他服务提供者，只留下符合路由规则的服务提供者列表。

现有的路由规则支持文件、脚本和自定义表达式等方式。接口上有 @Adaptive("protocol") 注解，会根据不同的 protocol 自动匹配路由规则，如代码清单 8-4 所示。

代码清单 8-4　RouterFactory 扩展点实现

```
@SPI
public interface RouterFactory {
    @Adaptive("protocol")
    Router getRouter(URL url);
}
```

在 2.7 版本之后，路由模块会做出较大的更新，每个服务中每种类型的路由只会存在一个，它们会成为一个路由器链。因此新的运行模式需要关注 2.7 版本。已有的 RouterFactory 实现如表 8-4 所示。

表 8-4　已有的 RouterFactory 实现

扩展 key 名	扩 展 类 名
file	org.apache.dubbo.rpc.cluster.router.file.FileRouterFactory
script	org.apache.dubbo.rpc.cluster.router.script.ScriptRouterFactory
condition	org.apache.dubbo.rpc.cluster.router.condition.ConditionRouterFactory
service	org.apache.dubbo.rpc.cluster.router.condition.config.ServiceRouterFactory
app	org.apache.dubbo.rpc.cluster.router.condition.config.AppRouterFactory
tag	org.apache.dubbo.rpc.cluster.router.tag.TagRouterFactory
mock	org.apache.dubbo.rpc.cluster.router.mock.MockRouterFactor

3. LoadBalance 扩展点

LoadBalance 是 Dubbo 框架中的负载均衡策略扩展点，框架中已经内置随机（Random）、轮询（RoundRobin）、最小连接数（LeastActive）、一致性 Hash（ConsistentHash）这几种负载均衡的方式，默认使用随机负载均衡策略。LoadBalance 主要负责在多个节点中，根据不同的负载均衡策略选择一个合适的节点来调用。由于在集群容错章节对负载均衡也有比较深入的讲解，因此也不再赘述。LoadBalance 扩展点接口源码如代码清单 8-5 所示。

代码清单 8-5　LoadBalance 扩展点接口源码

```java
@SPI(RandomLoadBalance.NAME)
public interface LoadBalance {
    @Adaptive("loadbalance")
    <T> Invoker<T> select(List<Invoker<T>> invokers, URL url, Invocation invocation)
            throws RpcException;
}
```

框架中已有的 LoadBalance 实现如表 8-5 所示。

表 8-5　框架中已有的 LoadBalance 实现

扩展 key 名	扩 展 类 名
random	org.apache.dubbo.rpc.cluster.loadbalance.RandomLoadBalance
roundrobin	org.apache.dubbo.rpc.cluster.loadbalance.RoundRobinLoadBalance
leastactive	org.apache.dubbo.rpc.cluster.loadbalance.LeastActiveLoadBalance
consistenthash	org.apache.dubbo.rpc.cluster.loadbalance.ConsistentHashLoadBalance

4. ConfiguratorFactory 扩展点

ConfiguratorFactory 是创建配置实例的工厂类，现有 override 和 absent 两种工厂实现，分别会创建 OverrideConfigurator 和 AbsentConfigurator 两种配置对象。默认的两种实现，OverrideConfigurator 会直接把配置中心中的参数覆盖本地的参数；AbsentConfigurator 会先看本地是否存在该配置，没有则新增本地配置，如果已经存在则不会覆盖。ConfiguratorFactory 扩展点源码如代码清单 8-6 所示。

代码清单 8-6　ConfiguratorFactory 扩展点源码

```java
@SPI
public interface ConfiguratorFactory {
    @Adaptive("protocol")
    Configurator getConfigurator(URL url);
}
```

该扩展点的方法上也有 `@Adaptive("protocol")` 注解，会根据 URL 中的 protocol 配置值使用不同的扩展点实现。框架中内置的扩展点实现如表 8-6 所示。

表 8-6　框架中内置的扩展点实现

扩展 key 名	扩 展 类 名
override	org.apache.dubbo.rpc.cluster.configurator.override.OverrideConfiguratorFactory
absent	org.apache.dubbo.rpc.cluster.configurator.absent.AbsentConfiguratorFactory

5. Merger 扩展点

Merger 是合并器，可以对并行调用的结果集进行合并，例如：并行调用 A、B 两个服务都会返回一个 List 结果集，Merger 可以把两个 List 合并为一个并返回给应用。默认已经支持 map、set、list、byte 等 11 种类型的返回值。用户可以基于该扩展点，添加自定义类型的合并器。Merger 扩展点源码如代码清单 8-7 所示。

代码清单 8-7　Merger 扩展点源码

```
@SPI
public interface Merger<T> {
    T merge(T... items);
}
```

已有的 Merger 扩展点实现如表 8-7 所示。

表 8-7　已有的 Merger 扩展点实现

扩展 key 名	扩展类名
map	org.apache.dubbo.rpc.cluster.merger.MapMerger
set	org.apache.dubbo.rpc.cluster.merger.SetMerger
list	org.apache.dubbo.rpc.cluster.merger.ListMerger
byte	org.apache.dubbo.rpc.cluster.merger.ByteArrayMerger
char	org.apache.dubbo.rpc.cluster.merger.CharArrayMerger
short	org.apache.dubbo.rpc.cluster.merger.ShortArrayMerger
int	org.apache.dubbo.rpc.cluster.merger.IntArrayMerger
long	org.apache.dubbo.rpc.cluster.merger.LongArrayMerger
float	org.apache.dubbo.rpc.cluster.merger.FloatArrayMerger
double	org.apache.dubbo.rpc.cluster.merger.DoubleArrayMerger
boolean	org.apache.dubbo.rpc.cluster.merger.BooleanArrayMerger

8.3　Remote 层扩展点

Remote 处于整个 Dubbo 框架的底层，涉及协议、数据的交换、网络的传输、序列化、线程池等，涵盖了一个远程调用的所有要素。

Remote 层是对 Dubbo 传输协议的封装，内部再划为 Transport 传输层和 Exchange 信息交换层。其中 Transport 层只负责单向消息传输，是对 Mina、Netty 等传输工具库的抽象。而 Exchange 层在传输层之上实现了 Request-Response 语义，这样我们可以在不同传输方式之上都能做到统一的请求/响应处理。Serialize 层是 RPC 的一部分，决定了在消费者和服务提供者之间的二进制数据传输格式。不同的序列化库的选择会对 RPC 调用的性能产生重要影响，目前默认选择是 Hessian2 序列化。

8.3.1 Protocol 层扩展点

Protocol 层主要包含四大扩展点，分别是 Protocol、Filter、ExporterListener 和 InvokerListener。其中 Protocol、Filter 这两个扩展点使用得最多。下面分别介绍每个扩展点。

1. Protocol 扩展点

Protocol 是 Dubbo RPC 的核心调用层，具体的 RPC 协议都可以由 Protocol 点扩展。如果想增加一种新的 RPC 协议，则只需要扩展一个新的 Protocol 扩展点实现即可。Protocol 扩展点接口如代码清单 8-8 所示。

代码清单 8-8　Protocol 扩展点接口

```
@SPI("dubbo")
public interface Protocol {
    int getDefaultPort();    ←── 当用户没有设置端口的时候，返回默认的端口

    @Adaptive    ←── 把一个服务暴露成远程 invocation
    <T> Exporter<T> export(Invoker<T> invoker) throws RpcException;

    @Adaptive    ←── 引用一个远程服务
    <T> Invoker<T> refer(Class<T> type, URL url) throws RpcException;

    void destroy();    ←── 销毁
}
```

Protocol 的每个接口会有一些"潜规则"，在实现自定义协议的时候需要注意。

export 方法：

（1）协议收到请求后应记录请求源 IP 地址。通过 `RpcContext.getContext().setRemoteAddress()` 方法存入 RPC 上下文。

（2）export 方法必须实现幂等，即无论调用多少次，返回的 URL 都是相同的。

（3）Invoker 实例由框架传入，无须关心协议层。

refer 方法：

（1）当我们调用 refer() 方法返回 Invoker 对象的 `invoke()` 方法时，协议也需要相应地执行 `invoke()` 方法。这一点在设计自定义协议的 Invoker 时需要注意。

（2）正常来说 refer() 方法返回的自定义 Invoker 需要继承 Invoker 接口。

（3）当 URL 的参数有 `check=false` 时，自定义的协议实现必须不能抛出异常，而是在出现连接失败异常时尝试恢复连接。

destroy 方法：

（1）调用 destroy 方法的时候，需要销毁所有本协议暴露和引用的方法。

（2）需要释放所有占用的资源，如连接、端口等。

（3）自定义的协议可以在被销毁后继续导出和引用新服务。

整个 Protocol 的逻辑由 Protocol、Exporter、Invoker 三个接口串起来：

- com.alibaba.dubbo.rpc.Protocol；
- com.alibaba.dubbo.rpc.Exporter；
- com.alibaba.dubbo.rpc.Invoker。

其中 Protocol 接口是入口，其实现封装了用来处理 Exporter 和 Invoker 的方法：

Exporter 代表要暴露的远程服务引用，`Protocol#export` 方法是将服务暴露的处理过程，Invoker 代表要调用的远程服务代理对象，`Protocol#refer` 方法通过服务类型和 URL 获得要调用的服务代理。

由于 Protocol 可以实现 Invoker 和 Exporter 对象的创建，因此除了作为远程调用对象的构造，还能用于其他用途，例如：可以在创建 Invoker 的时候对原对象进行包装增强，添加其他 Filter 进去，ProtocolFilterWrapper 实现就是把 Filter 链加入 Invoker。如果对这一段并不是十分了解，则可以先了解设计模式中的装饰器模式，对最原始的 Invoker 进行增强。

因此，下面我们只列出框架中用于调用的协议，已有的 Protocol 扩展点实现如表 8-8 所示。

表 8-8 已有的 Protocol 扩展点实现

扩展 key 名	扩展类名
injvm	org.apache.dubbo.rpc.protocol.injvm.InjvmProtocol
dubbo	org.apache.dubbo.rpc.protocol.dubbo.DubboProtocol
rmi	org.apache.dubbo.rpc.protocol.rmi.RmiProtocol
http	org.apache.dubbo.rpc.protocol.http.HttpProtocol
hessian	org.apache.dubbo.rpc.protocol.hessian.HessianProtocol
rest	org.apache.dubbo.rpc.protocol.rest.RestProtocol
thrift	org.apache.dubbo.rpc.protocol.thrift.ThriftProtocol
-	org.apache.dubbo.rpc.protocol.webservice.WebServiceProtocol

扩展 key 名	扩展类名
redis	org.apache.dubbo.rpc.protocol.redis.RedisProtocol
memcached	org.apache.dubbo.rpc.protocol.memcached.MemcachedProtocol

2. Filter 扩展点

Filter 是 Dubbo 的过滤器扩展点，可以自定义过滤器，在 Invoker 调用前后执行自定义的逻辑。在 Filter 的实现中，必须要调用传入的 Invoker 的 invoke 方法，否则整个链路就断了。Filter 接口定义及实现的示例如代码清单 8-9 所示。

代码清单 8-9　Filter 接口定义及实现的示例

```
@SPI         ← ① Filter 接口定义
public interface Filter {
    Result invoke(Invoker<?> invoker, Invocation invocation) throws RpcException;

    default Result onResponse(Result result, Invoker<?> invoker, Invocation invocation) {
        return result;
    }
}
                          ② invoke 方法实现示例
                          加入在调用下一个 Invoker 前做的事情
doSomeThingBefore();   ←
Result result = invoker.invoke(invocation);
doSomeThingAfter();    ← 加入在调用下一个 Invoker 后做的事情
return result;
```

可以看到，Filter 接口使用了 JDK8 的新特性，接口中有 default 方法 onResponse，默认返回收到的结果。

由于 Filter 在后面有专门的章节去讲解，因此默认实现就不在本章再讲一遍了。

3. ExporterListener/InvokerListener 扩展点

ExporterListener 和 InvokerListener 这两个扩展点非常相似，ExporterListener 是在暴露和取消暴露服务时提供回调；InvokerListener 则是在服务的引用与销毁引用时提供回调。ExporterListener 与 InvokerListener 扩展接口如代码清单 8-10 所示。

代码清单 8-10　ExporterListener 与 InvokerListener 扩展接口

```
@SPI    <—— ① ExporterListener 扩展接口
public interface ExporterListener {
    void exported(Exporter<?> exporter) throws RpcException;
    void unexported(Exporter<?> exporter);
}

@SPI    <—— ② InvokerListener 扩展接口
public interface InvokerListener {
    void referred(Invoker<?> invoker) throws RpcException;
    void destroyed(Invoker<?> invoker);
}
```

8.3.2　Exchange 层扩展点

Exchange 层只有一个扩展点接口 Exchanger，这个接口主要是为了封装请求/响应模式，例如：把同步请求转化为异步请求。默认的扩展点实现是 org.apache.dubbo.remoting.exchange.support.header.HeaderExchanger。每个方法上都有 @Adaptive 注解，会根据 URL 中的 Exchanger 参数决定实现类。

Exchanger 扩展点源码如代码清单 8-11 所示。

代码清单 8-11　Exchanger 扩展点源码

```
@SPI(HeaderExchanger.NAME)
public interface Exchanger {
    @Adaptive({Constants.EXCHANGER_KEY})
    ExchangeServer bind(URL url, ExchangeHandler handler) throws RemotingException;

    @Adaptive({Constants.EXCHANGER_KEY})
    ExchangeClient connect(URL url, ExchangeHandler handler) throws RemotingException;
}
```

既然已经有了 Transport 层来传输数据了，为什么还要有 Exchange 层呢？因为上层业务关注的并不是诸如 Netty 这样的底层 Channel。上层一个 Request 只关注对应的 Response，对于是同步还是异步请求，或者使用什么传输根本不关心。Transport 层是无法满足这项需求的，Exchange 层因此实现了 Request-Response 模型，我们可以理解为基于 Transport 层做了更高层次的封装。

8.3.3 Transport 层扩展点

Transport 层为了屏蔽不同通信框架的异同，封装了统一的对外接口。主要的扩展点接口有 Transporter、Dispatcher、Codec2 和 ChannelHandler。

其中，ChannelHandler 主要处理连接相关的事件，例如：连接上、断开、发送消息、收到消息、出现异常等。虽然接口上有 SPI 注解，但是在框架中实现类的使用却是直接"new"的方式。因此不在本章做过多介绍。

1. Transporter 扩展接口

Transporter 屏蔽了通信框架接口、实现的不同，使用统一的通信接口。Transporter 扩展接口如代码清单 8-12 所示。

代码清单 8-12　Transporter 扩展接口

```
@SPI("netty")
public interface Transporter {
    @Adaptive({Constants.SERVER_KEY, Constants.TRANSPORTER_KEY})
    Server bind(URL url, ChannelHandler handler) throws RemotingException;

    @Adaptive({Constants.CLIENT_KEY, Constants.TRANSPORTER_KEY})
    Client connect(URL url, ChannelHandler handler) throws RemotingException;
}
```

bind 方法会生成一个服务，监听来自客户端的请求；connect 方法则会连接到一个服务。两个方法上都有 @Adaptive 注解，首先会根据 URL 中 server 的参数值去匹配实现类，如果匹配不到则根据 transporter 参数去匹配实现类。默认的实现是 netty4。然后我们看一下框架中已有的扩展点实现，如表 8-9 所示。

表 8-9　Transporter 接口已有实现

扩展 key 名	扩展 类 名
mina	org.apache.dubbo.remoting.transport.mina.MinaTransporter
netty3	org.apache.dubbo.remoting.transport.netty.NettyTransporter
netty4	org.apache.dubbo.remoting.transport.netty4.NettyTransporter
netty	org.apache.dubbo.remoting.transport.netty4.NettyTransporter
grizzly	org.apache.dubbo.remoting.transport.grizzly.GrizzlyTransporter

2. Dispatcher 扩展接口

如果有些逻辑的处理比较慢，例如：发起 I/O 请求查询数据库、请求远程数据等，则需要使用线程池。因为 I/O 速度相对 CPU 是很慢的，如果不使用线程池，则线程会因为 I/O 导致同步阻塞等待。Dispatcher 扩展接口通过不同的派发策略，把工作派发到不同的线程池，以此来应对不同的业务场景。Dispatcher 扩展接口如代码清单 8-13 所示。

代码清单 8-13　Dispatcher 扩展接口

```
@SPI(AllDispatcher.NAME)
public interface Dispatcher {
    @Adaptive({Constants.DISPATCHER_KEY, "dispather", "channel.handler"})
    ChannelHandler dispatch(ChannelHandler handler, URL url);
}
```

Dispatcher 现有的扩展接口实现如表 8-10 所示。

表 8-10　Dispatcher 现有的扩展接口实现

扩展 key 名	扩展类名
all	org.apache.dubbo.remoting.transport.dispatcher.all.AllDispatcher
direct	org.apache.dubbo.remoting.transport.dispatcher.direct.DirectDispatcher
message	org.apache.dubbo.remoting.transport.dispatcher.message.MessageOnlyDispatcher
execution	org.apache.dubbo.remoting.transport.dispatcher.execution.ExecutionDispatcher
connection	org.apache.dubbo.remoting.transport.dispatcher.connection.ConnectionOrderedDispatcher

每种实现的作用已经在第 6 章中详细介绍，因此本章不再赘述。

3. Codec2 扩展接口

Codec2 主要实现对数据的编码和解码，但这个接口只是需要实现编码/解码过程中的通用逻辑流程，如解决半包、粘包等问题。该接口属于在序列化上封装的一层。Codec2 扩展接口如代码清单 8-14 所示。

代码清单 8-14　Codec2 扩展接口

```
@SPI
public interface Codec2 {
    @Adaptive({Constants.CODEC_KEY})
    void encode(Channel channel, ChannelBuffer buffer, Object message) throws IOException;
```

```java
@Adaptive({Constants.CODEC_KEY})
Object decode(Channel channel, ChannelBuffer buffer) throws IOException;

enum DecodeResult {
    NEED_MORE_INPUT, SKIP_SOME_INPUT
}
}
```

Codec2 的工作流程和原理在第 6 章已经详细介绍。Codec2 现有的实现如表 8-11 所示。

表 8-11　Codec2 现有的实现

扩展 key 名	扩 展 类 名
transport	org.apache.dubbo.remoting.transport.codec.TransportCodec
telnet	org.apache.dubbo.remoting.telnet.codec.TelnetCodec
exchange	org.apache.dubbo.remoting.exchange.codec.ExchangeCodec

4. ThreadPool 扩展接口

我们在 Transport 层由 Dispatcher 实现不同的派发策略，最终会派发到不同的 ThreadPool 中执行。ThreadPool 扩展接口就是线程池的扩展。ThreadPool 扩展接口如代码清单 8-15 所示。

代码清单 8-15　ThreadPool 扩展接口

```java
@SPI("fixed")
public interface ThreadPool {
    @Adaptive({Constants.THREADPOOL_KEY})
    Executor getExecutor(URL url);
}
```

现阶段，框架中默认含有四种线程池扩展的实现，以下内容摘自官方文档：

- `fixed`，固定大小线程池，启动时建立线程，不关闭，一直持有。
- `cached`，缓存线程池，空闲一分钟自动删除，需要时重建。
- `limited`，可伸缩线程池，但池中的线程数只会增长不会收缩。只增长不收缩的目的是为了避免收缩时突然来了大流量引起的性能问题。
- `eager`，优先创建 Worker 线程池。在任务数量大于 `corePoolSize` 小于 `maximumPoolSize` 时，优先创建 Worker 来处理任务。当任务数量大于 `maximumPoolSize` 时，将任务放入阻塞队列。阻塞队列充满时抛出 `RejectedExecutionException`（`cached` 在任务数量超过 `maximumPoolSize` 时直接抛出异常而不是将任务放入阻塞队列）。

其接口实现的类如下：

- org.apache.dubbo.common.threadpool.support.fixed.FixedThreadPool；
- org.apache.dubbo.common.threadpool.support.cached.CachedThreadPool；
- org.apache.dubbo.common.threadpool.support.limited.LimitedThreadPool；
- org.apache.dubbo.common.threadpool.support.eager.EagerThreadPool。

8.3.4 Serialize 层扩展点

Serialize 层主要实现具体的对象序列化，只有 Serialization 一个扩展接口。Serialization 是具体的对象序列化扩展接口，即把对象序列化成可以通过网络进行传输的二进制流。

1. Serialization 扩展接口

Serialization 就是具体的对象序列化，Serialization 扩展接口如代码清单 8-16 所示。

代码清单 8-16　Serialization 扩展接口

```
@SPI("hessian2")
public interface Serialization {

    byte getContentTypeId();

    String getContentType();

    @Adaptive
    ObjectOutput serialize(URL url, OutputStream output) throws IOException;

    @Adaptive
    ObjectInput deserialize(URL url, InputStream input) throws IOException;
}
```

Serialization 默认使用 Hessian2 做序列化，已有的 Serialization 扩展实现如表 8-12 所示。

表 8-12　已有的 Serialization 扩展实现

扩展 key 名	扩 展 类 名
fastjson	org.apache.dubbo.common.serialize.fastjson.FastJsonSerialization
fst	org.apache.dubbo.common.serialize.fst.FstSerialization
hessian2	org.apache.dubbo.common.serialize.hessian2.Hessian2Serialization

续表

扩展 key 名	扩展类名
java	org.apache.dubbo.common.serialize.java.JavaSerialization
compactedjava	org.apache.dubbo.common.serialize.java.CompactedJavaSerialization
nativejava	org.apache.dubbo.common.serialize.nativejava.NativeJavaSerialization
kryo	org.apache.dubbo.common.serialize.kryo.KryoSerialization
protostuff	org.apache.dubbo.common.serialize.protostuff.ProtostuffSerialization

其中 compactedjava 是在 Java 原生序列化的基础上做了压缩,实现了自定义的类描写叙述符的写入和读取。在序列化的时候仅写入类名,而不是完整的类信息,这样在对象数量很多的情况下,可以有效压缩体积。

NativeJavaSerialization 是原生的 Java 序列化的实现方式。

JavaSerialization 是原生 Java 序列化及压缩的封装。

其他的序列化实现则封装了现在比较流行的各种序列化框架,如 kryo、protostuff 和 fastjson 等。

8.4 其他扩展点

还有其他的一些扩展点接口:TelnetHandler、StatusChecker、Container、CacheFactory、Validation、LoggerAdapter 和 Compiler。由于平时使用得比较少,因此归类到其他扩展点中,下面简单介绍每个扩展点的用途。

1. TelnetHandler 扩展点

我们知道,Dubbo 框架支持 Telnet 命令连接,TelnetHandler 接口就是用于扩展新的 Telnet 命令的接口。已知的命令与接口实现之间的关系如下:

```
clear=org.apache.dubbo.remoting.telnet.support.command.ClearTelnetHandler
exit=org.apache.dubbo.remoting.telnet.support.command.ExitTelnetHandler
help=org.apache.dubbo.remoting.telnet.support.command.HelpTelnetHandler
status=org.apache.dubbo.remoting.telnet.support.command.StatusTelnetHandler
log=org.apache.dubbo.remoting.telnet.support.command.LogTelnetHandler
```

2. StatusChecker 扩展点

通过这个扩展点,可以让 Dubbo 框架支持各种状态的检查,默认已经实现了内存和 load 的检查。用户可以自定义扩展,如硬盘、CPU 等的状态检查。已有的实现如下所示。

```
memory=org.apache.dubbo.common.status.support.MemoryStatusChecker
load=org.apache.dubbo.common.status.support.LoadStatusChecker
```

3. Container 扩展点

服务容器就是为了不需要使用外部的 Tomcat、JBoss 等 Web 容器来运行服务，因为有可能服务根本用不到它们的功能，只是需要简单地在 Main 方法中暴露一个服务即可。此时就可以使用服务容器。Dubbo 中默认使用 Spring 作为服务容器。

4. CacheFactory 扩展点

我们可以通过 dubbo:method 配置每个方法的调用返回值是否进行缓存，用于加速数据访问速度。已有的缓存实现如下所示。

```
threadlocal=org.apache.dubbo.cache.support.threadlocal.ThreadLocalCacheFactory
lru=org.apache.dubbo.cache.support.lru.LruCacheFactory
jcache=org.apache.dubbo.cache.support.jcache.JCacheFactory
expiring=org.apache.dubbo.cache.support.expiring.ExpiringCacheFactory
```

其中：

- `lru`，基于最近最少使用原则删除多余缓存，保持最热的数据被缓存。
- `threadlocal`，当前线程缓存，比如一个页面渲染，用到很多 portal，每个 portal 都要去查用户信息，通过线程缓存可以减少这种多余访问。
- `jcache`，与 JSR107 集成，可以桥接各种缓存实现。
- `expiring`，实现了会过期的缓存，有一个守护线程会一直检查缓存是否过期。

5. Validation 扩展点

该扩展点主要实现参数的校验，我们可以在配置中使用<dubbo:service validation="校验实现名" />实现参数的校验。已知的扩展实现有 `org.apache.dubbo.validation.support.jvalidation.JValidation`，扩展 key 为 `jvalidation`。

6. LoggerAdapter 扩展点

日志适配器主要用于适配各种不同的日志框架，使其有统一的使用接口。已知的扩展点实现如下：

```
slf4j=org.apache.dubbo.common.logger.slf4j.Slf4jLoggerAdapter
jcl=org.apache.dubbo.common.logger.jcl.JclLoggerAdapter
log4j=org.apache.dubbo.common.logger.log4j.Log4jLoggerAdapter
```

```
jdk=org.apache.dubbo.common.logger.jdk.JdkLoggerAdapter
log4j2=org.apache.dubbo.common.logger.log4j2.Log4j2LoggerAdapter
```

7. Compiler 扩展点

我们在第 4 章讲 Dubbo 扩展点加载机制的时候就提到：@Adaptive 注解会生成 Java 代码，然后使用编译器动态编译出新的 Class。Compiler 接口就是可扩展的编译器，现有两个具体的实现（adaptive 不算在内）：

```
jdk=org.apache.dubbo.common.compiler.support.JdkCompiler
javassist=org.apache.dubbo.common.compiler.support.JavassistCompiler
```

第 9 章
Dubbo 高级特性

本章主要内容：
- Dubbo 高级特性概述；
- Dubbo 高级特性原理。

本章首先对 Dubbo 支持的高级特性进行介绍，然后给出使用这些高级特性的示例，帮助读者更好地理解高级特性，最后对常用的高级特性的原理进行深入的分析，帮助读者更好地理解和掌握 Dubbo 框架。当发现 Dubbo 无法满足业务诉求时，也能进行深入的定制或扩展。

9.1 Dubbo 高级特性概述

Dubbo 解决了分布式场景 RPC 通信调用的问题，但是要满足各种业务场景还是不够的。举个例子，支付业务需要自身迭代版本，比如 1.0 版本和 2.0 版本，在 2.0 版本做了大量性能改进，需要发布到性能测试环境与 1.0 版本做对比，这个时候需要框架提供服务隔离的能力。再举另外一个场景的例子，客户端消费远程服务时不希望阻塞，这个时候业务方可以在线程池中发起 RPC 调用，但是这样不够优雅，需要框架支持异步调用和回调。

目前 Dubbo 框架在支持 RPC 通信的基础上，提供了大量的高级特性，比如服务端 Telnet 调用、Telnet 调用统计、服务版本和分组隔离、隐式参数、异步调用、泛化调用、上下文信息和结果缓存等特性。本章会对常用的高级特性原理做进一步分析，在表 9-1 中展示了目前 Dubbo 支持的高级特性。

表 9-1　Dubbo 支持的高级特性

特　　性	作　　用
服务分组和版本	支持同一个服务有多个分组和多个版本实现，用于服务强隔离、服务多个版本实现
参数回调	当消费方调用服务提供方时，支持服务提供方能够异步回调到当前消费方，用于 stub 做热数据缓存等
隐式参数	支持客户端隐式传递参数到服务端
异步调用	并行发起多个请求，但只使用一个线程，用于业务请求非阻塞场景
泛化调用	泛化调用主要用于消费端没有 API 接口的情况。不需要引入接口 jar 包，而是直接通过 GenericService 接口来发起服务调用。框架会自动把 POJO 对象转为 Map，只要参数名能对应上即可。适合网关和跨框架集成等场景
上下文信息	上下文中存放的是当前调用过程中所需的环境信息
Telnet 操作	支持服务端调用、状态检查和跟踪服务调用统计等
Mock 调用	用于方法调用失败时，构造 Mock 测试数据并返回
结果缓存	结果缓存，用于加速热门数据的访问速度，Dubbo 提供声明式缓存，以减少用户加缓存的工作量

当然 Dubbo 提供的特性远远不止这些，比如并发控制和连接控制等，完整的特性请参考官方文档，我们这里主要对常用的特性进行分析。

9.2　服务分组和版本

Dubbo 中提供的服务分组和版本是强隔离的，如果服务指定了服务分组和版本，则消费方调用也必须传递相同的分组名称和版本名称。

假设我们有订单查询接口 com.alibaba.pay.order.QueryService，这个接口包含不同的版本实现，比如版本分别为 1.0.0-stable 和 2.0.0，在服务端对应的实现名称分别为 com.alibaba.pay.order.StableQueryService 和 com.alibaba.pay.order.PerfomanceQueryService。我们可以在服务暴露时指定配置，如代码清单 9-1 所示。

代码清单 9-1　服务暴露指定版本

```xml
<?xml version="1.0" encoding="UTF-8"?>
<beans xmlns:xsi="http://www.w3.org/2001/XMLSchema-instance"
       xmlns:dubbo="http://dubbo.apache.org/schema/dubbo"
       xmlns="http://www.springframework.org/schema/beans"
       xsi:schemaLocation="http://www.springframework.org/schema/beans
http://www.springframework.org/schema/beans/spring-beans-4.3.xsd
```

```
        http://dubbo.apache.org/schema/dubbo http://dubbo.apache.org/schema/dubbo/
dubbo.xsd">

    <dubbo:service interface="com.alibaba.pay.order.QueryService"
        class="com.alibaba.pay.order.StableQueryService" version="1.0.0-stable"/>

    <dubbo:service interface="com.alibaba.pay.order.QueryService"
        class="com.alibaba.pay.order.PerfomanceQueryService" version="2.0.0"/>

    <!-- 省略其他 Dubbo 配置 -->

</beans>
```

在代码清单 9-1 中发现，服务暴露直接配置 version 属性即可，如果要为服务指定分组，则继续添加 group 属性即可。因为这个特性是强隔离的，消费方必须在配置文件中指定消费的版本。如果消费方式为泛化调用或注解引用，那么也需要指定对应的相同名称的版本号，如代码清单 9-2 所示。

代码清单 9-2　消费方指定版本

```
<?xml version="1.0" encoding="UTF-8"?>
<beans xmlns:xsi="http://www.w3.org/2001/XMLSchema-instance"
       xmlns:dubbo="http://dubbo.apache.org/schema/dubbo"
       xmlns="http://www.springframework.org/schema/beans"
       xsi:schemaLocation="http://www.springframework.org/schema/beans
http://www.springframework.org/schema/beans/spring-beans-4.3.xsd
        http://dubbo.apache.org/schema/dubbo
http://dubbo.apache.org/schema/dubbo/dubbo.xsd">

    <dubbo:reference interface="com.alibaba.pay.order.QueryService"
version="1.0.0-stable"/>

    <dubbo:reference interface="com.alibaba.pay.order.QueryService"
version="2.0.0"/>

    <!-- 省略其他 Dubbo 配置 -->

</beans>
```

第 9 章　Dubbo 高级特性

在消费方<dubbo:reference>标签中指定要消费的版本号时，在服务拉取时会在客户端做一次过滤。如果要消费指定的分组，那么还需要指定 group 属性。

当服务提供方进行服务暴露时，服务端会根据 serviceGroup/serviceName:serviceVersion:port 组合成 key，然后服务实现作为 value 保存在 DubboProtocol 类的 exporterMap 字段中。这个字段是一个 HashMap 对象，当服务消费调用时，根据消费方传递的服务分组、服务接口、版本号和服务暴露时的协议端口号重新构造这个 key，然后从内存 Map 中查找对应实例进行调用。

当客户端指定了分组和版本时，在 DubboInvoker 构造函数中会将 URL 中包含的接口、分组、Token 和 timeout 加入 attachment，同时将接口上的版本号存储在 version 字段。当发起 RPC 请求时，通过 DubboCodec 把这些信息发送到服务器端，服务器端收到这些关键信息后重新组装成 key，然后查找业务实现并调用。

Dubbo 客户端启动时是如何获取指定分组和服务版本对应的调用列表的呢？当 Dubbo 客户端启动时，实际上会把调用接口所有的协议节点都拉取下来，然后根据本地 URL 配置的接口、category、分组和版本做过滤，具体过滤是在注册中心层面实现的。以 ZooKeeper 注册中心为例，当注册中心推送列表时，会调用 ZookeeperRegistry#toUrlsWithoutEmpty 方法，这个方法会把所有服务列表进行一次过滤，如代码清单 9-3 所示。

代码清单 9-3　过滤服务分组和版本

```
private List<URL> toUrlsWithoutEmpty(URL consumer, List<String> providers) {
    List<URL> urls = new ArrayList<URL>();
    if (providers != null && !providers.isEmpty()) {
        for (String provider : providers) {         // ① 遍历所有的服务列表
            provider = URL.decode(provider);        //    并解码特殊字符
            if (provider.contains("://")) {
                URL url = URL.valueOf(provider);
                if (UrlUtils.isMatch(consumer, url)) {   // ② 根据接口、category、
                    urls.add(url);                       //    版本和分组过滤
                }
            }
        }
    }
    return urls;
}
```

Dubbo 中接收服务列表是在 RegistryDirectory 中完成的，它收到的列表是全量的列表。RegistryDirectory 主要将 URL 转换成可以调用的 Invokers。在获取列表前会经过①把服务列表解码，用于解码被转译的字符。消费指定分组和版本关键逻辑在②中，它会将特定接口的全

量列表和消费方 URL 进行匹配，匹配规则是校验接口名、类别、版本和分组是否一致。消费方默认的类别是 providers。

9.3 参数回调

Dubbo 支持异步参数回调，当消费方调用服务端方法时，允许服务端在某个时间点回调回客户端的方法。在服务端回调到客户端时，服务端不会重新开启 TCP 连接，会复用已经建立的从客户端到服务端的 TCP 连接。在讲解参数回调前，我们给出一个参数回调的例子，如代码清单 9-4 所示，然后对其实现原理进行分析。

代码清单 9-4　异步回调服务端实现

```
public interface CallbackService {        ← ① 服务提供方暴露的接口
    void addListener(String key, CallbackListener listener);
}

public interface CallbackListener {       ←
    void changed(String msg);                ② 消费方被回调的方法
}

public class CallbackServiceImpl implements CallbackService {  ←
                                             ③ 服务提供方接口实现
    private final Map<String, CallbackListener> listeners = new
ConcurrentHashMap<String, CallbackListener>();

    public void addListener(String key, CallbackListener listener) {  ←
        listeners.put(key, listener);            ④ 服务提供方接口实现
    }

    public CallbackServiceImpl() {
        Thread t = new Thread(new Runnable() {
            public void run() {
                while(true) {
                    try {
                        for(Map.Entry<String, CallbackListener> entry : listeners.entrySet()){
                            try {
                                entry.getValue().changed(getChanged(entry.getKey()));  ←
                            } catch (Throwable t) {    ⑤ 服务端定时每 5 秒回调客户端一次
```

```
                    listeners.remove(entry.getKey());
                }
            }
            Thread.sleep(5000);
        } catch (Throwable ignored) {
        }
      }
    }
  });
  t.start();
}

private String getChanged(String key) {
    return "Changed: " + new SimpleDateFormat("yyyy-MM-dd HH:mm:ss").format(new Date());
  }
 }
}
```

要实现异步参数回调，我们首先定义一个服务提供者接口，这里举例为 CallbackService，注意其方法的第 2 个参数是接口，被回调的参数顺序不重要。第 2 个参数代表我们想回调的客户端 CallbackListener 接口，具体什么时候回调和调用哪个方法是由服务提供方决定的。对应到代码清单 9-4 中，①是我们定义的服务提供方服务接口，定义了 addListener 方法，用于给客户端调用。②定义了客户端回调接口，这个接口实现在客户端完成。③对应普通 Dubbo 服务实现。当客户端调用 addListener 方法时，会将客户端回调实例加入 listeners，用于服务端定时回调客户端。服务提供者在初始化时会开启一个线程，它轮询检查是否有回调加入，如果有则每隔 5 秒回调客户端。在⑤中每隔 5 秒处理多个回调方法。

当服务提供方完成后，我们需要编写消费方代码，用于调用服务提供者 addListener 方法，把客户端加入回调列表，如代码清单 9-5 所示。

代码清单 9-5　消费异步回调服务

```
ClassPathXmlApplicationContext context = new ClassPathXmlApplicationContext("classpath:consumer.xml");
context.start();

CallbackService callbackService = (CallbackService) context.getBean("callbackService");
```

```
callbackService.addListener("foo.bar", new CallbackListener(){
    public void changed(String msg) {
        System.out.println("callback1:" + msg);
    }
});
```
① 调用普通服务提供者，同时指定回调实现

客户端调用也是非常简单的，主要是调用服务提供者服务并把自己加入回调列表，同时指定 key 和对应的回调方法。①会获取 Spring 的消费配置<dubbo:reference ...>实例，调用 CallbackService#addListener，然后创建接口匿名类实现。

在服务暴露和消费代码写完后，接下来我们需要做适当配置，告诉 Dubbo 框架哪个参数是异步回调，如代码清单 9-6 所示。

代码清单 9-6　异步参数回调配置

```xml
<!-- 服务提供方配置 -->
<dubbo:service interface="CallbackService" class="CallbackServiceImpl"
    connections="1" callbacks="1000">
    <!-- 指定 addListener 方法的第 2 个参数是回调方法 -->
    <dubbo:method name="addListener">
        <dubbo:argument index="1" callback="true" />
    </dubbo:method>
</dubbo:service>

<!-- 服务消费方配置 -->
<dubbo:reference id="callbackService" interface="CallbackService" />
```

可以发现服务提供方要想实现回调，就需要指定回调方法参数是否为回调，对于客户端消费方来说没有任何区别。

实现异步回调的原理比较容易理解，客户端在启动时，会拉取服务 CallbackService 元数据，因为服务端配置了异步回调信息，这些信息会透传给客户端。客户端在编码请求时，会发现第 2 个方法参数为回调对象。此时，客户端会暴露一个 Dubbo 协议的服务，服务暴露的端口号是本地 TCP 连接自动生成的端口。在客户端暴露服务时，会将客户端回调参数对象内存 id 存储在 attachment 中，对应的 key 为 `sys_callback_arg-`回调参数索引。这个 key 在调用普通服务 addListener 时会传递给服务端，服务端回调客户端时，会把这个 key 对应的值再次放到 attachment 中传给客户端。从服务端回调到客户端的 attachment 会用 `keycallback.service.instid` 保存回调参数实例 id，用于查找客户端暴露的服务。

客户端调用服务端方法时，并不会把第 2 个异步参数实例序列化并传给服务端。当服务端解码时，会先检查参数是不是异步回调参数。如果发现是异步参数回调，那么在服务端解码参数值时，会自动创建到消费方的代理。服务端创建回调代理实例 Invoker 类型是 `ChannelWrappedInvoker`，比较特殊的是，构造函数的 service 值是客户端暴露对象 id，当回调发生时，会把 `keycallback.service.instid` 保存的对象 id 传给客户端，这样就能正确地找到客户端暴露的服务了。

9.4 隐式参数

Dubbo 服务提供者或消费者启动时，配置元数据会生成 URL，一般是不可变的。在很多实际的使用场景中，在服务运行期需要动态改变属性值，在做动态路由和灰度发布场景中需要这个特性。Dubbo 框架支持消费方在 `RpcContext#setAttachment` 方法中设置隐式参数，在服务端 `RpcContext#getAttachment` 方法中获取隐式传递。

当客户端发起调用前，设置隐藏参数，框架会在拦截器中把当前线程隐藏参数传递到 RpcInvocation 的 attachment 中，服务端在拦截器中提取隐藏参数并设置到当前线程 RpcContext 中。隐式传参的详细原理如图 9-1 所示。

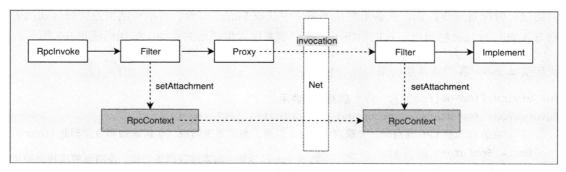

图 9-1 隐式传参的详细原理

通过 API 的方式设置参数和提取参数，如代码清单 9-7 所示。

代码清单 9-7 隐式传参使用

```java
RpcContext.getContext().setAttachment("index", "1");  // 在客户端设置隐式传参
                                                      // 后面的远程调用都会隐式将这
                                                      // 些参数发送到服务器端
xxxService.xxx();  // 具体远程方法调用

public class XxxServiceImpl implements XxxService {   // 在服务端获取隐式参数
```

```java
public void xxx() {
    String index = RpcContext.getContext().getAttachment("index");  // 获取客户端隐式传入的参数
}
}
```

在消费方调用服务方传递隐式参数时，会在 `AbstractInvoker#invoke` 方法调用中合并 `RpcContext#getAttachments()` 参数。用户的隐式参数会被合并到 RpcInvocation 中的 attachment 字段，这个字段发送给服务端。在服务提供方收到请求时，在 `ContextFilter#invoke` 中提取 RpcInvocation 中的 attachment 信息，并设置到当前线程上下文中。因为后端业务方法调用和拦截器在同一个线程中执行，所以直接使用 `RpcContext.getContext().getAttachment` 获取值即可。在图 9-1 中会发现客户端在拦截器中（`ConsumerContextFilter`）执行 `setAttachements` 方法，这个主要支持服务端透传隐式参数给客户端。

9.5 异步调用

本节主要聚焦 Dubbo 在客户端支持异步调用方面的内容，在编写本书时，Dubbo 还未支持服务端异步调用，2.7.0+版本才在服务端支持异步调用。在客户端实现异步调用非常简单，在消费接口时配置异步标识，在调用时从上下文中获取 Future 对象，在期望结果返回时再调用阻塞方法 `Future.get()` 即可。我们给出了在客户端实现异步调用的实例，如代码清单 9-8 所示。

代码清单 9-8 客户端异步调用

```
fooService.findFoo(fooId);   // 触发异步调用
Future<Foo> fooFuture = RpcContext.getContext().getFuture();
             // 在发起其他 RPC 调用时，先获取 Future 引用，当结果返回后，会被通知和设置到此 Future
Foo foo = fooFuture.get();   // 如果 foo 已返回，则直接获取返回值，否则当前线程会被阻
// ... 客户端非阻塞处理其他任务             塞并等待
```

通过代码清单 9-8，我们知道在客户端发起异步调用时，应该在保存当前调用的 Future 后，再发起其他远程调用，否则前一次异步调用的结果可能丢失（异步 Future 对象会被上下文覆盖）。因为框架要明确知道用户意图，所以需要再明确开启使用异步特性，在`<dubbo:reference ...>`标签中指定 async 标记，如代码清单 9-9 所示。

代码清单 9-9 消费方配置异步标识

```xml
<!-- 省略其他消费方配置 -->
<dubbo:reference id="fooService" interface="com.alibaba.foo.FooService"
async="true"/>
```

Dubbo 异步调用流程如图 9-2 所示。

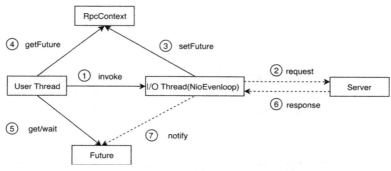

图 9-2　Dubbo 异步调用流程

站在 Dubbo 客户端角度来说，直接发起 RPC 调用端属于用户线程。用户线程①发起任意远程方法调用，最终会通过 I/O 线程发送网络报文。在真实发送报文前会在用户线程中设置当前异步请求 Future（③）。因此在用户线程发起下一个远程方法调用前，需要先保存异步 Future 对象（④）。Dubbo 框架会把异步请求对象保存在 `DefaultFuture` 类中，当服务端响应或超时时，被挂起的用户线程将被唤醒（⑤）。用户线程设置异步 Future 对象的逻辑在 `DubboInvoker#doInvoke` 方法中完成，感兴趣的读者可以参阅 `DubboInvoker` 中对应的源码实现。

9.6　泛化调用

Dubbo 泛化调用特性可以在不依赖服务接口 API 包的场景中发起远程调用。这种特性特别适合框架集成和网关类应用开发。Dubbo 在客户端发起泛化调用并不要求服务端是泛化暴露。假设我们调用服务端 `com.xxx.XxxService#sayHello` 方法，可以实现如代码清单方法 9-10 所示的方法。

代码清单 9-10　泛化调用示例

```
ReferenceConfig<GenericService> ref = new ReferenceConfig<>();
ApplicationConfig appConfig = new ApplicationConfig("demo-consumer");

RegistryConfig registryConfig = new RegistryConfig();
registryConfig.setProtocol("zookeeper");
registryConfig.setAddress("localhost:2181");

ref.setProtocol("dubbo");
```

```
ref.setApplication(appConfig);
ref.setRegistry(registryConfig);
ref.setInterface("com.xxx.XxxService");

ref.setGeneric(true);    <── ① 标识泛化调用

GenericService genericService = ref.get();   <── ② 创建远程代理
Object result = genericService.$invoke("sayHello", new String[]
{"java.lang.String"}, new Object[] {"world"});   <── ③ 发起远程调用
```

目前泛化调用必需的参数主要包括应用名称、注册中心（或者是直连调用地址）、真实接口名称和泛化标识。在发起远程服务调用时，`GenericService` 方法参数类型分别为真实方法名、真实方法参数类型签名和真实参数值。这里有一个注意事项，每次动态创建的 `GenericService` 实例比较重，需要建立 TCP 连接，处理注册中心订阅和服务列表等计算，因此需要缓存 `ReferenceConfig` 对象进行复用。但是往往很多业务开发时，忘记设置 `ReferenceConfig` 对象的 Check 方法为 false，导致在没有服务提供者时，触发框架抛出 No provider available 的异常，从而导致缓存命中失败。

其实泛化的实现原理相对比较好理解，服务端在处理服务调用时，在 `GenericFilter` 拦截器中先把 `RpcInvocation` 中传递过来的参数类型和参数值提取出来，然后根据传递过来的接口名、方法名和参数类型查找服务端被调用的方法。获取真实方法后，主要提取真实方法参数类型（可能包含泛化类型），然后将参数值做 Java 类型转换。最后用解析后的参数值构造新的 `RpcInvocation` 对象发起调用。

9.7 上下文信息

Dubbo 上下文信息的获取和存储同样是基于 JDK 的 ThreadLocal 实现的。上下文中存放的是当前调用过程中所需的环境信息。`RpcContext` 是一个 ThreadLocal 的临时状态记录器，当收到或发送 RPC 时，当前线程关联的 `RpcContext` 状态都会变化。比如：A 调用 B，B 再调用 C，则在 B 机器上，在 B 调用 C 之前，`RpcContext` 记录的是 A 调用 B 的信息，在 B 调用 C 之后，`RpcContext` 记录的是 B 调用 C 的信息。

假设在服务端有 `DemoServiceImpl` 实现，在代码清单 9-11 中展示了上下文使用实例：

代码清单 9-11 服务端上下文的获取和使用

```
public class DemoServiceImpl implements DemoService {

    public void hello() {
```

```
    boolean isProviderSide = RpcContext.getContext().isProviderSide();
    //                                                                    ← 本端是否为提供端，这里会返回 true
    String clientIP = RpcContext.getContext().getRemoteHost();
                                                           ← 获取远程客户端 IP 地址
    String application = RpcContext.getContext().getUrl().getParameter
("application");   ←── 获取当前服务配置信息，所有配置信息都将转换为 URL 的参数
                                  注意：每发起 RPC 调用，上下文状态会变化
    yyyService.done(); ←         这里假设调用 yyyService 服务 done 方法
    boolean isProviderSide = RpcContext.getContext().isProviderSide(); ←
    }                                                    此时本端变成消费端，这里会返回 false
}
```

在客户端和服务端分别有一个拦截设置当前上下文信息，对应的分别为 `ConsumerContextFilter` 和 `ContextFilter`。在客户端拦截器实现中，因为 Invoker 包含远程服务信息，因此直接设置远程 IP 等信息。在服务端拦截器中主要设置本地地址，这个时候无法获取远程调用地址。设置远程地址主要在 `DubboProtocol#ExchangeHandlerAdapter.reply` 方法中完成，可以直接通过 `channel.getRemoteAddress` 方法获取。

9.8 Telnet 操作

目前 Dubbo 支持通过 Telnet 登录进行简单的运维，比如查看特定机器暴露了哪些服务、显示服务端口连接列表、跟踪服务调用情况、调用本地服务和服务健康状况等。

为了避免和前面章节讲解重复，本节我们主要讲解 `ls`、`ps`、`trace` 和 `count` 命令的实现和原理。

当服务发布时，如果注册中心没有对应的服务，那么我们可以初步使用 `ls` 命令检查 Dubbo 服务是否正确暴露了。`ls` 主要提供了查询已经暴露的服务列表、查询服务详细信息和查询指定服务接口信息等功能。`ls` 命令的用法如下：

`ls options [service]`

命令说明：

- `service` 代表要查询的服务接口名称，可以是短名称或全名称；
- `options` 代表支持的命令参数；
- `-l` 显示服务详细信息列表或服务方法的详细信息。

先启动服务提供应用程序（dubbo-samples-echo 子模块下任意 server），ls 命令示例如表 9-2 所示。

表 9-2 ls 命令示例

命 令 示 例	作 用
ls	显示服务列表
ls -l	显示服务详细列表
ls HelloService	显示 HelloService 服务的方法列表
ls -l HelloService	显示 HelloService 服务的方法详细信息列表（包括参数类型和返回值）

ls 命令的实现主要基于 `ListTelnetHandler`，Dubbo 框架的 Telnet 调用只对 Dubbo 协议提供支持。它的原理非常简单，当服务端收到 ls 命令和参数时，会加载 `ListTelnetHandler` 并执行，然后触发 `DubboProtocol.getDubboProtocol().getExporters()` 方法获取所有已经暴露的服务，获取暴露的接口名和暴露服务别名（path 属性）进行匹配，将匹配的结果进行输出。如果是查看服务暴露的方法，则框架会获取暴露接口名，然后反射获取所有方法并输出。

ps 命令用于查看提供服务本地端口的连接情况，ps 的命令用法如下：

`ps options [port]`

命令说明：
- `port` 代表要查询的服务暴露的端口；
- `options` 代表支持的命令参数；
- `-l` 显示服务暴露的所有端口或服务端端口建立连接的信息。

ps 命令示例如表 9-3 所示。

表 9-3 ps 命令示例

命 令 示 例	作 用
ps	显示服务暴露的端口列表
ps -l	显示服务地址列表
ps 20880	显示端口上的连接信息
ps -l 20880	显示端口上的连接详细信息（客户端 IP 和 port，服务端 IP 和 port）

ps 命令实现类对应 `PortTelnetHandler` 类，当 Dubbo 服务暴露时，会把关联端口的服务端实例加入 `DubboProtocol` 类的 `serverMap` 字段。当执行 ps 命令时，`PortTelnetHandler` 类会通过 `DubboProtocol.getDubboProtocol().getServers()` 提取暴露的 server 实例。它持有了端口号和所有客户端连接信息等。当无法确认命令对应的后端实现时，可以查找和扩展点名称相同的文件，它包含扩展点所有的实现定义，比如 `com.alibaba.dubbo.remoting.telnet.TelnetHandler`。

trace 用于统计服务方法的调用信息，比如跟踪服务调用方法返回值、连接信息和耗时等。trace 命令示例如表 9-4 所示。

表 9-4 trace 命令示例

命 令 示 例	作 用
trace HelloService	跟踪 1 次 HelloService 服务任意方法的调用情况
trace HelloService 10	最多跟踪 10 次 HelloService 服务任意方法的调用情况
trace HelloService echo	跟踪 1 次 HelloService 服务 echo 方法的调用情况
trace HelloService echo 10	最多跟踪 10 次 HelloService 服务 echo 方法的调用情况

`trace service [method] [count]`

命令说明：

- `service` 代表要查询的服务接口名称，可以是短名称或全名称；
- `method` 代表要跟踪的方法；
- `count` 代表跟踪的最大次数。

如果在使用 trace 命令跟踪方法调用时指定了最大次数，则不需要重复执行 trace 命令，当服务接口方法调用超过了最大次数后，不会把调用结果信息推送给 Telnet 客户端。

trace 命令对应的实现类是 `TraceTelnetHandler`，它本身不会执行任何方法调用，首先根据传递的接口和方法查找对应的 Invoker，然后把当前的 Telnet 连接（Channel）、接口、方法和最大执行次数信息记录在 `TraceFilter` 中，当接口方法被调用时，TraceFilter 会取出对应的 Telnet 连接（Channel），并把调用结果信息发送的 Telnet 客户端。

count 命令也用于统计服务信息，但它主要统计方法调用成功数、失败数、正在并发执行数、平均耗时和最大耗时。如果在服务方暴露服务时配置了 `executes` 属性，那么使用 count 命令可以统计并发调用信息。

count 命令示例如表 9-5 所示。

表 9-5 count 命令示例

命 令 示 例	作 用
count HelloService	统计 1 次 HelloService 服务任意方法的调用情况
count HelloService 10	最多统计 10 次 HelloService 服务任意方法的调用情况
count HelloService echo	统计 1 次 HelloService 服务 echo 方法的调用情况
count HelloService echo 10	最多统计 10 次 HelloService 服务 echo 方法的调用情况

`count service [method] [count]`

命令说明：

- `service` 代表要查询的服务接口名称，可以是短名称或全名称；
- `method` 代表要跟踪的方法；
- `count` 代表跟踪的最大次数。

`count` 命令对应的实现类是 `CountTelnetHandler`，每次执行 count 命令时在服务端会启动一个线程去循环统计当前调用次数。比如统计 10 次，在线程中每间隔 1 秒执行一次统计，直到达到统计次数时退出线程。框架会使用 `RpcStatus` 类记录并发调用信息，`CountTelnetHandler` 负责提取这些统计信息并输出给 Telnet 客户端。

9.9 Mock 调用

Dubbo 提供服务容错的能力，通常用于服务降级，比如验权服务，当服务提供方"挂掉"后，客户端不抛出异常，而是通过 Mock 数据返回授权失败。

目前 Dubbo 提供以下几种方式来使用 Mock 能力：

（1）`<dubbo:reference mock="true" .../>`。
（2）`<dubbo:reference mock="com.foo.BarServiceMock" .../>`。
（3）`<dubbo:reference mock="return null" .../>`。
（4）`<dubbo:reference mock="throw com.alibaba.XXXException" .../>`。
（5）`<dubbo:reference mock="force:return fake" .../>`。
（6）`<dubbo:reference mock="force:throw com.foo.MockException" ..../>`。

当 Dubbo 服务提供者调用抛出 RpcException 时，框架会降级到本地 Mock 伪装。以接口 `com.foo.BarService` 为例，第 1 种和第 2 种的使用方式是等价的，当直接指定 mock=true 时，客户端启动时会查找并加载 `com.foo.BarServiceMock` 类。查找规则根据接口名加 Mock 后缀组合成新的实现类，当然也可以使用自己的 Mock 实现类指定给 Mock 属性。

当在 Mock 中指定 `return null` 时，允许调用失败返回空值。当在 Mock 中指定 throw 或 throw `com.alibaba.XXXException` 时，分别会抛出 RpcException 和用户自定义异常 `com.alibaba.XXXException`。2.6.5 版本以前（包括当前版本），因为实现有缺陷，在使用方式 4、5 和 6 中需要更新后的版本支持。目前默认场景都是在没有服务提供者或调用失败时，触发 Mock 调用，如果不想发起 RPC 调用直接使用 Mock 数据，则需要在配置中指定 `force:` 语法（同样需要版本高于 2.6.5）。

这些 Mock 关键逻辑是在哪里处理的呢？处理 Mock 伪装对应的实现类是 `MockClusterInvoker`，因为 `MockClusterWrapper` 是对扩展点 Cluster 的包装，当框架在加载 Cluster 扩展点时会自动使用 `MockClusterWrapper` 类对 Cluster 实例进行包装（默认是 `FailoverCluster`）。`MockClusterInvoker` 对应的实现如代码清单 9-12 所示。

代码清单 9-12　MockClusterInvoker 对应的实现

```java
public Result invoke(Invocation invocation) throws RpcException {
    Result result = null;

    String value = directory.getUrl().getMethodParameter(invocation.getMethodName(),
Constants.MOCK_KEY, Boolean.FALSE.toString()).trim();
    if (value.length() == 0 || value.equalsIgnoreCase("false")) {
        result = this.invoker.invoke(invocation);   ◁── ① 如果没有指定 Mock,则不需
    } else if (value.startsWith("force")) {              要本地伪装
        if (logger.isWarnEnabled()) {
            logger.info("force-mock: " + invocation.getMethodName() + " force-mock
enabled , url : " + directory.getUrl());
        }
        result = doMockInvoke(invocation, null);   ◁── ② Mock 指定了 force,不发起 RPC
    } else {                                            调用,直接本地伪装
        try {
            result = this.invoker.invoke(invocation);  ◁── ③ 配置了 Mock,先发起 RPC
        } catch (RpcException e) {                         调用
            if (e.isBiz()) {
                throw e;
            } else {
                if (logger.isWarnEnabled()) {
                    logger.warn("fail-mock: " + invocation.getMethodName() + " fail-mock
enabled , url : " + directory.getUrl(), e);
                }
                result = doMockInvoke(invocation, e);   ◁── ④ 调用报错,降级 Mock 伪装
            }
        }
    }
    return result;
}
```

代码清单 9-12 中主要完成服务降级伪装。在①中如果没有配置 Mock,则直接发起 RPC 调用。2.6.5 版本虽然支持 force 特性,但因为有 bug,②中的这段代码实际上并不会执行。在 2.6.5 版本以后,如果用户为 Mock 指定了 force,则直接在本地伪装而不发起 RPC 调用。在 ③中先处理正常 RPC 调用,如果调用出错则会降级到 Mock 调用。在④中具体 Mock 数据是由 开发者自己编码完成的。Dubbo 框架对常用的返回值做了支持,比如接口返回布尔值,可以直 接在 Mock 中指定 return true。

9.10　结果缓存

Dubbo 框架提供了对服务调用结果进行缓存的特性，用于加速热门数据的访问速度，Dubbo 提供声明式缓存，以减少用户加缓存的工作量。因为每次调用都会使用 `JSON.toJSONString` 方法将请求参数转换成字符串，然后拼装唯一的 key，用于缓存唯一键。如果不能接受缓存造成的开销，则谨慎使用这个特性。

如果要使用缓存，则可以在消费方添加如下配置：

```
<dubbo:reference cache="lru" .../>
```

lru 缓存策略是框架默认使用的，因此我们会对它进行简单的说明。它的原理比较简单，缓存对应实现类是 `LRUCache`。缓存实现类 `LRUCache` 继承了 JDK 的 `LinkedHashMap` 类，`LinkedHashMap` 是基于链表的实现，它提供了钩子方法 `removeEldestEntry`，它的返回值用于判断每次向集合中添加元素时是否应该删除最少访问的元素。`LRUCache` 重写了这个方法，当缓存值达到 1000 时，这个方法会返回 true，链表会把头部节点移除。链表每次添加数据时都会在队列尾部添加，因此队列头部就是最少访问的数据（`LinkedHashMap` 在更新数据时，会把更新数据更新到列表尾部）。

9.11　小结

本章主要对 Dubbo 中的高级特性进行讲解，比如服务分组和版本、参数回调、隐式参数、异步调用、泛化调用、上下文信息、Telnet 操作、Mock 调用和结果缓存原理。虽然本章的知识点比较独立，但这些特性点能够解决实际业务场景中的很多问题。比如版本和分组能够解决业务资源隔离，防止整体资源被个别调用方拖垮，可以将某些调用分配一个隔离的资源池中，单独为它们提供服务。

第 10 章 Dubbo 过滤器

本章主要内容：
- Dubbo 过滤器概述；
- 过滤器链初始化的实现原理；
- 服务提供者过滤器的实现；
- 消费者过滤器的实现。

本章首先介绍 Dubbo 过滤器的总体概况,包括如何配置和使用一些框架自定义的规则约束,整个过滤器接口的总体结构,Dubbo 框架中内置过滤器的不同用途；然后介绍众多的过滤器是如何初始化成一个过滤器链的；最后,由于有的过滤器会在服务提供者端生效,有的会在消费者端生效,因此我们会分为服务提供者和消费者两端来分别介绍各端的过滤器的实现原理。通过本章的阅读,读者可以了解整个 Dubbo 过滤器在框架中的实现原理,后续可以无障碍地自行扩展过滤器。

10.1 Dubbo 过滤器概述

做过 Java Web 开发的读者对过滤器应该都不会陌生,Dubbo 中的过滤器和 Web 应用中的过滤器的概念是一样的,提供了在服务调用前后插入自定义逻辑的途径。过滤器是整个 Dubbo 框架中非常重要的组成部分,Dubbo 中有很多功能都是基于过滤器扩展而来的。过滤器提供了服务提供者和消费者调用过程的拦截,即每次执行 RPC 调用的时候,对应的过滤器都会生效。虽然过滤器的功能强大,但由于每次调用时都会执行,因此在使用的时候需要注意它对性能的影响。

10.1.1 过滤器的使用

我们知道 Dubbo 中已经有很多内置的过滤器，并且大多数都是默认启用的，如 ContextFilter。对于自行扩展的过滤器，要如何启用呢？一种方式是使用 @Activate 注解默认启用；另一种方式是在配置文件中配置，下面是官方文档中的配置，如代码清单 10-1 所示。

代码清单 10-1 过滤器配置

```
<!-- 消费方调用过程拦截 -->
<dubbo:reference filter="xxx,yyy" />
<!-- 消费方调用过程默认拦截器，将拦截所有 reference -->
<dubbo:consumer filter="xxx,yyy"/>
<!-- 服务提供方调用过程拦截 -->
<dubbo:service filter="xxx,yyy" />
<!-- 服务提供方调用过程默认拦截器，将拦截所有 service -->
<dubbo:provider filter="xxx,yyy"/>
```

以上就是常见的配置方式，下面我们来了解一下配置上的一些"潜规则"：

（1）过滤器顺序。

- 用户自定义的过滤器的顺序默认会在框架内置过滤器之后，我们可以使用 filter="xxx,default" 这种配置方式让自定义的过滤器顺序靠前。
- 我们在配置 filter="xxx,yyy" 时，写在前面的 xxx 会比 yyy 的顺序要靠前。

（2）剔除过滤器。对于一些默认的过滤器或自动激活的过滤器，有些方法不想使用这些过滤器，则可以使用 "-" 加过滤器名称来过滤，如 filter="-xxFilter" 会让 xxFilter 不生效。如果不想使用所有默认启用的过滤器，则可以配置 filter="-default" 来进行剔除。

（3）过滤器的叠加。如果服务提供者、消费者端都配置了过滤器，则两边的过滤器不会互相覆盖，而是互相叠加，都会生效。如果需要覆盖，则可以在消费方使用 "-" 的方式剔除对应的过滤器。

10.1.2 过滤器的总体结构

在了解过滤器的使用方式后，我们先从"上帝视角"看一下接口关系，如图 10-1 所示，让读者对过滤器有一个总体的了解。

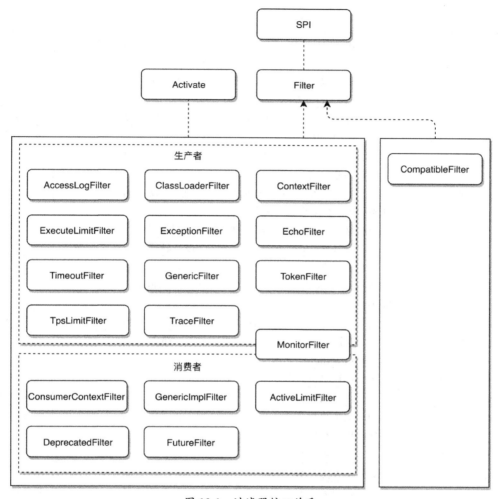

图 10-1 过滤器接口关系

从图 10-1 可以看到所有的内置过滤器中除了 CompatibleFilter 特别突出，只继承了 Filter 接口，即不会被默认激活，其他的内置过滤器都使用了 @Activate 注解，即默认被激活。Filter 接口上有 @SPI 注解，说明过滤器是一个扩展点，用户可以基于这个扩展点接口实现自己的过滤器。所有的过滤器会被分为消费者和服务提供者两种类型，消费者类型的过滤器只会在服务引用时被加入 Invoker，服务提供者类型的过滤器只会在服务暴露的时候被加入对应的 Invoker。MonitorFilter 比较特殊，它会同时在暴露和引用时被加入 Invoker。具体的过滤器加入 Invoker 的实现原理会在 10.2 节讲解。

我们来了解一下每个过滤器的作用，如表 10-1 所示。

表 10-1　过滤器作用列表

过滤器名	作　用	是否本章讲解	使 用 方
AccessLogFilter	打印每一次请求的访问日志。如果需要访问的日志只出现在指定的 appender 中，则可以在 log 的配置文件中配置 additivity	是	服务提供者
ActiveLimitFilter	用于限制消费者端对服务端的最大并行调用数	是	消费者
ExecuteLimitFilter	同上，用于限制服务端的最大并行调用数	是	服务提供者
ClassLoaderFilter	用于切换不同线程的类加载器，服务调用完成后会还原回去	是	服务提供者
CompatibleFilter	用于使返回值与调用程序的对象版本兼容，默认不启用。如果启用，则会把 JSON 或 fastjson 类型的返回值转换为 Map 类型；如果返回类型和本地接口中定义的不同，则会做 POJO 的转换	否	-
ConsumerContextFilter	为消费者把一些上下文信息设置到当前线程的 RpcContext 对象中，包括 invocation、local host、remote host 等	否	消费者
ContextFilter	同上，但是为服务提供者服务	否	服务提供者
DeprecatedFilter	如果调用的方法被标记为已弃用，那么 DeprecatedFilter 将记录一个错误消息	是	消费者
EchoFilter	用于回声测试，在之前章节中已经有介绍	否	服务提供者
ExceptionFilter	用于统一的异常处理，防止出现序列化失败	是	服务提供者
GenericFilter	用于服务提供者端，实现泛化调用，实现序列化的检查和处理	否	服务提供者
GenericImplFilter	同上，但用于消费者端	否	消费者
TimeoutFilter	如果某些服务调用超时，则自动记录告警日志	是	服务提供者
TokenFilter	服务提供者下发令牌给消费者，通常用于防止消费者绕过注册中心直接调用服务提供者	是	服务提供者
TpsLimitFilter	用于服务端的限流，注意与 ExecuteLimitFilter 区分	是	服务提供者
FutureFilter	在发起 invoke 或得到返回值、出现异常的时候触发回调事件	是	消费者
TraceFilter	Trace 指令的使用	否	服务提供者
MonitorFilter	监控并统计所有的接口的调用情况，如成功、失败、耗时。后续 DubboMonitor 会定时把该过滤器收集的数据发送到 Dubbo-Monitor 服务上	否	服务提供者+消费者

由于表 10-1 中的 GenericFilter、EchoFilter 等过滤器在"第 9 章 Dubbo 高级特性"中

的泛化调用、回声测试等章节已经讲解过，因此本章不再赘述。还有一些过滤器的实现过于简单，如 CompatibleFilter、MonitorFilter 等，只是做一些对象类型的转换、计数的统计等，没有深层次的原理，因此本章也不再赘述。感兴趣的读者可以自行查看源码。

每个过滤器的使用方不一样，有的是服务提供者使用，有的是消费者使用。Dubbo 是如何保证服务提供者不会使用消费者的过滤器的呢？答案就在 @Activate 注解上，该注解可以设置过滤器激活的条件和顺序，如 @Activate(group = Constants.PROVIDER, order = -110000) 表示在服务提供端扩展点实现才有效，并且过滤器的顺序是-110000。

10.2 过滤器链初始化的实现原理

这么多默认的过滤器实现类都会在扩展点初始化的时候进行加载、排序等，这部分的实现原理在"第 4 章 Dubbo 扩展点加载机制"中已经讲解过，如果已经忘记，读者可以查看 4.3.4 节。使用过 Filter 的读者都知道，所有的 Filter 会连接成一个过滤器链，每个请求都会经过整个链路中的每一个 Filter。那么这个过滤器链在 Dubbo 框架中是如何组装起来的呢？

我们在前面的章节已经了解过，服务的暴露与引用会使用 Protocol 层，而 ProtocolFilterWrapper 包装类则实现了过滤器链的组装。在服务的暴露与引用过程中，会使用 ProtocolFilterWrapper#buildInvokerChain 方法组装整个过滤器链，如代码清单 10-2 所示。

代码清单 10-2　服务的暴露与引用过程

```
                                          ① 暴露服务的时候会调用 buildInvokerChain
public <T> Exporter<T> export(Invoker<T> invoker) throws RpcException {
    if (Constants.REGISTRY_PROTOCOL.equals(invoker.getUrl().getProtocol())) {
        return protocol.export(invoker);
    }
    return protocol.export(buildInvokerChain(invoker, Constants.SERVICE_FILTER_KEY,
Constants.PROVIDER));   ← 此处会传入 Constants.PROVIDER，标识自己是服
}                           务提供者类型的调用链

public <T> Invoker<T> refer(Class<T> type, URL url) throws RpcException {
    if (Constants.REGISTRY_PROTOCOL.equals(url.getProtocol())) {
        return protocol.refer(type, url);
    }                                      ② 引用远程服务的时候也会调
                                              用 buildInvokerChain
    return buildInvokerChain(protocol.refer(type, url), Constants.REFERENCE_FILTER_KEY,
Constants.CONSUMER);   ←
}                          此处会传入 Constants.CONSUMER，标识自己是消费类型的调用链
```

然后我们来关注一下 buildInvokerChain 方法是如何构造调用链的，总的来说可以分为两步：

（1）获取并遍历所有过滤器。通过 `ExtensionLoader#getActivateExtension` 方法获取所有的过滤器并遍历。

（2）使用装饰器模式，增强原有 Invoker，组装过滤器链。使用装饰器模式，像俄罗斯套娃一样，把过滤器一个又一个地"套"到 Invoker 上。

构造调用链源码如代码清单 10-3 所示。

代码清单 10-3　构造调用链源码

```
Invoker<T> last = invoker;  ←── 保存引用，后续用于把真正的调用者保存到过滤器链的最后
List<Filter> filters = ExtensionLoader.getExtensionLoader(Filter.class).
getActivateExtension (invoker.getUrl(), key, group);
if (!filters.isEmpty()) {         ←── 获取所有的过滤器，包括有@Activate 注解
                                       默认启动的和用户在 XML 中自定义配置的

    for (int i = filters.size() - 1; i >= 0; i--) {  ←── 对过滤器做倒排遍历，即从尾到头
        final Filter filter = filters.get(i);
        final Invoker<T> next = last;   ←── 注意这段逻辑，把 last 节点变成 next 节
        last = new Invoker<T>() {            点，并放到 Filter 链的 next 中
            ...    ←── 省略无关紧要的方法
            @Override
            public Result invoke(Invocation invocation) throws RpcException {
                     设置过滤器链的下一个节点，不断循环形成过滤器链
                Result result = filter.invoke(next, invocation);   ←──
                                               异步调用和同步调用的处理
                if (result instanceof AsyncRpcResult) {    ←──
                    AsyncRpcResult asyncResult = (AsyncRpcResult) result;
                    asyncResult.thenApplyWithContext(r -> filter.onResponse(r, invoker, invocation));
                    return asyncResult;
                } else {
                    return filter.onResponse(result, invoker, invocation);
                }
            }
            ....
        };
    }
}
return last;
```

源码中为什么要倒排遍历呢？因为是通过从里到外构造匿名类的方式构造 Invoker 的，所以只有倒排，最外层的 Invoker 才能是第一个过滤器。我们来看一个例子：

假设有过滤器 A、B、C 和 Invoker，会按照 C、B、A 倒序遍历，过滤器链构建顺序为：C→Invoker，B→C→Invoker，A→B→C→Invoker。最终调用时的顺序就会变为 A 是第一个过滤器。

上面已经介绍了整个过滤器链在框架中组装的实现原理，下面针对每个过滤器的实现原理进行讲解。把过滤器分为服务提供者端和消费者端两大类分别进行讲解。

10.3 服务提供者过滤器的实现原理

在表 10-1 中，@Activate 注解上可以设置 group 属性，从而设定某些过滤器只有在服务提供者端才生效。本章将详细介绍每一个在服务提供者端生效的过滤器，共 8 个。服务提供者端的过滤器数量明显比消费者端多。

10.3.1 AccessLogFilter 的实现原理

1. AccessLogFilter 的使用

AccessLogFilter 是一个日志过滤器，如果想记录服务每一次的请求日志，则可以开启这个过滤器。虽然 AccessLogFilter 有 @Activate 注解，默认会被激活，但还是需要手动配置来开启日志的打印。我们有两种方式来配置开启 AccessLogFilter，如代码清单 10-4 所示。

代码清单 10-4　AccessLogFilter 配置示例

```
<dubbo:protocol accesslog="true"/>       ◁── ① 将日志输出到应用本身的 log 中
<dubbo:provider accesslog="default"/>    ◁── 只是某个服务提供者或消费者打印 log
<dubbo:service accesslog="true"/>

<dubbo:protocol accesslog="custom-access.log" />   ◁── ② 将日志输出到指定的文件
```

我们设置将日志输出到应用本身的日志组件（如 log4j、logback 等）时，可以配置 accesslog 的值为 true 或 default。如果想输出到指定路径的文件，则可以直接设置 accesslog 的值作为文件路径。

2. AccessLogFilter 的实现

AccessLogFilter 的实现步骤比较简短，主要分为构造方法和 invoke 方法两大逻辑。在

AccessLogFilter 的构造方法中会加锁并初始化一个定时线程池 ScheduledThreadPool。该线程池只有在指定了输出的 log 文件时才会用到，ScheduledThreadPool 中的线程会定时把队列中的日志数据写入文件。在构造方法中主要是初始化线程池，而打印日志的逻辑主要在 invoke 方法中，其逻辑如下：

（1）获取参数。获取上下文、接口名、版本、分组信息等参数，用于日志的构建。

（2）构建日志字符串。根据步骤（1）中的数据开始组装日志，最终会得到一个日志字符串，类似于

```
[2019-01-15 20:13:58] 192.168.1.17:20881 -> 192.168.1.17:20882 - com.test.demo.Demo
Service testFunction(java.lang.String) [null]
```

（3）日志打印。如果用户配置了使用应用本身的日志组件，则直接通过封装的 LoggerFactory 打印日志；如果用户配置了日志要输出到自定义的文件中，则会把日志加入一个 ConcurrentMap<String, ConcurrentHashSet<String>>中暂存，key 是自定义的 accesslog 值（如 accesslog="custom-access.log"），value 就是对应的日志集合。后续等待定时线程不断遍历整个 Map，把日志写入对应的文件。

这里有两个问题需要注意，首先由于 Set 集合是无序的，因此日志输出到文件也是无序的；其次由于是异步刷盘，突然宕机会导致一小部分日志丢失。

10.3.2　ExecuteLimitFilter 的实现原理

ExecuteLimitFilter 用于限制每个服务中每个方法的最大并发数，有接口级别和方法级别的配置方式。我们先看看官方文档中是如何配置的：

```
                                    每个方法的并发执行数（或占用线程池线程数）不能超过 10 个
<dubbo:service interface="com.foo.BarService" executes="10" />
<dubbo:service interface="com.foo.BarService">     限制 com.foo.BarService 的 sayHello
    <dubbo:method name="sayHello" executes="10" /> 方法的并发执行数（或占用线程池线程
</dubbo:service>                                   数）不能超过 10 个
```

如果不设置，则默认不做限制；如果设置了小于等于 0 的数值，那么也会不做任何限制。

其实现原理是：在框架中使用一个 ConcurrentMap 缓存了并发数的计数器。为每个请求 URL 生成一个 IdentityString，并以此为 key；再以每个 IdentityString 生成一个 RpcStatus 对象，并以此为 value。RpcStatus 对象用于记录对应的并发数。在过滤器中，会以 try-catch-finally 的形式调用过滤器链的下一个节点。因此，在开始调用之前，会通过 URL 获得 RpcStatus 对象，把对象中的

并发数计数器原子+1，在 finally 中再将原子−1。只要在计数器+1 的时候，发现当前计数比设置的最大并发数大时，就会抛出异常，提示已经超过最大并发数，请求就会被终止并直接返回。

10.3.3　ClassLoaderFilter 的实现原理

如果读者对 Java 的类加载机制不清楚的话，那么会感觉 ClassLoaderFilter 过滤器不好理解。ClassLoaderFilter 主要的工作是：切换当前工作线程的类加载器到接口的类加载器，以便和接口的类加载器的上下文一起工作。我们先来看一下 ClassLoaderFilter 的源码，非常简短，如代码清单 10-5 所示。

代码清单 10-5　ClassLoaderFilter 源码

```
ClassLoader ocl = Thread.currentThread().getContextClassLoader();    // 保存当前线程的类加载器
Thread.currentThread().setContextClassLoader(invoker.getInterface().getClassLoader());
try {                                       // 把当前线程的上下文类加载器设置为接口的类加载器
    return invoker.invoke(invocation);    // 继续过滤器链的下一个节点
} finally {
    Thread.currentThread().setContextClassLoader(ocl);    // 把当前线程的上下文类加载器还原回去
}
```

代码很好理解，就是临时切换了一下上下文类加载器。为什么要这么做呢？首先读者需要理解 Java 的类加载机制和双亲委派模型等，这些概念在网上已经有非常多的资料，并且也不在本书内容的范围内，因此不清楚的读者可以先去学习一下这部分的知识，本书就不再赘述。我们先了解一下双亲委派模型在框架中会有哪些问题，先看代码清单 10-6 中的代码能否正常运行。

代码清单 10-6　同一个类加载器中的反射调用

```
public class ClassA {                    // ① 在 ClassA 中通过反射调用了 ClassB
    public void callClassB() {
        try {
            Class clazz = Class.forName("com.ClassB");
            Method method = clazz.getMethod("print");
            Object o = clazz.newInstance();
            method.invoke(o);
        } catch (Exception e) {
            // ...
        }
    }
}
```

```
}
public class ClassB {        ← ② ClassB
    public void print(){
        System.out.println("ClassB");
    }
}

③ 调用 ClassA
ClassA classA = new ClassA();
classA.callClassB();
```

如果 ClassA 和 ClassB 都是同一个类加载器加载的，则它们之间是可以互相访问的，ClassA 的调用会输出 ClassB。但是，如果 ClassA 和 ClassB 是不同的类加载器加载的呢？不同类加载器加载示例如图 10-2 所示。

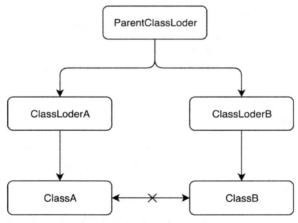

图 10-2　不同类加载器加载示例

假设 ClassA 由 ClassLoaderA 加载，ClassB 由 ClassLoaderB 加载，此时 ClassA 是无法访问 ClassB 的。我们按照双亲委派模型来获取一下 ClassB：首先，ClassA 会从 ClassLoaderA 中查找 ClassB，看是否已经加载。没找到则继续往父类加载器 ParentClassLoader 查找 ClassB，没找到则继续往父类加载器查找……最终还没找到，会抛出 ClassNotFoundException 异常。

讲了这么多，和 ClassLoaderFilter 有什么关系呢？如果要实现违反双亲委派模型来查找 Class，那么通常会使用上下文类加载器（ContextClassLoader）。当前框架线程的类加载器可能和 Invoker 接口的类加载器不是同一个，而当前框架线程中又需要获取 Invoker 的类加载器中的一些 Class，为了避免出现 `ClassNotFoundException`，此时只需要使用 `Thread.currentThread().getContextClassLoader()` 就可以获取 Invoker 的类加载器，进而获得这个类加载器中的 Class。

常见的使用例子有 `DubboProtocol#optimizeSerialization` 方法，会根据 Invoker 中配置的 `optimizer` 参数获取扩展的自定义序列化处理类，这些外部引入的序列化类在框架的类加载器中肯定没有，因此需要使用 Invoker 的类加载器获取对应的类。

10.3.4　ContextFilter 的实现原理

ContextFilter 主要记录每个请求的调用上下文。每个调用都有可能产生很多中间临时信息，我们不可能要求在每个接口上都加一个上下文的参数，然后一路往下传。通常做法都是放在 ThreadLocal 中，作为一个全局参数，当前线程中的任何一个地方都可以直接读/写上下文信息。

ContextFilter 就是统一在过滤器中处理请求的上下文信息，它为每个请求维护一个 RpcContext 对象，该对象中维护两个 `InternalThreadLocal`（它是优化过的 ThreadLocal，具体可以搜索 Netty 的 InternalThreadLocal 做了什么优化），分别记录 local 和 server 的上下文。每次收到或发起 RPC 调用的时候，上下文信息都会发生改变。例如：A 调用 B，B 调用 C。当 A 调用 B 且 B 还未调用 C 时，RpcContext 中保存 A 调用 B 的上下文；当 B 开始调用 C 的时候，RpcContext 中保存 B 调用 C 的上下文。发起调用时候的上下文是由 ConsumerContextFilter 实现的，这个是消费者端的过滤器，因此不在本节讲解。ContextFilter 保存的是收到的请求的上下文。

ContextFilter 的主要逻辑如下：

（1）清除异步属性。防止异步属性传到过滤器链的下一个环节。

（2）设置当前请求的上下文，如 Invoker 信息、地址信息、端口信息等。如果前面的过滤器已经对上下文设置了一些附件信息（attachments 是一个 Map，里面可以保存各种 key-value 数据），则和 Invoker 的附件信息合并。

（3）调用过滤器链的下一个节点。

（4）清除上下文信息。对于异步调用的场景，即使是同一个线程，处理不同的请求也会创建一个新的 RpcContext 对象。因此调用完成后，需要清理对应的上下文信息。

10.3.5　ExceptionFilter 的实现原理

光看 ExceptionFilter 很容易会认为它和我们平时写业务时统一处理异常的过滤器一样。它的关注点不在于捕获异常，而是为了找到那些返回的自定义异常，但异常类可能不存在于消费者端，从而防止消费者端序列化失败。对于所有没有声明 Unchecked 的方法抛出的异常，ExceptionFilter 会把未引入的异常包装到 RuntimeException 中，并把异常原因字符串化后返回。

因此，ExceptionFilter 的逻辑都在 onResponse 方法中。

ExceptionFilter 过滤器会打印出 ERROR 级别的错误日志，但并不会处理泛化调用，即 Invoker 的接口是 `GenericService`。

下面我们来看一下 onResponse 方法中是如何处理异常的：

（1）判断是否是泛化调用。如果是泛化调用则直接不处理了。

（2）直接抛出一些异常。如果异常是 Java 自带异常，并且是必须显式使用 try-catch 来捕获的异常，则直接抛出。如果异常在 Invoker 的签名中出现，则直接抛出异常，并打印 error log。如果异常类和接口类在同一个 jar 包中，则直接抛出异常；如果是 JDK 中的异常，则直接抛出；如果是 Dubbo 中定义的异常，则直接抛出。

（3）处理在步骤（2）中无法处理的异常。把异常转换为字符串，并包装成一个 RuntimeException 放入 RpcResult 中返回。

10.3.6　TimeoutFilter 的实现原理

TimeoutFilter 主要是日志类型的过滤器，它会记录每个 Invoker 的调用时间，如果超过了接口设置的 `timeout` 值，则会打印一条警告日志，并不会干扰业务的正常运行，如代码清单 10-7 所示。

代码清单 10-7　TimeoutFilter 源码

```
long start = System.currentTimeMillis();      ←── 获取开始时间
Result result = invoker.invoke(invocation);   ←── 继续调用
long elapsed = System.currentTimeMillis() - start;  ←── 获取调用持续时间
if (invoker.getUrl() != null     ←── 如果超时了
        && elapsed > invoker.getUrl().getMethodParameter(invocation.getMethodName(),
        "timeout", Integer.MAX_VALUE)) {
    if (logger.isWarnEnabled()) {
        ...     ←── 打印一条警告日志
    }
}
return result;
```

10.3.7　TokenFilter 的实现原理

在 Dubbo 中，如果某些服务提供者不想让消费者绕过注册中心直连自己，则可以使用令牌验证。总体的工作原理是，服务提供者在发布自己的服务时会生成令牌，与服务一起注册到注册中心。消费者必须通过注册中心才能获取有令牌的服务提供者的 URL。TokenFilter 是在服务提供者端生效的过滤器，它的工作就是对请求的令牌做校验。我们首先来看一下开启令牌校验的配置方式，代码清单 10-8 摘自官方文档。

代码清单 10-8　开启令牌校验的配置方式

```
<!--随机 Token 令牌，使用 UUID 生成-->    <—— 全局设置开启令牌验证
<dubbo:provider interface="com.foo.BarService" token="true" />
<!--固定 Token 令牌，相当于密码-->
<dubbo:provider interface="com.foo.BarService" token="123456" />

<!--随机 Token 令牌，使用 UUID 生成-->    <—— 服务级别设置
<dubbo:service interface="com.foo.BarService" token="true" />
<!--固定 Token 令牌，相当于密码-->
<dubbo:service interface="com.foo.BarService" token="123456" />

<!--随机 Token 令牌，使用 UUID 生成-->    <—— 协议级别设置
<dubbo:protocol name="dubbo" token="true" />
<!--固定 Token 令牌，相当于密码-->
<dubbo:protocol name="dubbo" token="123456" />
```

我们来看一下整个令牌的工作流程：

（1）消费者从注册中心获得服务提供者包含令牌的 URL。

（2）消费者 RPC 调用设置令牌。具体是在 RpcInvocation 的构造方法中，把服务提供者的令牌设置到附件（attachments）中一起请求服务提供者。

（3）服务提供者认证令牌。

这就是 TokenFilter 所做的工作。

TokenFilter 的工作原理很简单，收到请求后，首先检查这个暴露出去的服务是否有令牌信息。如果有，则获取请求中的令牌，如果和接口的令牌匹配，则认证通过，否则认证失败并抛出异常。

10.3.8　TpsLimitFilter 的实现原理

TpsLimitFilter 主要用于服务提供者端的限流。我们会发现在 `org.apache.dubbo.rpc.Filter` 这个 SPI 配置文件中，并没有 TpsLimitFilter 的配置，因此如果需要使用，则用户要自己添加对

应的配置。TpsLimitFilter 的限流是基于令牌的，即一个时间段内只分配 N 个令牌，每个请求过来都会消耗一个令牌，耗完即止，后面再来的请求都会被拒绝。限流对象的维度支持分组、版本和接口级别，默认通过 interface + group + version 作为唯一标识来判断是否超过最大值。我们先看一下如何配置：

```
<dubbo:parameter key="tps" value="1000" />   <—— 每次发放 1000 个令牌
                    令牌刷新的间隔是 1 秒，如果不配置，则默认是 60 秒
<dubbo:parameter key="tps.interval" value="1000" />
```

具体的实现逻辑主要关注 DefaultTPSLimiter#isAllowable，会用这个方法判断是否触发限流，如果不触发就直接通过了。isAllowable 方法的逻辑如下：

（1）获取 URL 中的参数，包含每次发放的令牌数、令牌刷新时间间隔。

（2）如果设置了每次发放的令牌数则开始限流校验。DefaultTPSLimiter 内部用一个 ConcurrentMap 缓存每个接口的令牌数，key 是 interface + group + version，value 是一个 StatItem 对象，它包装了令牌刷新时间间隔、每次发放的令牌数等属性。首先判断上次发放令牌的时间点到现在是否超过时间间隔了，如果超过了就重新发放令牌，之前没用完的不会叠加，而是直接覆盖。然后，通过 CAS 的方式-1 令牌，减掉后令牌数如果小于 0 则会触发限流。

10.4　消费者过滤器的实现原理

10.4.1　ActiveLimitFilter 的实现原理

和服务提供者端的 ExecuteLimitFilter 相似，ActiveLimitFilter 是消费者端的过滤器，限制的是客户端的并发数。官方文档中使用的配置如下：

```
限制 com.foo.BarService 的每个方法在每个客户端的并发执行数（或占用连接的请求数）不能超过 10 个
<dubbo:service interface="com.foo.BarService" actives="10" />
<dubbo:reference interface="com.foo.BarService" actives="10" />   <— 或
<dubbo:service interface="com.foo.BarService">   <—
    <dubbo:method name="sayHello" actives="10" />      限制 com.foo.BarService 的 sayHello
</dubbo:service>                                       方法在每个客户端的并发执行数（或占
<dubbo:reference interface="com.foo.BarService">   <— 用连接的请求数）不能超过 10 个
    <dubbo:method name="sayHello" actives="10" />   | 或
</dubbo:service>
```

如果<dubbo:service>和<dubbo:reference> 都配了 actives，则<dubbo:reference>优先。如果设

置了 actives 小于等于 0,则不做并发限制。下面我们看一下 ActiveLimitFilter 的具体实现逻辑:

(1) 获取参数。获取方法名、最大并发数等参数,为下面的逻辑做准备。

(2) 如果达到限流阈值,和服务提供者端的逻辑并不一样,并不是直接抛出异常,而是先等待直到超时,因为请求是有 timeout 属性的。当并发数达到阈值时,会先加锁抢占当前接口的 RpcStatus 对象,然后通过 wait 方法进行等待。此时会有两种结果,第一种是某个 Invoker 在调用结束后,并发把计数器原子-1 并触发一个 notify,会有一个在 wait 状态的线程被唤醒并继续执行逻辑。第二种是 wait 等待超时都没有被唤醒,此时直接抛出异常,如代码清单 10-9 所示。

代码清单 10-9　ActiveLimitFilter 源码

```
if (max > 0) {
    long timeout = invoker.getUrl().getMethodParameter(invocation.getMethodName(),
Constants.TIMEOUT_KEY, 0);           <—— 获取超时时间
    long start = System.currentTimeMillis();
    long remain = timeout;
    int active = count.getActive();   <—— 获取当前并发数
    if (active >= max) {
        synchronized (count) {
            while ((active = count.getActive()) >= max) {  <—— 加锁,并循环获取当前并发数,
                try {                                          如果大于限流阈值则等待
                    count.wait(remain);
                } catch (InterruptedException e) {
                }
                long elapsed = System.currentTimeMillis() - start;
                remain = timeout - elapsed;                 <—— 当被 notify 唤醒后,会先判断是否已经超时,然后
                if (remain <= 0) {                              继续执行 while 循环判断是否已经低于限流阈值
                    //
                    ...      <—— 超时,抛出异常
                }
            }
        }
    }
}            <—— 当前并发数低于限流阈值,则会从上面的 while 循环跳出并来到这里
try {
    long begin = System.currentTimeMillis();
    RpcStatus.beginCount(url, methodName);    <—— 并发计数器原子+1
    try {
        Result result = invoker.invoke(invocation);  <—— 执行 Invoker 调用
```

```
                RpcStatus.endCount(url, methodName, System.currentTimeMillis() - begin, true);
                return result;                                              调用结束，并发计数器原子-1
            } catch (RuntimeException t) {
                ...
            }
        } finally {
            if (max > 0) {
                synchronized (count) {        当前请求已经结束，通过 notify 唤醒另外一个线程
                    count.notify();
                }
            }
        }
```

（3）如果满足调用阈值，则直接进行调用，成功或失败都会原子-1 对应并发计数。最后会唤醒一个等待中的线程。详情见代码清单 10-9 的后半部分。

细心的读者肯定已经发现，这种方式的限流是有问题的。在大并发场景下容易出现超过限流阈值的情况。例如：当 10 个线程同时获取当前并发数时，都发现还差 1 个计数到达阈值，此时 10 个线程都符合要求并往下执行，即超了 9 个限额。不过这个问题在新版本中已经修复。

10.4.2　ConsumerContextFilter 的实现原理

ConsumerContextFilter 会和 ContextFilter 配合使用。因为在微服务环境中，有很多链式调用，如 A→B→C→D。收到请求时，当前节点可以被看作一个服务提供者，由 ContextFilter 设置上下文。当发起请求到下一个服务时，当前服务变为一个消费者，由 ConsumerContextFilter 设置上下文。其工作逻辑主要如下：

（1）设置当前请求上下文，如 Invoker 信息、地址信息、端口信息等。

（2）服务调用。清除 Response 上下文，然后继续调用过滤器链的下一个节点。

（3）清除上下文信息。每次服务调用完成，都会把附件上下文清除，如隐式传参。

10.4.3　DeprecatedFilter 的实现原理

DeprecatedFilter 会检查所有调用，如果方法已经通过 dubbo:parameter 设置了 deprecated=true，则会打印一段 ERROR 级别的日志。这个错误日志只会打印一次，判断是否打印过的 key 维度是：接口名+方法名。打印过的 key 都会被加入一个 Set 中保存，后续就不会再打印了，如代码清单 10-10 所示。

代码清单 10-10　DeprecatedFilter 源码

```
                                                         以接口+方法名的维度生成 key
String key = invoker.getInterface().getName() + "." + invocation.getMethodName();
if (!logged.contains(key)) {    ← 如果没被打印过，就加入 Set，以后就不会再调用了
    logged.add(key);
    if (invoker.getUrl().getMethodParameter(invocation.getMethodName(),
Constants.DEPRECATED_KEY, false)) {     如果配置了 deprecated=true 则打印错误日志
        LOGGER.error(...);
    }
}
return invoker.invoke(invocation);
```

10.4.4　FutureFilter 的实现原理

FutureFilter 主要实现框架在调用前后出现异常时，触发调用用户配置的回调方法，如以下配置：

```
                    用户编写的回调方法，里面有 onreturn、onthrow、oninvoke 几个方法
<bean id="callBack" class="com.test.CallBack"/>
<dubbo:reference id="testService" interface="com.testService">
    <dubbo:method name="testMethod" onreturn="callBack.onreturn"     在 testMethod 的调
        onthrow="callBack.onthrow" oninvoke ="callBack.oninvoke"/>   用前后出现异常时，
</dubbo:reference>                                                    分别调用回调类的
                                                                      方法
```

调用前的回调实现就很简单了，由于整个逻辑是在过滤器链中执行的，FutureFilter 在执行下一个节点的 invoke 方法前调用 oninvoke 回调方法就能实现调用前的回调。方法在服务引用初始化的时候就会把配置文件中的回调方法保存到 ConsumerMethodModel 中，后续使用的时候，直接取出来就可以调用。不过需要注意的是，oninvoke 回调只会对异步调用有效。

当调用有返回结果的时候，会执行 `FutureFilter#onResponse` 的逻辑。对于同步调用的方法，则直接判断返回的 result 是否有异常，有异常则同步调用 onthrow 回调方法，没有异常则同步调用 onreturn 回调方法。对于异步调用，会通过 CompletableFuture 的 thenApply 方法来执行 onthrow 或 onreturn 的回调。CompletableFuture 是 JDK8 中的新特性。

10.5 小结

之前的章节已经涉及很多过滤器的讲解,因此本章只介绍了一些前面章节都没有涉及的过滤器。首先介绍了 Dubbo 框架中所有过滤器的总体大图,讲解了每个过滤器的作用及归属,过滤器分为服务提供者端生效和消费者端生效两种,其中服务提供者端有 11 种过滤器,消费者端有 5 种过滤器。有一个特殊的 Monitor 过滤器在两端都会生效,还有一个 CompatibleFilter 过滤器并没有默认启用。然后,我们介绍了整个过滤器链串联起来的原理,框架在 ProtocolFilterWrapper 中为每个 Invoker 包上了一层又一层的过滤器,最终形成一个过滤器链。最后,我们分别详细介绍了服务提供者、消费者端的每个过滤器的实现原理。

第 11 章 Dubbo 注册中心扩展实践

本章主要内容：
- etcd 数据结构设计；
- 构建可运行的注册中心；
- 搭建 etcd 集群并在 Dubbo 中运行。

本章着重从扩展 Dubbo 新注册中心方面入手，重点说明深入开发 Dubbo 注册中心需要关注的点。首先讲解 etcd 数据结构要如何设计，然后讲解构建可运行的 etcd 注册中心扩展的接口的实现步骤，最后把实现的扩展注册中心在 Dubbo 中运行。

11.1 etcd 背景介绍

etcd 是一种分布式键值存储系统，它提供了可靠的集群存储数据的途径。它是开源的，可以在 GitHub 上找到它的源码。etcd 使用了 Raft 算法保证集群中数据的一致性，当 leader 节点下线时会自动触发新的 leader 选举，以此容忍机器的故障。应用可以在 etcd 中读写数据，例如：把一些参数性的信息通过 key-value（键值对）形式写入 etcd，这些数据可以被监听，当数据发生变化的时候，可以通知监听者。etcd 还有其他高级特性，感兴趣的读者可以访问其官网查看，本书就不再赘述。

虽然 Dubbo 默认支持 ZooKeeper 和 Redis 等注册中心实现，但是生产环境中使用较多的还是 ZooKeeper。后起之秀 etcd 广泛应用于 Kubernates 中（用于服务发现），经过了生产环境的考验。相比于 ZooKeeper 实现，基于 etcd 实现的注册中心有很多优点，例如：不需要每次子节点变更都重新全量拉取节点数据，大大降低了网络的压力。

支持 etcd 注册中心的原因非常简单，可以让 Dubbo 支持更多的注册中心，丰富 Dubbo 生态。在正式讲解实现原理前，我们先看一下 etcd 注册中心的一些优点：

（1）etcd 使用增量快照，可以避免在创建快照时暂停。

（2）etcd 使用堆外存储，没有垃圾收集暂停功能。

（3）etcd 已经在微服务 Kubernates 领域中有大量生产实践，其稳定性经得起考验。

（4）基于 etcd 实现服务发现时，不需要每次感知服务进行全量拉取，降低了网络冲击。

（5）etcd 具备更简单的运维和使用特性，基于 Go 开发更轻量。

（6）etcd 的 watch 可以一直存在。

（7）ZooKeeper 会丢失一些旧的事件，etcd 设计了一个滑动窗口来保存一段时间内的事件，客户端重新连接上就不会丢失事件了。

除此之外，etcd 支持很多跨语言客户端直接通信，目前 etcd 是 Dubbo 生态中一部分，相信未来会有更多注册中心生态加入进来。

11.2　etcd 数据结构设计

如果仔细阅读前面章节，在理解 ZooKeeper 基础上，就很容易理解 etcd 的存储结构了。etcd 注册中心只支持最新 v3 版本的 API。在 v3 版本的 etcd 实现中，所有元数据信息都是基于 key-value（键值对）存储的，和 ZooKeeper 中节点和子节点不同，etcd 存储是通过前缀区分的。

在 ZooKeeper 中有临时节点的概念，它是通过 TCP 连接状态断开自动删除临时节点数据的。etcd 注册中心也有临时节点的概念，但不是根据 TCP 连接状态，而是根据租约到期自动删除对应的 key 实现的。当 provider 和 consumer 上线时，会自动向注册中心写临时节点。可能有读者会有疑问，通过租约到期删除 key 会不会不可靠？当 JVM 关闭时，Dubbo 会触发优雅停机逻辑，也会及时删除临时 key，所以问题不大。

其实 etcd3 没有树的概念，etcd3 里面都是平铺展开的键值对，我们可以把展开的键值对抽象成树的概念，使其与 ZooKeeper 的模型保持一致，降低其他开发者针对每个注册中心都必须重新理解一遍模型的成本。

在 etcd3 注册中心的存储结构中，我们会按照树状结构平铺展开来举例。

（1）接口子目录存储为 key-value 格式（见表 11-1）。

表 11-1 接口子目录存储为 key-value 格式

存 储 键	存 储 值	是否是临时节点
/root/interface/providers	Hash 码	否
/root/interface/consumers	Hash 码	否
/root/interface/routers	Hash 码	否
/root/interface/configurators	Hash 码	否

（2）临时节点存储为 key-value 格式（见表 11-2）。

表 11-2 临时节点存储为 key-value 格式

存 储 键	存 储 值	是否是临时节点
/root/interface/consumers/dubbo://ip:port/service?xxx=xxx	租约 id	是
/root/interface/providers/dubbo://ip:port/service?xxx=xxx	租约 id	是
/root/interface/configurators/override://ip:port/service?xxx=xxx	租约 id	是
/root/interface/routers/condition://0.0.0.0/service?xxx=xxx	租约 id	是

假设服务提供者接口为 com.alibaba.service.HelloService，精简后的数据模型接口如下：

```
+- /dubbo
|  +- com.alibaba.service.HelloService
|  |  \- providers
|  |     +- protocol://ip:port/HelloService?timeout=1000
|  |     +- protocol://ip:port/HelloService?timeout=2000
|  |  \- consumers
|  |     +- protocol://ip:port/HelloService?timeout=2000
|  |     +- protocol://ip:port/HelloService?timeout=1000
|  |  \- routers
|  |  \- configurators
```

这里有意地画出了树状结构，每个层级都代表 etcd 中的 key，非临时节点默认存储的是 Hash 值，临时节点中存储的是 key 关联的租约 id。

这里的模型做了简化，主要想表达在服务注册和发现过程中，服务提供者和消费者都会将自己的 IP 和端口等相关信息写入对应的 key-value 中。存储到注册中心的任何特殊字符都会被编码，比如 URL 中包含的"/"字符，在 etcd3 注册中心内部已经调用 URLEncode 进行特殊字符处理了。

11.3 构建可运行的注册中心

在构建生产可用的版本前,要考虑的因素比较多,比如新的注册中心临时节点如何保活、如何可扩展、如何降低网络拉取压力和如何兼容服务治理平台等因素。在实现 etcd 注册中心前,首先要考虑使用哪种客户端与 etcd server 通信,目前虽然采用官方的 jetcd 作为默认客户端,但提供了 SPI 扩展,为将来其他客户端替换它提供了可能(类似在使用 Zookeeper 时,将 curator 客户端替换成 zkclient)。接下来,我们针对注册中心按照相关扩展逐个探讨。

11.3.1 扩展 Transporter 实现

为了支持未来采用其他客户端与 etcd server 交互,我们需要提供一个新的扩展点 EtcdTransporter,在注册中心初始化时会通过这个 transporter 初始化真实的交互 client。我们先看一下这个扩展点定义,如代码清单 11-1 所示。

代码清单 11-1　tranporter 扩展点定义

```java
@SPI("jetcd")
public interface EtcdTransporter {

    @Adaptive({Constants.CLIENT_KEY, Constants.TRANSPORTER_KEY})
    EtcdClient connect(URL url);

}
```

这个扩展点主要用于返回一个实现了 EtcdClient 接口的真实客户端,客户端查找交给 Dubbo 框架实现,主要通过 URL 中的 TRANSPORTER_KEY 和 CLIENT_KEY 对应值依次查找。实现这个扩展点非常直截了当,直接返回具体客户端即可,如代码清单 11-2 所示。

代码清单 11-2　transporter 扩展点实现

```java
public class JEtcdTransporter implements EtcdTransporter{

    @Override
    public EtcdClient connect(URL url) {
        return new JEtcdClient(url);
    }

}
```

在实现扩展点之后，还需要将扩展点通过 SPI 的方式配置在项目中，ExtensionLoader 才能正确查找和加载，将这个实现放到 resource/META-INF/dubbo/internal/org.apache.dubbo.remoting.etcd.EtcdTransporter 文件中，文件内容也是键值对形式，其中 key 代表扩展点名称，value 代表扩展点具体实现类，文件内容如下：

jetcd=org.apache.dubbo.remoting.etcd.jetcd.JEtcdTransporter

因为这个是默认扩展点的实现，可以发现 jetcd 作为 key 和代码清单 SPI(jetcd)值是一致的，默认会加载当前实现。

11.3.2　扩展 RegistryFactory 实现

具体扩展点实现之后，我们要考虑在哪里使用，当 provider 或 consumer 启动时，会创建注册中心实例 RegistryProtocol#getRegistry，这里通过另外一个扩展点加载 Factory，这个新的扩展点是 RegistryFactory，所有注册中心必须提供一个对应实现，我们先看一下这个新扩展点定义，代码清单 11-3 所示。

代码清单 11-3　RegistryFactory 扩展点定义

```
@SPI("dubbo")
public interface RegistryFactory {

    @Adaptive({"protocol"})
    Registry getRegistry(URL url);

}
```

这个扩展点包含 SPI(dubbo)，代表默认使用基于内存的 Dubbo 注册中心实现，生产环境不会使用这个实现。这个扩展点只有一个接口方法，返回具体注册中心实例，因此，我们定义的 EtcdTransporter 一定在这个接口内部使用。

所有扩展 RegistryFactory 扩展点都应该继承 AbstractRegistryFactory 类，因为它提供了注册中心创建的 cache 及 JVM 销毁时删除注册中心中的服务元数据方法。在 AbstractRegistryFactory#getRegistry 中会先检查是否已有实例，否则加锁创建具体注册中心。这里有两点值得注意，第一点，在生成 cache key 的时候，不应该调用注册中心 host 域名解析，否则可能因为 DNS 解析慢影响性能。第二点，不解析 host 是有好处的，运维人员维护 etcd 节点时，交给具体 client 处理域名转换的事情。

在 `AbstractRegistryFactory#getRegistry` 中通过 `createRegistry` 方法创建注册中心，这个是抽象方法，交给开发者实现，因此，在实现 etcd 时我们需要提供 `EtcdRegistryFactory` 对应实现，如代码清单 11-4 所示。

代码清单 11-4　EtcdRegistryFactory 实现扩展点

```
public class EtcdRegistryFactory extends AbstractRegistryFactory {

    private EtcdTransporter etcdTransporter;

    @Override        ← ① 直接返回 etcd 注册中心实例
    protected Registry createRegistry(URL url) {
        return new EtcdRegistry(url, etcdTransporter);
    }

    public void setEtcdTransporter(EtcdTransporter etcdTransporter) {   ←
        this.etcdTransporter = etcdTransporter;          ② 框架自动注入
    }                                                     tranporter 扩展点
}
```

这里有两处需要注意，在①中直接返回注册中心实例，在 Dubbo 框架实现中，所有扩展点加载都是单例的。可能有读者疑惑 etcdTransporter 属性在哪里赋值呢？如果读者理解第 4 章的加载机制，很容易想到这个是 ExtensionLoader 自动注入的，加载具体 SPI 时，会获取所有 set 方法尝试注入对应的实例引用，在②中会发现 setEtcdTransporter 方法，查找 EtcdTransporter 扩展点并自动注入，因此在创建初始化 EtcdRegistryFactory 时就注入好了。

11.3.3　新增 JEtcdClient 实现

在讲解具体实现前，我们先看一下开发一个客户端需要具备的一些特性，比如要支持临时/永久节点的创建和删除、获取子节点、查询节点和保活机制等。表 11-3 列出了 API 对应的功能。

表 11-3　etcd 客户端 API

API	描述	适用于临时节点
create(String path)	创建永久节点	否
createEphemeral(String path)	创建临时节点	是
delete(String path)	删除节点	是

续表

API	描　　述	适用于临时节点
getChildren(String path)	获取子节点数据	是
addChildListener(String path, ChildListener listener)	监听节点变更	是
getChildListener(String path, ChildListener listener)	查找节点变更监听器	是
removeChildListener(String path, ChildListener listener)	移除监听器	是
addStateListener(StateListener listener)	添加 etcd 状态变更监听器	是
removeStateListener(StateListener listener)	移除 etcd 状态变更监听器	是
isConnected()	检查 etcd 状态是否连接	是
close()	关闭 etcd 客户端并释放资源	是
createLease(long second)	创建租约	是
createLease(long ttl, long timeout, TimeUnit unit)	创建租约	是
revokeLease(long lease)	回收租约	是

在实现注册中心客户端基础上，不仅要考虑增删改查，还需要考虑 watch 机制、连接状态变更，主要是为了方便接收 etcd 服务端推送的服务元数据和连接恢复需要重新注册的本地服务元数据。

为了循序渐进地弄明白 etcd 扩展实现的原理，我们先分析增删改查的处理，然后分析 watch 机制的实现。所有与注册中心进行交互都在 `JEtcdClientWrapper` 中，在构造函数中主要异步创建与 etcd server 之间的 TCP 连接，并且初始化 RPC 调用失败时的重试机制。以临时节点为例，代码清单 11-5 展示了临时节点的创建过程。

代码清单 11-5　临时节点的创建过程

```
public long createEphemeral(String path) {
    try {
        return RetryLoops.invokeWithRetry(      ← ① 失败会自动重试
            new Callable<Long>() {
                @Override
                public Long call() throws Exception {
                    requiredNotNull(client, failed);  ← ② 检查 client 是否正确初始化
                    keepAlive();   ← ③ 创建租约并进行保活
                    client.getKVClient()   ← ④ 创建 key-value 并绑定租约
                        .put(ByteSequence.from(path, UTF_8)
                            , ByteSequence.from(String.valueOf(globalLeaseId), UTF_8)
                            ,PutOption.newBuilder().withLeaseId(globalLeaseId).build())
                        .get(DEFAULT_REQUEST_TIMEOUT, TimeUnit.MILLISECONDS);
                    registeredPaths.add(path);
```

```
                    return globalLeaseId;
                }
            }, retryPolicy);
    } catch (Exception e) {
        throw new IllegalStateException(e.getMessage(), e);
    }
}
```

在①中主要支持与 etcd 服务端交互的防御性容错，类似 zkClient 实现，失败时是允许重试的，默认策略是失败最多重试 1 次，每次重试休眠 1 秒，防止出现对 etcd 服务端的冲击，关于重试的设计会在后面分析。在②中进行客户端初始化检查，只有客户端正确初始化才会触发网络调用。在③中会将用户配置的 session 作为 keep-alive 时间，默认是 30 秒。在实现租约保活时，做了一次优化，对同一个应用临时节点做了租约复用。因为每次租约保活会触发一次 gRPC 调用，租约复用机制大大降低了 stream 数量占用，同时降低了 etcd 集群内存使用。etcd 要求提供一个时间间隔，服务端会返回唯一标识来代表这个租约，需要线程池定期续租。jetcd 触发续租逻辑的主要原理是通过 2 个线程池处理的，第 1 个线程池定期刷新 TTL 保持存活，第 2 个线程池定期检测本地是否过期。在 jetcd 0.3.0 之后提供了 keep-alive 回调机制，允许保活失败执行开发者的自定义逻辑。在④中会构造 key-value 键值对，键对应 Dubbo 服务元数据，值是租约。写值时自动关联租约，如果 provider 节点宕机无法续租，则 etcd 服务端会自动将节点清除，因此无须担心有垃圾数据的问题。

接下来，我们需要解决如何获取直接子节点的问题，因为 etcd 是平铺的 key-value。这里有两种解决办法，第一种是用 key 对应的 value 存储所有子节点的值，第二种是把所有元数据作为 key，值实际上不存储有意义的元素。如果采用第一种方法，则不可避免地又回到了 ZooKeeper 的数据结构，每次单个 provider 上线都会触发所有客户端进行拉取，对网络资源消耗较大。因此，这里采用第二种办法，将元数据作为 key，并且使用特定的前缀进行区分，比如服务提供者会采用 /dubbo/com.alibaba.demo.HelloService/providers 作为前缀，针对每个接口 com.alibaba.demo.HelloService 都采用这个前缀进行匹配。

这里有一个技巧，当拉取数据时，我们想要的数据是直接子节点的数据，比如接口 com.alibaba.demo.HelloService 服务提供者，我们需要过滤 providers key 后面的数据，可以取紧跟在 "/" 之后的值作为服务元数据，获取直接子节点如代码清单 11-6 所示。

代码清单 11-6 获取直接子节点

```
public List<String> getChildren(String path ) {
    try {
        return RetryLoops.invokeWithRetry(
            new Callable<List<String>>() {
```

```java
            @Override
            public List<String> call() throws Exception {
                requiredNotNull(client, failed);
                int len = path.length();    // ① 根据 path 长度作为查找子节点索引
                return client.getKVClient()
                        .get(ByteSequence.from(path, UTF_8),
                            GetOption.newBuilder().withPrefix(ByteSequence.from(path, UTF_8)).build())
                        .get(DEFAULT_REQUEST_TIMEOUT, TimeUnit.MILLISECONDS)
                        .getKvs().stream().parallel()
                        .filter(pair -> {                    // ② 获取服务端返回的 key 做判断
                            String key = pair.getKey().toString(UTF_8);
                            int index = len, count = 0;
                            if (key.length() > len) {
                                for (; (index = key.indexOf(Constants.PATH_SEPARATOR, index)) != -1; ++index) {
                                    if (count++ > 1) break;    // ③ 查找当前"path"紧
                                }                              // 跟的"/"符号，如果有
                            }                                  // 多个则说明不是子节
                            return count == 1;                 // 点，直接退出
                        })
                        .map(pair -> pair.getKey().toString(UTF_8))
                        .collect(toList());
            }
        }, retryPolicy);
    } catch (Exception e) {
        throw new IllegalStateException(e.getMessage(), e);
    }
}
```

在①中将 path 作为查找直接子节点的开始索引，比如要获取 com.alibaba.demo.HelloService 对应的 providers，这里的 path 其实对应 /dubbo/com.alibaba.demo.HelloService/providers，因此，我们期望的初始索引指向 key /dubbo/com.alibaba.demo.HelloService/providers/ 最后一个字符 "/"。在②中主要是获取服务端返回的 key 做并行 stream 计算，这里是安全的。在③中主要是探测返回的 key 是否是一级子节点，存储到注册中心的数据特殊字符 "/" 已经做了编码，因此不用担心会遇到这个字符，如果发现不是直接子节点也会快速失败。

为了保持完整性，我们需要继续完成当服务下线时节点的删除逻辑，删除节点的核心逻辑

非常简单，主要就是利用 jetcd 客户端 delete 方法删除对应的 key 即可，如代码清单 11-7 所示。

代码清单 11-7　删除节点

```
public void delete(String path) {
    try {
        RetryLoops.invokeWithRetry(
            new Callable<Void>() {
                @Override
                public Void call() throws Exception {
                    requiredNotNull(client, failed);
                    client.getKVClient()                    ←── ① 通过 kvClient 直接删除 path
                            .delete(ByteSequence.from(path, UTF_8))
                            .get(DEFAULT_REQUEST_TIMEOUT, TimeUnit.MILLISECONDS);
                    return null;
                }
            }, retryPolicy);
    } catch (Exception e) {
        throw new IllegalStateException(e.getMessage(), e);
    }
}
```

了解了前面常用的添加、查找和删除的逻辑，我们都会调用 `RetryLoops.invokeWithRetry` 进行失败重试，接下来我们看一下这个机制的逻辑结构，如图 11-1 所示。

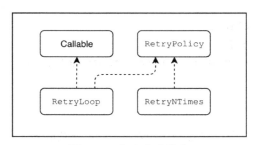

图 11-1　失败重试策略

为了能够处理所有与 etcd server 进行的交互操作，支持失败重试，这里抽象了 RetryLoop 类，这个类主要持有 Callable 实例用于执行回调函数或真实逻辑，另外一个实例就是重试策略。是否重试应该交给具体的策略逻辑来判断，比如最大重试几次，每次重试是否需要"sleep"等，易变的逻辑抽象成一个接口是合适的。RetryNtimes 代表具体的重试策略，最大重试 N 次，每次重试都会进行"sleep"来指定时间。

我们先给出重试策略的接口定义，如代码清单 11-8 所示。

代码清单 11-8　重试策略的接口定义

```java
public interface RetryPolicy {

    public boolean shouldRetry(int retried, long elapsed, boolean sleep);

}
```

为了防止给注册中心瞬间造成很大的压力，接口指明了是否允许休眠，并给出了每次触发重试策略 shouldRetry 已经发生的重试次数和收到的时间耗时。接下来我们要实现 RetryLoops，主要的逻辑为控制失败是否应该重试，如果第一次就成功则应该立即返回。当发生异常时，经过重试策略判断是否重试，如果应该重试则再次循环执行，RetryLoops 核心重试逻辑如代码清单 11-9 所示。

代码清单 11-9　RetryLoops 核心重试逻辑

```java
public static <R> R invokeWithRetry(Callable<R> task, RetryPolicy retryPolicy) throws Exception {
    R result = null;
    RetryLoops retryLoop = new RetryLoops();    ←── ① 每次调用时用新实例记录状态
    while (retryLoop.shouldContinue()) {   ←── ② 判断是否应该继续执行，第一次执行为 true
        try {
            result = task.call();    ←── ③ 在调用方线程执行 callback
            retryLoop.complete();    ←── ④ 正常执行标记成功，退出循环
        } catch (Exception e) {
            retryLoop.fireException(e, retryPolicy);
        }                            ⑤ 触发异常逻辑，交给重试策略判断
    }
    return result;
}

public void fireException(Exception e, RetryPolicy retryPolicy) throws Exception {

    if (e instanceof InterruptedException) Thread.currentThread().interrupt();

    boolean rethrow = true;
    if (isRetryException(e))    ←── ⑥ 如果是可恢复异常并且重试策略允许重试
```

```
            && retryPolicy.shouldRetry(retriedCount++, System.currentTimeMillis() - 
startTimeMs, true)) {
            rethrow = false;
        }

        if (rethrow) {
            throw e;
        }
    }
```

①：在重试开始前会生成 RetryLoops 实例记录当前的状态，主要包括第一次重试时间戳、已经重试的次数和是否正常完成等状态。②：主要进入循环判断是否继续执行真实逻辑，第一次状态会放开执行。③：在调用方线程中执行具体逻辑，如果正常完成方法执行，则在下次调用时退出循环④。⑤：负责处理异常调用，是否重试由两部分决定，第 1 部分只有是可恢复异常才有机会重试，第 2 部分满足重试策略当前条件，比如最多重试 2 次，当前虽然调用失败没达到上限也应该继续重试。⑥：是否可恢复异常（比如当前 leader 正在选举）并且执行重试策略逻辑，如果允许当前失败则会默默丢弃。

JEtcdClientWrapper 主要负责对 etcd 服务端进行增删改查，我们要实现的 JEtcdClient 需要支持 watch 机制，这个是服务发现重度依赖的特性。当编写本书时，使用的是官方的 jetcd 客户端（最新版本是 0.3.0），因为提供的 watch 接口是阻塞的且不易于使用，因此借鉴了 gRPC 的接口，利用它实现等价的 watch 功能。jetcd 底层实现调用是 gRPC 协议（HTTP/2.0），因此会自动利用连接复用特性。相比原来 etcd v2 版本不支持连接复用，大大提升了性能。

StreamObserver 接口是 gRPC 中面向 stream 的核心接口，当服务端推送 watch 事件时，onNext 方法会被触发。因此我们需要实现这个接口用于监听并回调刷新最新的服务可用列表。自己扩展 gRPC 回调接口有一定的难度，需要理解内部通信机制，这里直接给出 EtcdWatcher 类的接收通知实现，如代码清单 11-10 所示。

代码清单 11-10　接收 watch 事件变更

```
public void onNext(WatchResponse response) {

    // prevents grpc on sending watchResponse to a closed watch client.
    if (!isConnected()) {
        return;
    }

    watchId = response.getWatchId();
```

```
if (listener != null) {
    int modified = 0;
    String service = null;
    Iterator<Event> iterator = response.getEventsList().iterator();    ← ① 获取服务端事件推送列表
    while (iterator.hasNext()) {
        Event event = iterator.next();
        switch (event.getType()) {
            case PUT: {                    ② 新服务上线、动态配置或动态路由下发
                if (((service = find(event)) != null)            ←
                        && safeUpdate(service, true)) modified++;    ←
                break;                     ③ 将服务元数据保存到 URL 列表
            }
            case DELETE: {
                                           ④ 服务下线、动态配置或动态路由删除
                if (((service = find(event)) != null)            ←
                        && safeUpdate(service, false)) modified++;   ←
                break;                                  ⑤ 从 URL 列表中删除
            }
            default:
                break;
        }
    }

    if (modified > 0) {
        listener.childChanged(path, new ArrayList<>(urls));   ←
    }                                          ⑥ 通知最新服务列表
}
```

①：从 gRPC 响应中获取响应事件。②：如果是新增事件，则首先通过 find 判断是否是当前 path 直接子节点，如果满足则保存在 URL 列表中，等一批事件处理完后一次性通知。③：通过加锁将服务元数据保存在链表中，这里加锁是因为 watch 是异步的，由 gRPC 线程池触发。④：感知服务下线、动态配置或路由删除，同样会将服务从 URL 列表中移除，modified 标志用于记录是否应该通知，这里用整型变量是为了消除 ABA 问题，如果用 boolean 变量保存并且发生了 put 和 delete 事件，可能误认为不需要通知。⑤：从 URL 列表中移除服务元数据，通过⑥通知最新可用的服务，这里的 listener 一般是 RegistryDirectory，如果是 dubbo-admin 则对应

RegistryServerSync。

如果读过 ZooKeeper 注册中心代码,那么会发现它每次接收事件变更都会触发 getChildren 拉取全量数据,etcd 在这里做了一层 cache,不存在也不需要每次拉取,因为通知的时间携带了 key 信息,而且 key 就是我们要的服务元数据。接下来我们需要实现发起 watch 的 RPC 调用和异常重连的场景,如代码清单 11-11 所示。

代码清单 11-11　watch 请求监听

```
public List<String> forPath(String path) {

    if (!isConnected()) {
        throw new ClosedClientException("watch client has been closed, path '" + path + "'");
    }

    if (this.path != null) {
        unwatch();           ← ① 如果同一个 path 多次 "watch",则先取消已经存在的 watch
    }
                                      ② 创建 gRPC 远程调用本地代理
    this.watchStub = WatchGrpc.newStub(clientWrapper.getChannel());  ←
    this.watchRequest = watchStub.watch(this);                       ←
    this.path = path;              ③ 创建 watch 请求对象并关联自己为回调对象
    this.watchRequest.onNext(nextRequest());   ←
                                   ④ 发起 RPC watch 调用
    List<String> children = clientWrapper.getChildren(path);  ←
                                   ⑤ 第一次 "watch" 先拉取 path 最新数据
    /**
     * caching the current service
     */
    if (!children.isEmpty()) {
        this.urls.addAll(filterChildren(children));
    }

    return children;
}
```

在①中做了幂等保证，防止对同一个 path 多次 "watch"，如果多次 "watch"，首先取消之前的 watch，防止多次 watch。在②中主要创建本地调用代理存根。在③中会将自己注册为回调通知，注册成功后服务端通知会执行前面的 onNext 方法接收事件。在④中会发起 watch 远程调用，在调用前会使用 nextRequest 创建当前 path 作为请求对象。我们监听的是前缀，利用了 etcd 范围监听机制，使用比较简单，只需要将监听的 path 最后一个字符值加 1 即可。⑤：因为监听并不会拉取节点数据，所以第一次要手动拉取一次直接子节点数据。

如果 RPC 发生了异常没有正确处理，则可能会丢失 watch，因此任何异常错误 gRPC 都会回调 onError 方法，我们需要在这里保证健壮性，如代码清单 11-12 所示。

代码清单 11-12　watch 异常处理

```
public void tryReconnect(Throwable e) {

    this.throwable = e;

    logger.error("watcher client has error occurred, current path '" + path + "'", e);

    // prevents grpc on sending error to a closed watch client.
    if (!isConnected()) {
        return;
    }

    Status status = Status.fromThrowable(e);

    if (OptionUtil.isHaltError(status) || OptionUtil.isNoLeaderError(status)) {
        reconnectSchedule.schedule(this::reconnect, new Random().nextInt(delayPeriod),
TimeUnit.MILLISECONDS);    ← ① 发生严重故障，随机 5000
        return;                                       毫秒后重试
    }
    reconnectSchedule.schedule(this::reconnect, new Random().nextInt(delayPeriod),
TimeUnit.MILLISECONDS);    ← ② 正常错误延迟 5000 毫秒后重试恢复
}
```

当 gRPC 发生异常时，通过 onError 直接调用 tryReconnect 方法。①：处理严重故障时延迟重试。②：对常规异常进行快速重试。reconnect 中的实现非常简单，直接关闭当前 watch，然后重新发起一个新的 RPC 调用进行 "watch"。比如正在选举 leader，等待较长时间是合适的，采用随机延迟，防止在一瞬间对集群造成较大压力。目前对 etcd 注册中心创建节点、查询节点、删除节点和对 watch 机制的说明占用了较多的篇幅，接下来我们会对上层使用注册中心接口 API 做进一步探讨。

11.3.4 扩展 FailbackRegistry 实现

实现具体注册中心时，我们应该最大复用现有注册中心的功能，比如注册失败和订阅失败应该重试，当注册中心"挂掉"后，应用启动应该自动使用 cache 文件等。这些功能现有的 Dubbo 框架已经给我们提供好了，因此我们的注册中心只需要继承 `FailbackRegistry` 类并重写具体订阅和注册等逻辑即可。

扩展注册中心时，我们主要的聚焦点是实现 `doSubscribe`、`doUnsubscribe`、`doRegister` 和 `doUnregister`。这四个方法的功能是支持订阅、取消订阅、注册服务元数据和取消注册服务元数据。如果读者理解了第 3 章 ZooKeeper 注册中心实现，那么会更容易理解 etcd 中的实现。

在实现数据订阅时，我们必须要兼容服务治理平台（dubbo-admin），服务治理平台启动时接口会传递星号（*），代表订阅所有接口数据。因此在处理服务治理场景中必须递归拉取所有接口，然后订阅接口中包含的服务数据或配置，etcd 注册中心订阅逻辑如代码清单 11-13 所示（部分删减）。

代码清单 11-13　etcd 注册中心订阅逻辑

```
protected void doSubscribe(URL url, NotifyListener listener) {
    try {
        if (Constants.ANY_VALUE.equals(url.getServiceInterface())) {
            String root = toRootPath();

            //...
            ChildListener interfaceListener =
                    Optional.ofNullable(listeners.get(listener))
                            .orElseGet(() -> {
                                ChildListener childListener, prev;
                                prev = listeners.putIfAbsent(listener, childListener =
new ChildListener() {
                                    public void childChanged(String parentPath,
List<String> currentChildren) {                    ① 接收推送的根节点对应的全量接口数据
                                        for (String child : children) {
                                            child = URL.decode(child);
                                            if (!anyServices.contains(child)) {
                                                anyServices.add(child);
```

```
                                    subscribe(url.setPath(child).addParameters
(Constants.INTERFACE_KEY, child,
                                        Constants.CHECK_KEY,
String.valueOf(false)), listener);    ← ② 递归订阅接口数据，比如/dubbo/service
                            }
                        }
                    }
                });
                return prev != null ? prev : childListener;
            });

    etcdClient.create(root);    ← ③ 创建持久根节点
    List<String> services = etcdClient.addChildListener(root, interfaceListener); ←
    for (String service : interfaces) {    ← ④ 添加根节点、直接子节点变更监听
                                           ⑤ 获取第一次拉取接口数据，
        service = URL.decode(service);        注册中心前缀数据已经删除
        anyServices.add(service);
        subscribe(url.setPath(service).addParameters(Constants.INTERFACE_KEY,
                service, Constants.CHECK_KEY, String.valueOf(false)), listener); ←
    }                          ⑥ 递归订阅接口数据，比如/dubbo/service
} else {
    List<URL> urls = new ArrayList<URL>();
    for (String path : toCategoriesPath(url)) {
        //...
        ChildListener childListener =
                Optional.ofNullable(listeners.get(listener))
                        .orElseGet(() -> {
                            ChildListener watchListener, prev;
                            prev = listeners.putIfAbsent(listener,
watchListener = new ChildListener() {
                                public void childChanged(String parentPath,
List<String> currentChildren) {    ⑦ 接收推送的具体接口对应的全量数据并通知
                                       刷新最新的服务列表、动态配置或路由配置
                                    EtcdRegistry.this.notify(url, listener, ←
                                    toUrlsWithEmpty(url,parentPath,
currentChildren));    ← ⑧ 精确匹配服务端元数据(接口、分组和版本等)
                                }
                            });
                            return prev != null ? prev : watchListener;
```

```
                });

            etcdClient.create(path);   ← ⑨ 创建接口持久节点

            List<String> children = etcdClient.addChildListener(path, childListener);
            if (children != null) {                  ⑩ 监听接口下面某个分类("providers"等)
                final String watchPath = path;
                urls.addAll(toUrlsWithEmpty(url, path, children));
            }                            ⑪ 第一次主动拉取数据，做匹配和过滤
        }
        notify(url, listener, urls);   ← ⑫ 通知并刷新最新服务列表
    }
} catch (Throwable e) {
    throw new RpcException("Failed to subscribe " + url + " to etcd " + getUrl()
        + ", cause: " + (OptionUtil.isProtocolError(e)
        ? "etcd3 registy maybe not supported yet or etcd3 registry not available."
        : e.getMessage()), e);
    }
}
```

我们首先分析 dubbo-admin 逻辑订阅场景，前面提到首先要拉取根节点下对应的所有接口，在①中主要接收根节点推送的接口数据。②：当收到推送数据时需要递归调用接口下的数据（provider、consumers、configurators 和 routers）。③：主要创建根节点数据（默认是/dubbo）。④：在第一次添加 watcher 监听时会返回当前节点的最新数据。⑤：处理第一次拉取数据并在⑥中发起递归调用监听。其中①和②处理异步推送回的接口信息，然后递归订阅每个接口服务元数据，⑤和⑥主要是对第一次订阅返回的数据进行处理。

在处理常规接口和服务治理平台订阅的接口时，首先会获取当前服务元数据 URL 对应的类别，默认类别是 provider。⑦：接收注册中心主动推送的接口对应的全量数据，主要包括 providers、动态配置和路由，但每次推送都是某一个类别的全量数据。⑧：精确匹配服务端元数据（接口、分组和版本等），客户端获取的 Invoker 也是在这里过滤的。⑨：创建某个接口包含的类别，就是对应在接口下方的直接目录，比如/providers。⑩：监听具体接口下面的分类，第一次监听会主动拉一次最新数据。⑪：主要实现对返回的数据做过滤和剔除前缀等逻辑。⑫：通知刷新本地服务列表、动态配置或路由，consumer 端最常用的是 RegistryDirectory 实现。为了聚焦关注点，删除了对 listener 做缓存的代码。

在处理完服务订阅时，我们需要实现服务注册，服务注册比较简单，主要就是把 URL 转换成注册中心对应的 path，需要区分当前节点是否是临时节点，如果是临时节点则调用前面的接

□ createEphemeral 实现即可。在当前接口内部会自动封装保活逻辑，如果是永久节点则直接创建即可，不需要保活，etcd 服务端会自动持久化。当 JVM 退出后进行反注册也比较简单，直接调用接口删除注册中心的 key 即可。

11.3.5　编写单元测试

不管是编写框架运行代码还是业务代码，详尽的测试再多也不为过。在编写完注册中心实现后，我们进行代码在正确用例和失败用例下的测试。

在网络层面，我们尽可能测试下面几种场景：

（1）etcd 注册中心正常连接集群服务器。

（2）etcd 注册中心发生网络断开时能够自动尝试建立连连。

（3）etcd 注册中心在失败一段时间后，建立连接能够自动恢复服务注册。

在服务读写场景中，我们尽可能测试下面几种场景：

（1）etcd 能够正常注册临时节点。

（2）etcd 能够正常注销临时节点。

（3）etcd 超过保活时间能够自动删除节点。

（4）etcd 能够正常创建永久节点。

（5）etcd 能够正常删除永久节点。

在服务订阅场景中，我们尽可能测试下面几种场景：

（1）服务能够监听直接子节点。

（2）如果已经有感兴趣的 key 存在，则触发 watch 时应该立即感知到数据。

（3）watch 不会丢失。

（4）watch 能够被取消。

（5）如果"watch"失败能够自动尝试"watch"直到成功。

在本书编写接近尾声时，dubbo-registry-etcd3 已经合并到 Dubbo 2.7.2 版本中，最新注册中心的完整代码可以在 https://github.com/apache/incubator-dubbo/tree/master/dubbo-registry 中查看，其中包含详细的单元测试代码，对单元测试的代码感兴趣的读者可以动手调试以熟悉其中场景。或许当前列表考虑的场景有遗漏，欢迎对开源有热情的读者共建和完善。

11.4　搭建 etcd 集群并在 Dubbo 中运行

这里讲解的启动 etcd3 主要是为了方便本地运行单元测试跟踪内部细节，集群也是在本地启动的伪集群。

当前实现针对的是 etcd3，需要指定环境变量，在 Mac 的~/.bash_profile 中添加以下内容：

```
# etcd
export ETCDCTL_API=3
```

如果使用 zsh 的 shell，则把~/.bash_profile 加进去：

```
source /Users/yourUserName/.bash_profile
```

添加这个环境变量是告诉 etcdctl 客户端使用高版本的 API。

安装 etcd

选择对应平台的安装包，以 Mac 为例：

1. 解压缩，把 etcd 和 etcdctl 复制到/usr/local/bin 目录
2. 确保/usr/local/bin 在 path 环境变量中存在

如果不存在，则把下面内容放到~/.bash_profile 中：

```
PATH="${PATH}:/usr/local/bin:/usr/bin:/bin:/usr/sbin:/sbin:/Users/Jason/go/bin"
export PATH
```

/Users/Jason/go/bin 是作者本地 Go 运行时默认安装路径，需要执行读者自己的 Go 路径。

11.4.1　单机启动 etcd

因为配置好了变量，所以在终端直接执行：

```
~ etcd
```

启动后会监听 2389 端口，输出日志：

```
2019-01-02 10:44:48.864928 N | embed: serving insecure client requests on 127.0.0.1:2379, this is strongly discouraged!
```

11.4.2　集群启动 etcd

在开发环境中安装本地集群，以 Mac 为例：

（1）安装 goreman。

go get github.com/mattn/goreman

（2）添加环境变量。

把下面的内容放到~/.bash_profile 中：

PATH="${PATH}:/usr/local/bin:/usr/bin:/bin:/usr/sbin:/sbin:/Users/yourUserName/go/bin"
export PATH

第 1 步安装 goreman 建议的"~"目录，会生成/Users/yourUserName/go/bin，里面包含 goreman，/Users/yourUserName 需要替换成自己的用户目录。

（3）复制 Procfile 到用户目录~/Procfile。

Procfile 文件的内容：

```
# Use goreman to run `go get github.com/mattn/goreman`
etcd1: etcd --name infra1 --listen-client-urls http://127.0.0.1:2379
--advertise-client-urls http://127.0.0.1:2379 --listen-peer-urls
http://127.0.0.1:12380 --initial-advertise-peer-urls http://127.0.0.1:12380
--initial-cluster-token etcd-cluster-1 --initial-cluster
'infra1=http://127.0.0.1:12380,infra2=http://127.0.0.1:22380,infra3=http://127.0.0.
1:32380' --initial-cluster-state new --enable-pprof
etcd2: etcd --name infra2 --listen-client-urls http://127.0.0.1:22379
--advertise-client-urls http://127.0.0.1:22379 --listen-peer-urls
http://127.0.0.1:22380 --initial-advertise-peer-urls http://127.0.0.1:22380
--initial-cluster-token etcd-cluster-1 --initial-cluster
'infra1=http://127.0.0.1:12380,infra2=http://127.0.0.1:22380,infra3=http://127.0.0.
1:32380' --initial-cluster-state new --enable-pprof
etcd3: etcd --name infra3 --listen-client-urls http://127.0.0.1:32379
--advertise-client-urls http://127.0.0.1:32379 --listen-peer-urls
http://127.0.0.1:32380 --initial-advertise-peer-urls http://127.0.0.1:32380
--initial-cluster-token etcd-cluster-1 --initial-cluster
'infra1=http://127.0.0.1:12380,infra2=http://127.0.0.1:22380,infra3=http://127.0.0.
1:32380' --initial-cluster-state new --enable-pprof
```

```
#proxy: bin/etcd grpc-proxy start --endpoints=127.0.0.1:2379,127.0.0.1:22379,127.0.0.1:32379
--listen-addr=127.0.0.1:23790 --advertise-client-url=127.0.0.1:23790 --enable-pprof
```

（4）启动集群。

```
~ goreman start
```

启动后会监听 2379、22379、32379 端口，输出日志：

```
10:57:26 etcd1 | 2018-03-02 10:57:26.143536 N | embed: serving insecure client requests
on 127.0.0.1:2379, this is strongly discouraged!
10:57:26 etcd2 | 2018-03-02 10:57:26.152223 N | embed: serving insecure client requests
on 127.0.0.1:22379, this is strongly discouraged!
10:57:26 etcd3 | 2018-03-02 10:57:26.143620 N | embed: serving insecure client requests
on 127.0.0.1:32379, this is strongly discouraged!
```

开发完注册中心后，在 Dubbo 中使用也是非常简单的，只需要在项目引入 etcd 注册中心 jar 包并在 XML 中加入<dubbo:registry address="etcd3://127.0.0.1:2379"/>即可，这里的注册中心和端口根据实际地址和端口号进行修改。如果要支持 etcd 集群，则使用另外一种配置方式<dubbo:registry address="127.0.0.1:2379,127.0.0.1:22379,127.0.0.1:32379" protocol="etcd3"/>，同一个集群节点用逗号隔开，etcd 注册中心默认开启了集群连接负载均衡。

11.5 小结

本章首先介绍了 etcd 注册中心元数据的结构设计，etcd 的结构比较简单，在 v3 版本中主要是平铺的 key-value，说明了为什么选用元数据作为 key 的原因。然后介绍了扩展新注册中心要考虑扩展性，我们理解了为什么要新增扩展点并且如何使用扩展点，给出了与注册中心交互的实现，比如临时节点创建和保活、节点删除实现和重新实现 watch 的机制，详细讲解了 watch 中可能出现的异常场景处理，在 watch 实现中优化了网络拉取。最后我们讲解了完整注册中心订阅的逻辑，需要同时适配服务治理平台、provider 和 consumer 的订阅，受限于篇幅，没有把所有接口实现完整地展现出来，尽量关注最核心和较复杂的逻辑，剩余接口相对简单，读者可以翻阅代码参考。我们也给出了搭建 etcd 集群的方法，方便本地快速建立环境，动手调试是比较好的学习方式。

第 12 章
Dubbo 服务治理平台

本章主要内容：
- 服务搜索；
- 路由规则；
- 动态配置；
- 访问控制；
- 权重管理；
- 负载均衡。

本章主要介绍 Dubbo 最新的服务治理平台的实现原理。通过学习本章的内容，读者可以自行对服务治理平台进行扩展，以满足自身不同的业务场景。首先介绍整个服务治理平台的大体框架。然后讲解最基础的服务搜索是如何实现的。最后详细介绍服务治理中的路由规则、动态配置、访问控制、权重管理、负载均衡的实现原理。

12.1 服务治理平台总体结构

Dubbo 有新旧两个服务治理平台，旧的服务治理平台在 Dubbo 2.6.0 以后就从源码中被移除了，现在已经没有继续维护。新的服务治理平台并没有包含在 Dubbo 源码中，而是独立的一个仓库，有兴趣的读者可以在 GitHub 上搜索 dubbo-ops 来了解详细信息。新的服务治理平台分为前端 Web 部分和后台部分，并做了前后端分离，前端可以独立启动部署。前端技术使用 Vue +

Vuetify 的组合方式，后台则直接使用了 Spring Boot。整个服务治理平台还在开发中，很多特性还未上线，因此本章会优先基于新的服务治理平台讲解，对于新服务治理平台还未实现的功能，将基于旧的服务治理平台讲解。下面看一下新版的服务治理平台的界面，如图 12-1 所示。

图 12-1 Dubbo-OPS 服务治理平台界面

顾名思义，服务治理平台包含服务治理的功能，和一般的 MVC 项目一样，前端通过 REST 接口请求后端服务，后端 Controller 收到对应请求后调用 Service 处理具体逻辑。现有的 Controller 及作用如表 12-1 所示。

表 12-1 现有的 Controller 及作用

名 称	作 用
ServiceController	负责接收服务搜索的请求，包括服务列表的查询和单个服务详情的查询
RoutesController	负责接收路由规则的请求，包括规则的新增、删除、修改、更新，单条规则详情的查询
OverridesController	负责接收动态配置的请求，包括配置的新增、删除、修改、更新、禁用、启用，单条配置详情的查询
AccessesController	负责接收访问控制的请求，包括访问规则的新增、删除、修改、更新，单条规则详情的查询
WeightController	负责权重管理的请求，包括权重配置的新增、删除、修改、更新，单条权重详情的查询
LoadBalanceController	负责负载均衡规则的请求，包括负载均衡配置的新增、删除、修改、更新，单条权重详情的查询

增删改查我们就不再赘述了，下面来看一下 Service 的关系，如图 12-2 所示。

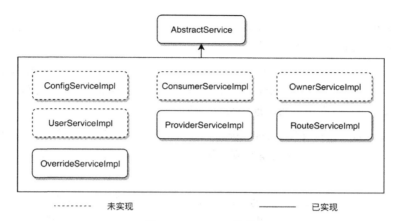

图 12-2　Service 结构

每个 Impl 的 Service 都有各自的接口，它们总体都继承了一个抽象接口 AbstractService。这个抽象类只实现了一个方法，就是返回本地的服务缓存数据。对于还未完成的接口实现，我们将基于旧的服务治理平台讲解，剩余三个实现则基于新的服务治理平台代码讲解。其中，ConfigServiceImpl、UserServiceImpl 在两个版本里都没实现，因此不进行讲解。ConsumerServiceImpl 和 ProviderServiceImpl 的实现原理基本一样，只不过一个是消费者的管理类，另一个是生产者的管理类，因此后续只讲解 ProviderServiceImpl。

12.2　服务治理平台的实现原理

1. 服务搜索的实现

服务搜索是通过不同的过滤条件，在本地的注册数据缓存里，查找出合适的结果集。因此，我们首先看一下抽象父类是如何获取到注册中心的数据并缓存到本地的。主要是通过一个工具类 `RegistryServerSync` 实现的，它继承了两个 Spring 接口和一个 Dubbo 注册中心接口，如图 12-3 所示。

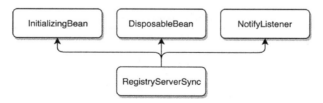

图 12-3　RegistryServerSync 接口继承

熟悉 Spring 的读者会知道，继承了 Spring 的 `InitializingBean` 接口后需要实现 `afterPropertiesSet()` 方法，Spring 在所有 Bean 的属性被设置后，调用 RegistryServerSync 实

现的 `afterPropertiesSet` 方法。继承 `DisposableBean` 接口则需要实现 `destroy()` 方法，Spring 容器在释放 Bean 的时候会调用该方法。

除此之外，RegistryServerSync 还继承了 `NotifyListener` 接口，这个是 Dubbo 注册中心的监听接口，说明 RegistryServerSync 在监听到注册中心的变化时，会调用自己实现的 `notify(List<URL> urls)` 方法更新本地的缓存数据。因此，整个流程如下：

（1）在 Bean 初始化时，在 `afterPropertiesSet()` 方法中会订阅注册中心。直接调用注册中心模块的 `registryService#subscribe` 订阅，把 this 传入并作为监听者，因为 RegistryServerSync 也实现了监听接口。

（2）监听到变化时候，通过 `notify(List<URL> urls)` 方法更新本地的缓存数据。对于 empty 协议的变更，如果服务配置的 group 和 version（Dubbo 支持一个接口多个版本）的值是 *，则清空所有本地的这个节点；如果指定了特定的 group 和 version，则只删除指定的节点。对于非 empty 协议的变更，则把数据按照类目、ServiceKey 两种维度分别保存一份，更新本地缓存。ServiceKey 的规则是：group + '/' + 接口名 + ':' + version。

（3）Bean 被 Spring 容器销毁时，在 `destroy()` 方法中会取消订阅注册中心，直接调用 `registryService#unsubscribe` 取消订阅。

获取注册中心的数据，并缓存到本地后，`providerServiceImpl` 或 `ConsumerServiceImpl` 的查找就很好实现了，通过查询的参数遍历缓存，过滤出合适的结果即可。现有新版搜索支持根据 Service 名称、IP 地址、服务名称进行搜索；旧版还支持创建、禁用、启用服务，这些特性是通过 override 特性实现的。

2. override 特性的实现

override 特性主要使用在动态参数的更新上，各个节点监听到注册中心的参数发生变化，从而更新本地的参数信息。override 类型的 URL 是以 `override://`开头的，允许整个 URL 中只有部分属性变化，监听者监听到变化后会做部分更新。override 包含以下属性的配置，如表 12-2 所示。

表 12-2 override 属性表

属 性 名	作 用	对应注册中心参数
service	用于服务的名称，必填，只会覆盖这个服务的数据	service
parameters	用于保存多个 key-value 集合，值之间用&符号分隔	params
application	用户配置的服务名称，如果为空则表示所有服务	application
address	服务的 IP 地址，如果填写具体的 IP 则对具体的 IP 生效，不填则会对所有的服务生效，在注册中心会变为 0.0.0.0	address

续表

属 性 名	作 用	对应注册中心参数
dynamic	是否持久化数据，如果是，则注册方下线数据也会保留，可填 true/false	
enabled	是否启用该规则，可填 false/true	enabled
mock	Mock 的规则，key-value 形式，可以填写多个	

表 12-2 中的第一列是前端把数据传到后台时自动绑定到 override 对象的属性中；最后一列则是该属性保存到注册中心时对应的属性名。

下面我们来看一下 override 实现的具体操作逻辑：

（1）新增。把 override 对象转换成 URL，通过 registryService.register(url) 把 URL 注册到注册中心。

（2）修改。根据 Hash 值找到老的 URL，如果没找到则说明数据已经被修改，抛出异常；如果找到了，则先取消注册老的 URL，再注册新的 URL。

（3）删除。先根据 id 获取老的 URL，再直接取消注册老的 URL。

（4）启用/禁用。首先根据 id 获取老的 URL，在新 URL 的 params 属性里把 enabled 设置为 true 或 false，然后取消注册老的 URL，最后注册新的 URL。

3. route 的实现

route 规则可以为不同的服务指定特定的路由规则，route 协议在注册中心的 URL 以 `route://`开头。前端可以配置的参数如表 12-3 所示。

表 12-3 前端可以配置的参数

参 数 名	作 用	对应注册中心参数
service	服务名称	service
app	应用名称	name
enabled	是否启用该路由规则，可填 true/false	enabled
priority	规则的优先级	priority
runtime	是否运行时，可填 false/true	runtime
force	是否强制，可填 true/false	force
dynamic	是否持久化数据，如果是，则注册方下线数据也会保留，可填 true/false	dynamic
conditions	填写路由规则	rule

router 规则使用=>作为路由示意，我们做了如图 12-4 所示的配置。

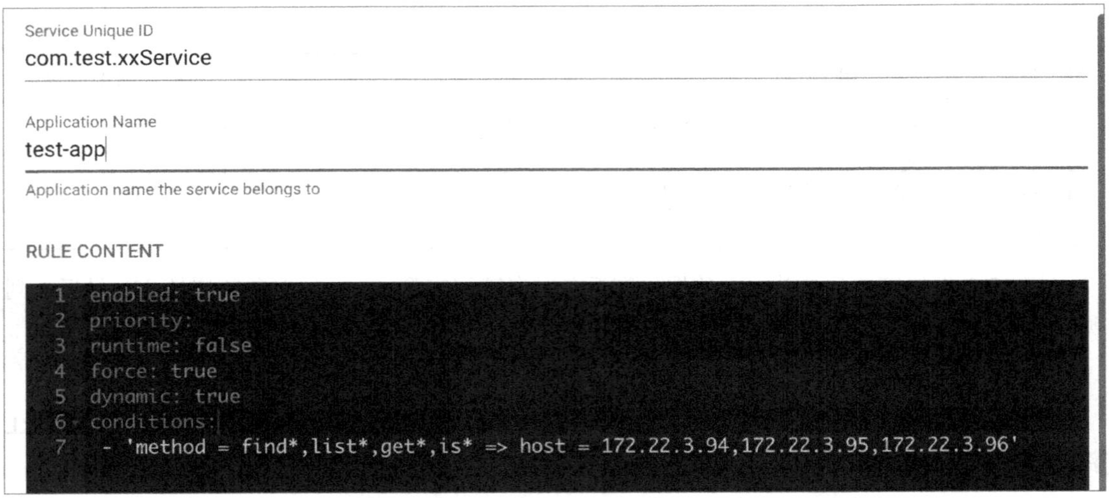

```
Service Unique ID
com.test.xxService

Application Name
test-app

Application name the service belongs to

RULE CONTENT
1  enabled: true
2  priority:
3  runtime: false
4  force: true
5  dynamic: true
6  conditions:
7    - 'method = find*,list*,get*,is* => host = 172.22.3.94,172.22.3.95,172.22.3.96'
```

图 12-4　新增路由规则配置

最后的 conditions 的意思就是，调用 com.test.xxService 服务中所有以 find、list、get、is 开头的方法，都路由到 172.22.3.94、172.22.3.95、172.22.3.96 这三个地址中的一个。它们之间使用=>表示路由。最终，整个 route 对象会转换为以 route://开头的 URL。增删改查的实现逻辑与 override 相同，都使用"注册"、"取消注册"方法来实现。

4. LoadBalance 的实现

如果用户不做任何配置，则默认使用 RandomLoadBalance，即加权随机负载算法。用户可以在服务治理平台里修改某个服务的负载均衡策略，其配置参数较少，如表 12-4 所示。

表 12-4　负载均衡配置参数

参　数　名	作　　　用	对应注册中心参数
service	服务名称	service
methodName	方法名称，设置为空则表示所有的方法	method
strategy	负载均衡策略，可填 leastactive、random、roundrobin	strategy

负载均衡对象会被转换成一个 override 对象，并使用 override 协议实现新增、更新、删除等操作。

5. Weight 的实现

我们在"第 7 章 Dubbo 集群与容错"中已经知道，框架中不同的负载均衡策略还会受到权重的影响。当用户对服务设置了权重后，对权重高的节点会提高调用频率，对权重低的节点会降低调用频率。

Weight 的实现与其他配置功能的实现相似，首先把前端传入的参数转换为 Weight 对象，然后把 Weight 对象转换为 URL，最后使用 overrideService 把 URL 发布到注册中心。权重配置参数如表 12-5 所示。

表 12-5 权重配置参数

参 数 名	作 用	对应注册中心参数
service	服务名称	serviceName
provider	方法名称，设置为空则表示所有的方法	address
weight	负载均衡策略，可填 leastactive、random、roundrobin	weight

12.3 小结

本章内容较少，由于 Dubbo 的服务治理平台一直处于半成品状态，实现的方式也比较简单，因此可以讲解的原理不多。总的来说，Dubbo 服务治理平台各种功能的实现，都是通过 RegistryServerSync 工具类把注册中心的数据缓存到本地，然后通过 override 协议更新到注册中心，订阅者得知 URL 变更后，自动更新本地的配置缓存，从而实现配置的下发。

第 13 章 Dubbo 未来展望

13.1 Dubbo 未来生态

阿里巴巴在云栖大会宣布了全面拥抱开源的发展战略，公司开源了 150 多个项目，组织排名已经到了前十，总 Star 数已经超过 170K。

13.1.1 开源现状

自从 2017 年 7 月重启开源之后，Dubbo 的关注度再次飙升。截至本书编写时，Dubbo 在 GitHub 上的 Star 数已经超过 24000，Watch 数已经超过 3200，Fork 数已经超过 16000。在 GitHub Java 类项目 Star 数排名第一，每天超过 2000 的 UV。

刚刚重启开源，阿里巴巴就做了很多优化工作，例如：

- 重建文档与官网。老的官网"年久失修"，Dubbo 重启开源后启用了新的 Dubbo.io 域名，包含快速开始、产品文档、代码、社区等内容。产品文档也做了大面积的更新与重写，并以 GitBook 的形式发布。
- 三方库全面升级。Dubbo 已经多年没有更新，而市面上的三方库都在不断升级。重启开源后，官方对 Spring、ZooKeeper、Hessian、Jedis、Jcache、Validator 等三方库做了升级，以适配业务的发展。
- 未来特性的确定。确定了 2.6.x 版本的新特性与 2.5.x 版本并行开发的策略，并确立了每个月发布一个版本的节奏。

- 社区反馈的支持。优先处理了社区呼声最高的诉求，如 REST 支持、Spring Boot 支持、Java8 支持。
- 进入 Apache 孵化器。2018 年 2 月 15 日，经过一系列的投票，Dubbo 正式进入 Apache 孵化器。Dubbo 2.7.x 将作为 Apache 社区的毕业版本，有望成为继 RocketMQ 后，阿里巴巴又一个 Apache 顶级项目。

一个框架必须要有持续的更新与演进才能保持旺盛的生命力，接下来，我们就来了解一下官方对 Dubbo 后续发展的规划。

13.1.2 后续发展

框架的发展可以推动业务更高速地发展，业务的高速发展很快又会遇到众多新的问题，从而对框架提出新的要求。因此，我们可以从现在互联网业务的趋势来得知未来技术的趋势。

首先是业务规模的不断扩大，未来技术的必然趋势是单体应用向微服务的转化，为了方便各种不同语言开发的单体应用，能方便地迁移到分布式应用，Dubbo 肯定会支持多语言。Dubbo 也会变得更加轻量化，降低框架对业务应用的体积影响。其次，Spring Boot 系列无疑是现在 Java 应用开发的首选，为了符合主流开发习惯，Dubbo 还会支持 REST 及 Spring Boot 的集成。再次，企业为了进一步降低开发、运维的成本，软件上云会成为趋势。因此 Dubbo 也会在后续进一步适配 Cloud Native，Dubbo Mesh 也在探索当中。然后，Dubbo 现在在服务化治理方面存在一定的短板，完善服务化治理整体方案，建立 Dubbo 的生态也会是今后的趋势。最后，高性能是一个框架的立身之本，性能的提升在任何时候都会是关注点，后续 Dubbo 会不断完善在大规模集群、大流量场景的性能表现，并建立异步编程、benchmark 等机制。

对于 Dubbo 后续的发展，我们先从最近的 2.7 版本特性说起。然后介绍后续 Dubbo 核心功能的规划、Dubbo 扩展生态的规划、Dubbo 互通生态的规划和 Dubbo 云原生的规划。

1. Dubbo 2.7.x 新特性

2.7.x 版本更新的新特性比较多，我们会介绍其核心特性，如 JDK8 特性的引入及 repackage、异步化的支持、元数据的管理、动态配置的管理、路由规则的管理。对于细节性的特性，感兴趣的读者可以去 GitHub 上查看 2.7 版本的更新 wiki：https://github.com/apache/incubator-dubbo/releases。

（1）JDK8 特性的引入及 repackage。

JDK8 新特性的使用。JDK8 已经逐渐成为主流使用的 JDK，Dubbo 2.7.x 中已经全面拥抱 JDK8 的各种特性。例如：框架接口中直接使用了 default method，不需要先使用一个抽象类来定义默认方法了；使用了 CompletableFuture，Future 执行结束后直接触发回调，不需要再做同步等待；还有 Optional、Lambda 表达式、function 等 JDK8 的各种新特性。

框架的 repackage。首先，因为 Dubbo 已经捐献给了 Apache，所以 Dubbo 的 GroupId 或 Package 需要改为 org.apache.dubbo。由于 2.7 版本将会作为 Apache 毕业的版本，而这些工作必须在毕业之前完成，因此 2.7 版本中对 package 进行了重命名。然后就引发出了新的问题，由于 JDK8 各种新特性的使用和包名的更改，用户使用的配置还是老的，直接升级会导致服务不可用。为了降低用户的升级成本，框架对一些核心 API 和 SPI 扩展向下做了兼容，并且生成了专门的兼容模块 dubbo-compatible。dubbo-compatible 模块使用的还是老的包路径，其兼容方式主要是继承已经"repackage"的包，但构造函数、接口等保持低版本兼容。

（2）异步化的支持。

2.6.x 版本的异步调用比较奇怪，如果直接调用定义为异步的接口则会立即返回 null，必须通过 RPC 上下文来获取 Future 对象，然后同步 get，如代码清单 13-1 所示。

代码清单 13-1　2.6.x 版本异步调用使用示例

```
public interface TestService {      <—— 接口 TestService 配置为异步接口
    String test();
}
testService.test();    <—— 直接调用会立即返回 null
Future<TestPo> fooFuture = RpcContext.getContext().getFuture();  <——
fooFuture.get();              必须要通过上下文获得 Future 对象再同步等待
```

2.7.x 版本中通过引入 JDK8 的新特性解决了上述问题，并提供了直接接口定义和注解两种方式，如代码清单 13-2 所示。

代码清单 13-2　新异步调用的方式

```
public interface AsyncService {      <—— 通过接口直接定义 CompletableFuture
    CompletableFuture<String> sayHello(String name);
}
@AsyncFor(GreetingsService.class)    <—— 使用@AsyncFor 注解
public interface GrettingServiceAsync extends GreetingsService {
    CompletableFuture<String> sayHiAsync(String name);
}
```

另外，2.6.x 版本不支持服务提供者端的异步，2.7.x 版本则支持设置为异步。

（3）元数据的管理。

首先，现有 Dubbo 注册的元数据数据量很大，服务提供者端注册的参数有 30 多个，但接近一半是不需要通过注册中心传递的；消费者端注册的参数有 20 多个，只有个别需要传递给注册中心。其次，由于数据量大，有数据更新时，推送量也会相应增大。然后，Dubbo 现在服务信息的更新会把某个接口下的所有服务提供者信息全量拉过来，如果集群规模较大，则整个网络传输量会瞬间激增，让整个网络的延迟增大。最后，Dubbo-OPS 有新的需求，其服务测试也需要使用元数据。

基于以上的问题，2.7.x 版本对注册信息进行了简化，减少了注册中心的数据量；etcd 注册中心的实现可以完成增量更新的特性。额外的元数据会写入 Redis 等第三方存储中间件，以此降低注册中心的压力，提升总体服务的性能。新旧元数据管理对比如图 13-1 所示。

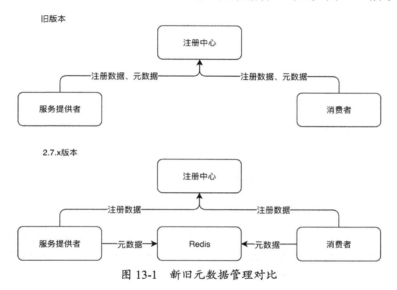

图 13-1　新旧元数据管理对比

（4）动态配置的管理。

Dubbo 现阶段的配置基本都是静态的，缺少动态配置的手段，也容易造成不同节点的配置不同的问题。例如：Dubbo 配置通常都是写在本地配置文件中的，缺少像 Spring Cloud Config 一样的远程配置托管的模式；服务治理平台只有服务级别的配置，SPI 等也是预先写好在配置文件中的，不能动态添加、修改。

在 2.7.x 版本中，Dubbo 新增了动态配置中心，实现类似 Spring Cloud Config 一样的远程配置方式，配置优先级如图 13-2 所示。

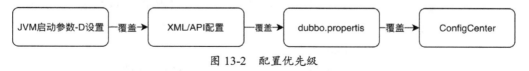

图 13-2　配置优先级

从图 13-2 知道，优先级最高的是通过启动参数进行配置的，其次是通过 XML 或 API 的方式配置的，然后是本地 dubbo.propertis 配置文件，最后就是新增的远程配置中心。

新的动态配置中心支持配置的动态覆盖与新增，并且还支持应用级别和服务级别的配置，兼容 override 配置。此外，2.7.x 版本中定义了新的 SPI 接口，开发者可以基于该接口自定义动态配置中心，默认支持 Apollo、Nacos、ZooKeeper 作为配置中心。

综合上面几个特性，我们可以得知，Dubbo 从原来一个注册中心，分离出来了注册、配置、元数据三个中心，减轻了老注册中心数据容量、扩展困难的问题，如图 13-3 所示。

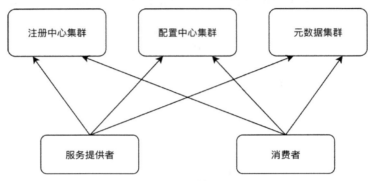

图 13-3　三个中心示例

（5）路由规则的管理。

路由规则在 2.6.x 版本中支持的力度不够，只支持服务粒度的路由；支持的方式也不足，如不支持 tag 类型的路由规则；路由规则还存储在注册中心，造成注册中心的臃肿；一个服务允许设置多条路由规则，导致路由结果非常复杂、难以排查，等等。

在 2.7.x 版本中，对路由规则进行了增强，支持应用级别的路由，也支持 tag 类型的路由规则；路由规则的存储已经随着三个中心的确立，从注册中心转移到配置中心；每个服务都能对应精确的路由规则等。

2. Dubbo 核心能力规划

Dubbo 核心能力主要会向六个方向发展：模块化、元数据、路由策略、大流量、大规模和异步化。

- 模块化。Dubbo 现在的通信层与服务治理层的耦合比较严重，如 Cluster 层中的路由规则、软负载均衡等，都耦合在框架中，而集群容错层完全可以下沉到 sidecar 中，框架里只保留 PRC 通信。因此，在后续规划中，会让 Dubbo 更加模块化，使得框架各个层次的能力更加内聚，方便后续的拆分，也为 Dubbo Mesh 做好准备。
- 元数据。在 2.6.x 版本中，Dubbo 注册中心里包含注册数据、元数据和配置数据。元数据也过于冗长，注册中心过于臃肿，水平扩展能力受限。因此在核心能力规划时，会把现有的注册中心拆分为三个中心：注册中心、元数据中心和配置中心。这一规划已经在 2.7.x 版本中大致实现。
- 路由策略。随着互联网业务的不断发展，同城多机房、异地多机房等已经比较常见，服务的数量级也不断上升。Dubbo 后续会引入在阿里内部实践广泛的路由策略：多机房、灰度、参数路由等智能化策略，以此来增强现有的路由模块。
- 大规模。业务的发展随之带来服务数量级的不断上升，在超大规模的服务集群中，服务的注册发现、内存占用、海量服务选址对 CPU 消耗等有很大的挑战。因此，后续 Dubbo 会对大规模服务集群的各种场景进行针对性的优化。
- 大流量。在大规模集群的同时，也会带来大流量的问题。现在的 Dubbo 框架还没有完善的熔断、隔离等机制来提升整个集群的总体稳定性。当集群出现问题时，定位故障节点也相对困难。Dubbo 在后续的规划中会补齐这些短板。
- 异步化。2.6.x 版本的 Dubbo 框架还未支持 CompletableFuture，也没有跨进程的 Reactive 支持。虽然在 2.7.x 版本中已经支持了 CompletableFuture，但 Reactive 还未支持。因此在后续的规划中，会通过这些异步化的方式来提升分布式系统整体的吞吐量和 CPU 利用率。

3. Dubbo 生态的规划

Dubbo 使用微内核+富插件的模式，平等对待任何第三方扩展，因此可以很好地接收其他插件扩展，丰富自身的生态。首先，我们先看一下 Dubbo 对扩展点生态的未来规划，如图 13-4 所示，实线表示已经实现，虚线表示还未实现。

我们可以从图 13-4 得知，Dubbo 每一层的扩展点接口将来都会引入或适配第三方的优秀扩展，以此来丰富 Dubbo 自身的生态圈。

对于 API 层，会使用 Reactive 进行异步编程，增加框架的 CPU 使用率，提升整体性能；同时 Spring Cloud Alibaba 也在适配当中，使用 Dubbo 的 RPC 替代 Spring Cloud 的 OpenFeign 是一个不错的选择。

对于 Registry 层，会由现在主流的 ZooKeeper、Redis 等注册中心，全面支持市面上流行的所有注册中心，如 Eureka、etcd、Consul 等，让用户可以根据实际业务需求，对注册中心有更多的选择。

对于 Config 层，Dubbo 2.6.x 的所有配置信息均写在注册中心，从 2.7.x 版本开始，配置中心将会独立出去，后续还会支持 Apollo、Nacos 等热门配置中心。

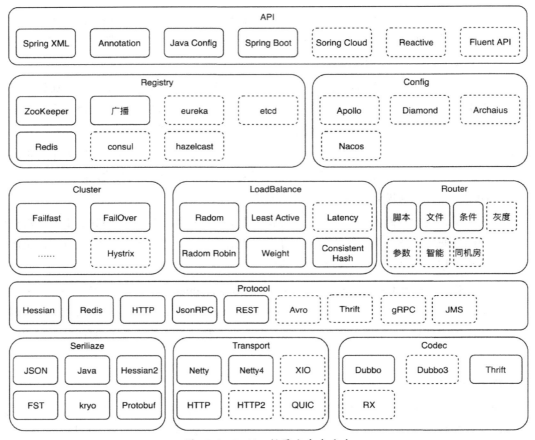

图 13-4　Dubbo 扩展点未来生态

对于容错，Dubbo 现在已经支持了 Failfast、Failover 等容错策略，但对熔断、平滑限流等却未有良好的支持。虽然有限流的 Filter，但只能根据令牌或请求计数，无法应对锯齿形的流量及计算一段时间内的平均请求量。因此后续 Dubbo 也会接入现在比较成熟的熔断组件 Hystrix。

对于负载均衡，Dubbo 后续会补齐 Latency 策略的负载均衡，通过计算请求服务器的往返延迟（RTT），动态地选择延迟最低的节点来处理当前请求。

对于路由规则，2.6.x 版本仅支持脚本、文件、条件表达式这三种路由规则的方式，能力比较弱小。在大规模应用中，灰度、同机房优先等策略也是必不可少的。因此后续 Dubbo 会不断增强路由规则的能力。

对于 Protocol 层，现有的协议也基本能满足需求，但也会继续引入 Avro、gRPC 等协议的支持。

对于 Transport 层，新出现的 HTTP/2、QUIC 等协议也会支持。

对于 Codec，新的 Dubbo3 编解码方式会随着后续的 Dubbo 3.x 版本面世，也会支持 RX 等编解码方式。

接下来，我们来了解一下 Dubbo 对于互通的生态规划。互通主要是为了支持框架以外的功能，形成一整套完整、开箱即用的互通生态。互通的生态包括：

- 丰富原生多语言客户端。除了现在 Java 语言的 Dubbo 客户端，后续 Dubbo 还会支持 PHP、HTTP、Node、Python 等客户端，让应用无须与特定语言的技术栈绑定。
- 服务发现。除了现有 ZooKeeper、Redis、广播等注册中心的支持，后续还会支持市面上主流的注册中心，如 etcd、Consul、Eureka 等。
- 支持 Mock 测试。专门有 Mock Server 用于 Mock 测试。
- 集成 Swagger 框架。支持 REST 接口文档在线生成，以及提供页面让用户进行功能测试。
- 新版本 dubbo-admin。为用户提供更加完善的服务治理平台。
- 提供新的 metric 统计 Dubbo 各项指标。
- 认证服务。

13.2 云原生

云原生意味着应用在设计之初，就把最佳运行实践设为在云端。云原生的定义在最近几年一直在不断变化，从 Pivotal 公司的 Matt Stine 最初提出来的 12 个因素，到后面六大特质，云原生的定义各不相同，感兴趣的读者可以自行搜索。

详情可见：https://github.com/cncf/toc/blob/master/DEFINITION.md。

在微服务大行其道的今天，为什么又提出了云原生的概念呢？任何技术的演进都是为了解决当下存在的问题，我们先来看一下现在的框架面临了什么挑战。

13.2.1 面临的挑战

在过去几年，以微服务+容器为核心的互联网技术成为主要趋势，大量的企业开始落地微服务架构。微服务技术相对之前的单体应用，已经有了很先进的服务复用概念，对于可复用的模块还可以封装成 jar，以类库的形式提供。在这种看似先进的理念下也存在众多的问题。

1. 类库内容众多，门槛较高

我们以 Dubbo 框架为例，该框架一共分为十层。如果要用好整个框架，只使用 API 层是远远不够的，还需要理解下面组件的具体工作逻辑。例如，在集群环境中，用户根据不同的业务场景设置容错的策略，这就需要理解内部的容错机制；如果需要做软负载均衡，那么还需要了解 LoadBalance 相关的内容。整个开发团队除了要熟悉业务，还需要数量掌握整套框架的最佳实践。

业务团队的强项往往是对于业务的理解，并不是在底层框架。在当下，对框架有深入理解的团队，就能开发出稳定、高效的应用；而对于只擅长业务，不擅长底层框架的团队，可能开发出来的应用就比较差。所以说，现有的微服务框架的准入门槛还是比较高的。业务团队迫于业务上线的压力，根本没有足够的时间关心底层实现。业务团队的核心价值在于业务的实现与上线，框架应该服务于业务，而不是最终的目标。因此，一个好的框架，应该让业务团队更加专注于业务，提升其研发效率。

2. 框架升级极其困难

在现在互联网业务场景中，中大型的业务的服务端数以千计。如果算上客户端与跨语言端，使用同一个框架的地方更是数量惊人。当一个框架需要升级的时候，就会非常痛苦：新老版本依赖的兼容，框架不同版本 API 的兼容，等等。每次升级各种依赖的变更、错误的处理，常常让业务团队"痛不欲生"。因此，更加轻量级、透明的升级方式是优秀框架的追求方向。

3. 应用的臃肿

随着框架能力的不断增强，一个又一个的依赖被加入应用。很快一个应用的体积就会暴增，其中很大一部分来自框架，而业务代码和框架 SDK 又会在同一个进程中运行，属于强耦合。即使开发一个很小的应用，也会带上一个非常笨重的框架，微服务一点也不"微"。因此，框架应该尽可能把和业务无关的东西抽离出来，减少整个 SDK 对业务的影响。

4. 多语言支持维护成本高

Dubbo 现在主要使用在 Java 类项目的开发中，后续如果需要支持多语言，那么肯定会出现 Go 版、PHP 版、Node 版等 Dubbo 框架。如果按照现在的方式，任何一个新特性的出现或 Bug 的修复，都需要更新到所有语言的 SDK 中，开发和测试的工作量都是数倍的提升。因此，如果一个框架可以把一些通用特性抽离出来，每种语言的 SDK 客户端只保留最低限度的功能，并且这部分的功能很少会修改，则后续的维护与升级就会更高效。

5. 新旧应用的共存

一家中型传统公司，各种应用数以百计，新旧应用之间的交互非常困难，有可能根本不是基于同一套技术栈完成的。而企业永远都是人手不够，如果把旧应用全部都改造成新的架构，其成本之高显而易见。此外，一段时间后，现在的新架构也成为老架构，是否又要全部推倒重来？在几年之前，企业会通过 ESB 总线的方式来屏蔽这些接口之间的异同，但其缺点也比较明显。因此，后续的框架应该能让各种技术平台共同演进，并且不需要做很大的改造就能相互兼容工作。

6. 技术人才的多样化

每种语言都有它的局限性，大型互联网公司存在不同语言技术栈的人才，每种语言开发出来的服务，它们之间如何统一地交互、治理，是对框架的另一大考验。

7. 服务治理的缺失

在大型互联网公司中，如果技术栈比较零散，那么很容易造成每个团队各自为战，开发适合自己团队的服务治理工具。而这些工具的质量又良莠不齐，点状的服务治理很难做到及时、经济。

13.2.2 Service Mesh 简介

Service Mesh 是什么？我们看一下 Linkerd CEO 对其的定义：

A service mesh is a dedicated infrastructure layer for handling service-to-service communication. It's responsible for the reliable delivery of requests through the complex topology of services that comprise a modern, cloud native application. In practice, the service mesh is typically implemented as an array of lightweight network proxies that are deployed alongside application code, without the application needing to be aware.

Service Mesh 是一个用于处理服务间通信的基础设施层，它负责为构建复杂的云原生应用传递可靠的网络请求。在实践中，服务网格通常实现为一组和应用程序部署在一起的轻量级的网络代理，但对应用程序来说是透明的。

即框架把服务治理的能力下沉为平台的基础能力，只保留通信部分即可，由 sidecar 成为代理，负责现在框架大部分能力的管理。例如：服务的发现、集群容错、负载均衡等都从框架中剥离出来，应用不关注请求哪个服务，只需要将请求发送给 sidecar，由 sidecar 来完成后续的全部逻辑。如此一来，支持多种语言的 RPC 成为可能，框架的升级、应用的瘦身、多语言的支持、服务化门槛的降低、新旧应用的共存等问题都迎刃而解。

我们可以把 Service Mesh 演化为一个层次化、规范化、体系化、无入侵的分布式服务治理平台。其层次化主要表现在对"数据平面"和"控制平面"的切分，我们熟悉的 sidecar 属于数据平面，而统一管理所有 sidecar 的控制面板则属于控制平面。其规范化主要表现在，数据平面与控制平面之间通过标准协议进行通信，应用与 sidecar、sidecar 与 sidecar 之间的互联互通协议都有对应的标准。其体系化主要表现在，服务发现、熔断、限流、灰度、安全等都统一管理，指标统计、日志等都是全局考虑的。其无入侵主要表现在，sidecar 以独立进程的方式存在，不会影响应用进程。

接下来，我们对比一下传统微服务和 Service Mesh 化后的形态差异，如图 13-5 所示。

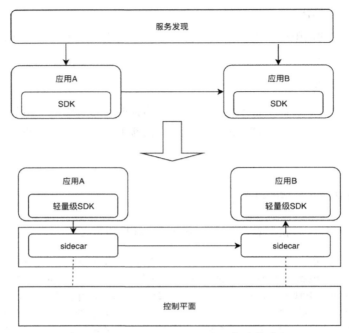

图 13-5　Service Mesh 化后的形态差异对比

传统服务通过一个臃肿的 SDK 进行服务发现和远程调用等。当服务网格化后，所有的请求都由 sidecar 进行代理，sidecar 会控制服务的发现与远程调用，应用只需要使用一个轻量级的 SDK 完成与 sidecar 之间的通信即可。

13.2.3　Dubbo Mesh

从官方的说明我们可以得知，Dubbo Mesh 现在已经在紧张的研发中，我们在本节来了解一下官方对 Dubbo Mesh 后续的发展思路。首先，未来 Kubernetes 肯定是容器管理方面的绝对主流，因此 Dubbo Mesh 适配 Kubernetes 是大势所趋。然后，现在市面上已经有相对成熟的 Istio 和 envoy 方案，阿里官方也不会重复造轮子，会在其基础上进行二次开发，与主流的开源项目形成合力，源于开源、回馈开源。对于 Istio，阿里巴巴会在其基础上封装出 Dubbo Control；对于 envoy，阿里巴巴会在其基础上完成一个 Dubbo Proxy。最后，Dubbo Mesh 的开源版本会和阿里巴巴集团内部使用的版本保持一致，不会出现"阉割"开源的情况。

Dubbo Mesh 调用示例如图 13-6 所示。

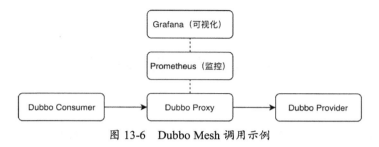

图 13-6　Dubbo Mesh 调用示例

接下来，我们来了解一下 Dubbo 的短期规划：

- Dubbo Proxy。会让 envoy 支持 Dubbo 协议，实现对 Dubbo 协议的解析，以及统计信息的收集，后续还会实现服务路由。
- Dubbo Control。首先会丰富 Isto/Pilot-discovery，完成与 VIPServer 和 Diamond 的对接，后续还会实现与 Nacos 等中心的对接。

13.3　小结

本章主要分析了 Dubbo 未来生态的发展方向与云原生。首先介绍了 Dubbo 重启开源一年多的现状，列举开源团队在这段时间所做出的努力与成果。其次介绍了最新发布的 2.7.x 版本的新特性，让读者对 2.7.x 版本的改动有一个大致的了解。然后介绍了后续 Dubbo 对于其核心能力的规划，一共分为六大方向。接着介绍了 Dubbo 生态的后续规划，通过扩展点兼容第三方服务，丰富整个 Dubbo 的生态，让用户可以体验各种开箱即用的特性，降低研发成本。最后介绍了后续的云原生趋势，分析了现有框架所面临的挑战，后续 Server Mesh 会以什么样的方式来解决现有的问题，以及 Dubbo Mesh 现在的规划与发展。

反侵权盗版声明

电子工业出版社依法对本作品享有专有出版权。任何未经权利人书面许可，复制、销售或通过信息网络传播本作品的行为；歪曲、篡改、剽窃本作品的行为，均违反《中华人民共和国著作权法》，其行为人应承担相应的民事责任和行政责任，构成犯罪的，将被依法追究刑事责任。

为了维护市场秩序，保护权利人的合法权益，我社将依法查处和打击侵权盗版的单位和个人。欢迎社会各界人士积极举报侵权盗版行为，本社将奖励举报有功人员，并保证举报人的信息不被泄露。

举报电话：(010)88254396；(010)88258888
传　　真：(010)88254397
E - mail：dbqq@phei.com.cn
通信地址：北京市万寿路173信箱
　　　　　电子工业出版社总编办公室
邮　　编：100036